böhlau

BEITRÄGE ZUR WISSENSCHAFTSGESCHICHTE UND WISSENSCHAFTSFORSCHUNG

Herausgeber der Reihe
Wolfgang Kerber und Wolfgang Reiter

Band 3

Robert Rosner · Brigitte Strohmaier (Hg.)

Marietta Blau – Sterne der Zertrümmerung

Biographie einer Wegbereiterin der modernen Teilchenphysik

Böhlau Verlag Wien · Köln · Weimar

Gedruckt mit Unterstützung durch das
Bundesministerium für Bildung, Wissenschaft und Kultur

Umschlagbild: Marietta Blau um 1927
(Privatbesitz Eva Connors-Blau)

Bibliografische Information Der Deutschen Bibliothek

Die Deutsche Bibliothek verzeichnet diese Publikation in der
Deutschen Nationalbibliografie;
detaillierte bibliografische Angaben sind im Internet über http://dnb.ddb.de abrufbar.

ISBN 3-205-77088-9

http://www.boehlau.at
Druck: Plöchl, Freistadt

Inhalt

Geleitwort

Biographien sind subjektive Zeugnisse des Lebens. Zum einen soll die Subjektivität des Menschen, der Gegenstand der Biographie ist, richtig wiedergegeben werden. Dieses Ansinnen rührte gerade bei Biographien von Naturwissenschaftlern bis weit ins 20. Jahrhundert an ein Tabu: Sie hatten nur durch ihr Werk, in das ihre Individualität nicht eingehen darf, nicht als Person an die Öffentlichkeit zu gelangen. Zum anderen sind die Darstellung dieser Person, die Erkundung ihres Lebens und die Interpretation ihres Lebenslaufs und ihrer Handlungsweise geprägt von der Subjektivität des Autors der Biographie. Verständnis des Autors für den zu beschreibenden Menschen erfordert wohl eine Art Gleichklang der Seelen. Der Reiz einer Biographie liegt aber auch darin, dass sie Dinge aufzeigen kann, die zu Lebzeiten der zu beschreibenden Person nicht gesehen wurden. Henry Miller soll so weit gegangen sein, den potentiellen Schreibern seiner Biographie zu raten: „Erfindet einfach alles. Das ist die einzige Möglichkeit, es richtig hinzukriegen, erfindet einfach alles!“[1] Vielleicht ist es ja gerade ein Zeichen der Größe einer Persönlichkeit, dass sie unterschiedlich interpretiert werden kann. Personen, die uns weitgehend unbekannt sind, können dabei in ein Licht getaucht werden, das ihre Bedeutung aus der Sicht unserer Zeit reflektiert. In diesem Sinne ist die Biographie Marietta Blaus, einer der „radioaktiven“ Frauen der ersten Generation und einer Wegbereiterin der modernen Teilchenphysik, zu sehen. Sie bringt Licht in ein Dunkel, das so dicht über dieser ungewöhnlichen Frau liegt, dass sie bis heute auch in Fachkreisen weitgehend unbekannt ist. Auch der Schreiber dieser Zeilen muss zugeben, dass ihm beim Antritt seiner Tätigkeit als Vorstand des Instituts, an dem Marietta Blau von 1923 bis 1938 ihre wichtigsten Forschungsergebnisse erzielt hatte, ihr Name unbekannt war.

Wie kann es kommen, dass eine Frau, die erwiesenermaßen eine der wichtigsten Nachweismethoden in der frühen Teilchenphysik – die Kernspurplatten – entwickelt hat, so unbekannt geblieben ist? Darauf gibt es keine einfache Antwort, aber nach dem Lesen der vorliegenden Biographie kann man vielleicht erahnen, warum das so ist. Es ist eine interessante Tatsache, dass der Frauenanteil in den Anfängen der Erforschung der Radioaktivität ungewöhnlich hoch war. Viele dieser Frauen haben sich dabei „against all odds" durchgesetzt und sowohl in wissenschaftlicher als auch in gesellschaftlicher Hinsicht Großartiges geleistet. Einige wenige dieser Frauen – allen voran Marie Curie – sind mit Recht leuchtende Fixsterne am Firmament der Wissenschaft geworden und waren sich dieser Rolle auch bewusst. Marietta Blau dagegen hat ein Leben geführt, das nicht nur jeden „Rummel" mied, sondern offenbar ganz generell in Zurückgezogenheit ablief. In diesem Sinne war sie wohl Lise Meitner ähnlich. Beide Frauen mussten auch die gleiche Hürde ihrer Zeit, nämlich Frau und Jüdin gleichzeitig zu sein, überwinden. Dies war wohl nur mit Hilfe eines unwiderstehlichen Drangs nach Wissen möglich. Beide mussten im Zenit ihrer wissenschaftlichen Laufbahn aus rassenpolitischen Gründen ihre Arbeitsplätze verlassen. Obwohl dies vor allem als ein großer wissenschaftlicher Verlust angesehen wurde, hatte es sicherlich auch Konsequenzen für das Privatleben, eine Tatsache, der oft eine zu geringe Rolle eingeräumt wird.

Die wissenschaftliche Leistung von Marietta Blau ist untrennbar mit dem Nachweis ionisierender Teilchen in Kernspurplatten verbunden. Diese Arbeiten wurden vor allem während ihrer Tätigkeit von 1923 bis 1938 am Institut für Radiumforschung in Wien durchgeführt. Nach dem ersten Nachweis von Protonen (H-Strahlung genannt), neben den bereits gut bekannten Alpha-Teilchen, hat sie in Zusammenarbeit mit Hertha Wambacher als Erste die so genannten Sterne in Kernspurplatten beobachtet, die von ihr richtig als Bahnspuren von Teilchen gedeutet wurden, die durch die Zertrümmerung von Atomkernen in den photographischen Emulsionen der Kernspurplatten durch die kosmische Strahlung entstanden waren. Nachdem sie Wien 1938 verlassen musste, wurde ihre Vorarbeit von Cecil Powell in England aufgegriffen und weiterentwickelt. Dies hat schließlich zur Entdeckung des π-Mesons in der kosmischen

Strahlung geführt und Powell den Nobelpreis eingebracht. So wie Lise Meitner bei der Kernspaltung, ging Marietta Blau bei der Kernzertrümmerung diesbezüglich leer aus.

Der Titel des vorliegenden Buches, „Sterne der Zertrümmerung", bezieht sich einerseits auf die Pionierleistung Marietta Blaus, zum anderen hat er aber noch eine übertragene Bedeutung. Marietta Blau teilte das Schicksal der vielen Wissenschaftler, die durch die Zerschlagung Österreichs in alle Welt verstreut und fern der Heimat zu Stars ihrer Forschungsdisziplinen wurden. Das Buch, in dem die Autoren sowohl die wissenschaftliche als auch die private Seite von Marietta Blau beleuchten, vermittelt das Bild einer Frau, die in ihrer Liebe für die Wissenschaft und durch die politischen Umstände ihrer Zeit im privaten Leben oft zu kurz gekommen ist. Es gibt aber ein leuchtendes Beispiel dafür, dass echte Begeisterung für die Wissenschaft auch die schwierigsten Bedingungen meistern kann. Mit der Biographie von Marietta Blau haben die Autoren dadurch einen wichtigen Beitrag nicht nur für die Geschichte der Physik, sondern auch für die Lage der Wissenschaft in unserer Zeit geschaffen. Die folgenden Worte von Lise Meitner, die sie anlässlich eines Vortrages in Wien im Jahre 1963 sprach, stehen für alles, was auch Marietta Blau groß gemacht hat: „I believe all young people think about how they would like their lives to develop. When I did so, I always arrived at the conclusion that life need not be easy; what is important is that it not be empty. And this wish I have been granted."[2]

Als derzeitiger Vorstand des Instituts für Isotopenforschung und Kernphysik der Universität Wien, das 1910 als Institut für Radiumforschung der Akademie der Wissenschaften gegründet wurde, verneige ich mich in Hochachtung vor Marietta Blau, einer der „Pionierfrauen der Radioaktivität". In nie versiegender Begeisterung hat sie grundlegende Vorgänge der kosmischen Strahlung und ihrer Wirkungen erhellt, die auch heute noch die Basis der Tätigkeit unseres Instituts darstellen.

Wien, im Mai 2001 — Walter Kutschera

Literaturzitate/Quellenangaben

1 E. Jong, „Der Teufel in Person, Henry Miller und ich“, S. 39, List Taschenbuch Verlag, München (2001).
2 L. Meitner, „Looking Back“, Bull. Atomic Scientists **20**, 2 (1964).

Vorwort

Marietta Blau leistete am Institut für Radiumforschung in Wien in der Zwischenkriegszeit Pionierarbeit an der Entwicklung der photographischen Methode in der Kernphysik. Die Entdeckung der Zertrümmerung von Atomkernen durch die Höhenstrahlung, die sie gemeinsam mit ihrer Mitarbeiterin Hertha Wambacher machte, war eine wissenschaftliche Sensation, die den Weg zur Auffindung einer Reihe von Elementarteilchen eröffnete. Marietta Blau musste auf Grund der Annexion Österreichs durch Nazideutschland emigrieren und lebte mehr als zwanzig Jahre im Ausland – in Mexiko und in den USA. Bis heute, 32 Jahre nach ihrem Tod, hat sie nicht die Anerkennung gefunden, die sie verdient hätte.

Berühmte Gelehrte haben Marietta Blaus Leistungen hoch geschätzt: Albert Einstein hat sie als ungewöhnlich begabte Physikerin bezeichnet, Max Born betrachtete die von ihr entwickelte Methode als einen großen Fortschritt in der Atomphysik, und von Erwin Schrödinger wurde sie für den Nobelpreis für Physik vorgeschlagen.

In den letzten Jahren sind in den USA erfreulicherweise einige Arbeiten erschienen, die sich mit dieser Frau beschäftigen. Im deutschen Sprachbereich gibt es aber außer einigen kurzen Darstellungen in Büchern, die jeweils das Leben mehrerer Persönlichkeiten aus Wissenschaft und anderen kulturellen Bereichen behandeln, keine Biographie dieser großen österreichischen Physikerin. Der vorliegende Band soll diese Lücke schließen, er soll Blaus Leben und Persönlichkeit darstellen und mit ihrer wissenschaftlichen Arbeit bekannt machen.

Ihre wissenschaftlichen Publikationen überspannen einen Zeitraum von 45 Jahren. Sie bilden die Grundlage für den hier gegebenen Überblick über ihre Leistungen.

Um Marietta Blaus Lebensweg darzustellen, haben wir unser Augenmerk auch auf ihr Umfeld gerichtet – auf ihre Familie, eine Wiener jüdische Bürgerfamilie zur Jahrhundertwende, und auf die kleine Welt des Wiener Instituts für Radiumforschung in den Zwischenkriegsjahren. Aus ihrer Korrespondenz mit Fritz Paneth und Albert Einstein konnten wir vieles über die Umstände ihrer Emigration erfahren und von den Problemen, die sie in Mexiko hatte. Briefe, die sie nach dem Krieg aus den USA schrieb, und die Erinnerungen ihrer Kollegen in Florida vermitteln uns Eindrücke von ihrer Freude über ihre neuen wissenschaftlichen Erfolge, aber auch über manche Enttäuschungen. Von ihren letzten Lebensjahren in Wien erzählten uns ihre Schülerinnen.

Um Blaus Lebensweg und Persönlichkeitsentwicklung zu verstehen, muss man natürlich auch das größere Umfeld, die Zeitgeschichte, betrachten. Blau beendete ihr Physikstudium in Wien, kurz nachdem die österreichisch-ungarische Monarchie zerbrach und die junge österreichische Republik große wirtschaftliche Not und schwere gesellschaftliche Auseinandersetzungen erlebte. Die Notlage der Hochschulen und die Aussichtslosigkeit für eine Mehrzahl der Absolventen war ein Boden, auf dem sich großdeutsche und antisemitische Ideen und die sie propagierenden Bewegungen entwickeln konnten. Junge Wissenschaftler jüdischer Herkunft hatten es daher besonders schwer, ihnen war eine Karriere an den hiesigen Universitäten fast vollständig verwehrt. Viele von ihnen verließen daher Österreich noch während des Studiums oder kurz danach, und nicht wenige von ihnen wurden dann durch ihre hervorragenden Leistungen im Ausland weltbekannt. Die Namen Erwin Chargaff, Otto R. Frisch, Max Perutz und Viktor F. Weisskopf stehen für viele aus Österreich stammende Wissenschaftler dieser Generation. Die Universitäten und andere Forschungsinstitutionen des Auslands boten ihnen Möglichkeiten, die sie hier nicht hatten.

Andere junge Wissenschaftler und Wissenschaftlerinnen forschten ohne Bezahlung. Auch am Radiuminstitut, wo viele Frauen arbeiteten, war das der Fall. Marietta Blau war dort von 1923 bis 1938 unbezahlt tätig. Sie konzentrierte sich auf die Entwicklung der photographischen Methode für kernphysikalische Untersuchungen. Da diese Arbeiten relativ geringen apparativen Aufwand erforderten, konnte sie auch in einem so armen Land, wie Österreich es damals war, durch ihr Geschick als Experimentatorin und ihren umfassenden Blick für physikalische Zusammenhänge wichtige Ergebnisse erzielen. Sie wurde zu einer Spezialistin für diese Arbeitsmethode, aber sie verfolgte mit größtem Interesse alle Entwicklungen auf dem Gebiet der Kernphysik. So wurde die photographische Methode nicht nur für die Untersuchung künstlich herbeigeführter Kernreaktionen, sondern auch der kosmischen Strahlung eingesetzt. Mit der Entdeckung der „Zertrümmerungssterne", also der Spuren der Reaktionen der Höhenstrahlung, durch Blau und Wambacher 1937, die in der ganzen wissenschaftlichen Welt großes Aufsehen erregte, zeigte sich die Fruchtbarkeit der Anwendung der photographischen Methode. Trotz ihrer bedeutenden Forschungserfolge konnte Blau eine Habilitation nicht anstreben, nicht zuletzt, da sie als Frau und Jüdin gleich doppelt diskriminiert war.

An anderen Forschungsstätten wurden dann ähnliche Untersuchungen eingeleitet; die Beobachtung der von der kosmischen Strahlung erzeugten Bahnspuren in den Emulsionen wurde verfeinert und so konnten in der Folge mehrere durch hochenergetische Höhenstrahlung erzeugte, bis dahin unbekannte Elementarteilchen entdeckt werden, zunächst das π-Meson.

Marietta Blau fand 1938 vor den einsetzenden antisemitischen Verfolgungen durch die Naziherrschaft Zuflucht in Mexiko, wo sich aber keine Möglichkeit für eine wissenschaftliche Tätigkeit ergab. Erst als sie 1944 in die Vereinigten Staaten übersiedelte, fand sie wieder Anschluss an die wissenschaftliche Welt, zuerst in einem industriellen Entwicklungslaboratorium, dann aber auf ihrem angestammten Betätigungsfeld: Die Kernemulsionen erlangten neue Bedeutung in der Elementarteilchenphysik, zu deren Erforschung nun Teilchenbeschleuniger gebaut wurden. Hier wurde ihre Expertise benötigt und anerkannt. Ihre zahlreichen Veröffentlichungen in führenden amerikanischen und internationalen Physikzeitschriften zeigen, dass es ihr nun wieder gelang, an den aktuellsten Problemen der Teilchenphysik erfolgreich mitzuarbeiten.

Als Marietta Blau 1960 als kranke Frau nach Wien zurückkehrte, waren die vom Naziregime Vertriebenen in Österreich keineswegs willkommen. Das Österreich der Fünfziger- und Sechzigerjahre zeigte kein Interesse an der Rückkehr von Emigranten und es gab keine ernsthaften Bemühungen, erfolgreiche Forscher hier wieder ins wissenschaftliche Leben einzubinden. Sie starb 1970, ohne in Österreich je ihren Errungenschaften entsprechend anerkannt worden zu sein.

Dreißig Jahre nach ihrem Tod wurde die Bedeutung ihrer Arbeit durch einen neuerlichen Triumph der Emulsionstechnik demonstriert: Zu der im ersten Halbjahr 2000 erfolgten Entdeckung des τ-Neutrinos, des letzten zur Bestätigung des überaus erfolgreichen „Standardmodells" der Teilchentheorie notwendigen Leptons, wurden abermals Kernspurplatten eingesetzt.

Diese Anwendung zeigt neuerlich die Bedeutung von Blaus Lebenswerk auf. Dessen Anerkennung den Weg bereiten zu helfen, ist Ziel dieses Buches.

Danksagung

Unser Dank gilt besonders den Mitarbeitern der Österreichischen Zentralbibliothek für Physik für die stetige Unterstützung bei unseren Bemühungen, den Lebenslauf Marietta Blaus zu erkunden. Das Studium der dort vorhandenen Unterlagen, besonders der Notizen von Dr. Auguste Dick, die bis zu ihrem Tod Material für eine Biographie Blaus sammelte, gab uns Hinweise für weitere Forschungen. Eine Reihe von Anregungen erhielten wir von Univ.-Prof. Dr. Leopold Halpern, Tallahassee.

Mit Hilfe des Matrikelamts der Israelitischen Kultusgemeinde in Wien konnten wir die Lebensdaten der Familien Blau, Goldenzweig und Weinberger in Erfahrung bringen. Wir bedanken uns bei Frau Christa Hirschvogl vom Bundesrealgymnasium und Bundesgymnasium in der Rahlgasse und bei Dr. Kurt Mühlberger und Frau Susanne Stindl vom Archiv der Universität Wien, die uns zu Information betreffend Marietta Blaus Bildungs- und Studienweg sowie die Verleihung des Goldenen Doktordiploms verhalfen. Historisches Material wurde uns auch vom Wiener

Stadt- und Landesarchiv, dem Allgemeinen Verwaltungsarchiv im Österreichischen Staatsarchiv, von Frau Elisabeth Namdar-Pucher vom Dokumentationsarchiv des Österreichischen Widerstandes sowie von Dipl.-Ing. Ruth Freund vom Krankenhaus Lainz zur Verfügung gestellt, wofür wir unseren Dank aussprechen. Auf der Suche nach historischen Unterlagen erhielten wir bereitwillig Hilfe von Univ.-Prof. Dr. Robert Schulmann, Boston, von Frau Ingrid Meder von der Firma Josef Weinberger, Wien, von Herrn Richard Toeman, London, von Frau Franzi Loewe, Mexico City, von Univ.-Prof. Dr. Joseph F. Aschner, New York, von der Kulturabteilung der mexikanischen Botschaft in Wien und vom Zentrum für Wissenschaftsgeschichte der Königlichen Schwedischen Akademie der Wissenschaften. In Mexico City trugen Frau Paula Bizberg und Frau Renata von Hanffstengel zu unserer Recherche bei.

Eine große Hilfe bei der Erkundung von Blaus Lebensweg waren die Kopien ihrer Korrespondenz mit Albert Einstein sowie weiterer Briefe Einsteins, die wir von Frau Dina Carter vom Albert-Einstein-Archiv an der Hebräischen Universität in Jerusalem erhielten, und der Korrespondenz Blaus mit Fritz Paneth, die uns von Diplomarchivar Dirk Ullmann vom Archiv zur Geschichte der Max-Planck-Gesellschaft in Berlin-Dahlem zur Verfügung gestellt wurden. Kopien von Blaus Briefwechsel mit Prof. Stefan Meyer und anderen Wiener Kollegen wurden uns von MMag. Dr. Lore Sexl von der Kommission für Geschichte der Naturwissenschaften, Mathematik und Medizin der Österreichischen Akademie der Wissenschaften übergeben. Die Korrespondenz bezüglich der geplanten Verleihung der Leibniz-Medaille an Blau erhielten wir in Kopie von Dr. Peter Nötzoldt von der Berlin-Brandenburgischen Akademie der Wissenschaften in Berlin. Kopien privater Briefe übersandten uns Univ.-Prof. Dr. Arnold Perlmutter und Frau Eva Connors, M. Sc., Marietta Blaus Nichte, der wir auch Kopien anderer wertvoller Dokumente und Bilder verdanken. Weitere Fotos bekamen wir von Dr. Agnes Rodhe aus Lund, von MMag. Dr. Lore Sexl, Wien, von Herrn Dave Butt aus Miami und von Prof. Esperanza Verduzco Ríos in Mexiko-Stadt.

Univ.-Prof. Dr. Gerhard Oberkofler, Innsbruck, verdanken wir Hinweise darauf, welches Echo die Entdeckung der „Zertrümmerungssterne“ durch Blau und Wambacher in der wissenschaftlichen Welt hervorrief.

Unser besonderer Dank gilt Dr. Hanne Ellis-Lauda, Univ.-Prof. Dr. Pierre Radvanyi, Univ.-Prof. Dr. Martin Block, Univ.-Prof. Dr. Seymour J. Lindenbaum, Univ.-Prof. Dr. Sylvan C. Bloch, Univ.-Prof. Dr. Arnold Perlmutter, Univ.-Prof. Dr. Leopold Halpern, Dr. Brigitte Buschbeck, MMag. Dr. Lore Sexl, Dr. Gerda Petkov und Univ.-Prof. Dr. Herbert Pietschmann, die ihre persönlichen Erinnerungen in diesen Band einbrachten. Wir danken auch Dr. Agnes Rodhe, Frau Eva Connors, M. Sc., Frau Margarethe Heinrich, Dr. Margarete Meschkan sowie Dr. Anny Schlemko-Frantz, Univ.-Prof. Dr. Wolfgang Breunlich und weiteren ehemaligen und gegenwärtigen Mitarbeitern des Wiener Radiuminstituts wie auch Univ.-Prof. Dr. Edmund Hlawka und Univ.-Prof. Dr. Walter Thirring, deren Aussagen für uns sehr interessant waren.

Weiter danken wir Mag. Dr. Maria Seifert, Univ.-Prof. Dr. Neva Šlibar, Ljubljana, Univ.-Prof. Dr. Herbert Pietschmann, Dr. Alfred Chalupka und Dr. Otto Schwerer, die das Manuskript kritisch gelesen und wertvolle Kommentare dazu abgegeben haben.

Eine bedeutende Hilfe bei der Gestaltung dieser Biographie waren Anregungen und Kritik von Dr. Wolfgang Reiter. Dank seiner Kenntnisse, die Geschichte des Radiuminstituts betreffend, konnte er uns in vielen Detailfragen behilflich sein und seine Kritik war stets ein Anstoß, unsere Arbeit genau zu überprüfen. Mag. Dr. Wolfgang Kerber konnte uns auf Grund seiner Erfahrung mit der Erstellung von Wissenschaftlerbiographien wertvolle Ratschläge geben, für die wir ihm sehr dankbar sind.

Wir wollen allen angeführten Personen unseren Dank für ihre Unterstützung aussprechen, ohne die dieser Band nicht zustande gekommen wäre. Besonders würdigen wollen wir hier auch die Sponsoren, die das Erscheinen dieser Biographie ermöglicht haben:

- Musikverlag Josef Weinberger
  (vormaliger Geschäftsführer Dr. Otto Blau);
- Institut für Isotopenforschung und Kernphysik der Universität Wien;
- Österreichische Zentralbibliothek für Physik.

Erläuterung zu Anmerkungen, Schriftenverzeichnis, Wiedergabe von Originaltexten und Übersetzungen

Literaturzitate, Quellenangaben und Anmerkungen stehen am Ende des jeweiligen Beitrags. Auf Literaturzitate und Quellenangaben wird in den Texten mit hochgestellten Zahlen hingewiesen, auf Anmerkungen mit hochgestellten Zahlen nach vorangestelltem A, also z. B. [A1]. Die Hinweise auf Schriften Marietta Blaus, die mit B1 usw. gekennzeichnet sind, beziehen sich auf das Verzeichnis ihrer Veröffentlichungen (siehe S. 210ff), das nach Ermessen der Herausgeber vollständig ist.

Originaltexte wurden grundsätzlich buchstabengetreu wiedergegeben.

Einige Beiträge sind den Herausgebern als englische bzw. französische Manuskripte zugegangen und wurden von ihnen ins Deutsche übersetzt: Erinnerungen von P. Radvanyi aus dem Französischen, Erinnerungen von M. M. Block, S. J. Lindenbaum, A. Perlmutter und S. C. Bloch sowie der Beitrag von A. Perlmutter (S. 143ff) aus dem Englischen. Dieser Artikel wurde von T. Schönfeld überarbeitet.

Wien, im Mai 2002 — Robert Rosner und Brigitte Strohmaier

Biographischer Abriss

Brigitte Strohmaier und Robert Rosner

Als Marietta Blau 1894 geboren wurde, hatten Frauen in Österreich noch keinen Zugang zum Universitätsstudium; sie wurden erst drei Jahre später zu diesem zugelassen. In Blaus Todesjahr (1970) übernahm erstmals eine Frau – Hertha Firnberg – als zuständige Ministerin das Wissenschaftsressort in Österreich; der Anteil weiblicher Studierender betrug nun 33 Prozent. In Blaus Lebenszeit fallen zwei Weltkriege, die Oktoberrevolution, der österreichische Staatsvertrag, der Bau der Berliner Mauer, die Studentenbewegung in Paris, der Einmarsch der Warschauer-Pakt-Truppen in Prag sowie die Mondlandung von US-Astronauten. In derselben Zeitspanne wurden die Radioaktivität, das Planck'sche Wirkungsquant und die kosmische Strahlung entdeckt, die Relativitätstheorie und die Atombombe entwickelt, sowie die Elementarteilchen Elektron, Proton und Neutron und ihre Antiteilchen, ferner das Positron, die beiden Myonen, die diversen π-, K- und ρ-Mesonen, die verschiedenen Neutrinos und viele mehr gefunden und erforscht. Wissenschaftshistorisches Interesse begann sich auf Blau erst 1987 zu richten; von österreichischen Autoren stammen drei biographische Artikel.[1–3] In den USA, wo Blau ab 1944 tätig war, erschienen in den letzten Jahren weitere Publikationen, die sich auf ihr Leben und Wirken beziehen.[4–8]

Kindheit und Ausbildung

Marietta Blau wurde am 29. April 1894 als Tochter des k. k. Hof- und Gerichtsadvokaten Dr. Markus (Mayer) Blau und seiner Frau Florentine geb. Goldenzweig in Wien 2., Schmelzgasse 6 geboren. Die Familie gehörte dem gehobenen jüdischen Mittelstand an; die Vorfahren von

Markus Blau und Florentine Goldenzweig waren seit Generationen in Deutschkreutz im Burgenland bzw. in Wien ansässig. Die Eheschließung der Eltern war 1891 erfolgt; in den drei darauf folgenden Jahren brachte Florentine Blau zwei Söhne und eben dieses Mädchen zur Welt. 1895 musste die damals 26-jährige Frau neben der Betreuung des zweijährigen Otto und der einjährigen Marietta Krankheit und Tod ihres Erstgeborenen Fritz bewältigen, eine Belastung, die auch an den überlebenden Kindern nicht spurlos vorübergegangen sein mochte. Im Oktober 1896 wurde der jüngste Sohn, Ludwig, geboren.

Etta, wie Marietta Blau von ihrer Familie und ihren Freunden zeit ihres Lebens genannt wurde, absolvierte von Oktober 1900 bis Juli 1905 die fünfklassige Übungsschule der k. k. Lehrerbildungsanstalt in Wien 1., Hegelgasse 12. Ab dem Schuljahr 1905/06 besuchte sie zuerst die Vorbereitungsklasse, danach die ersten drei Klassen des Privat-Mädchen-Obergymnasiums des Vereins für erweiterte Frauenbildung. Diese Schule, 1892 gegründet und eine Pionierstätte der österreichischen Frauenbildung,[9] war die erste, durch deren Besuch Mädchen Zugang zur Matura hatten; sie mussten sie allerdings am Akademischen Gymnasium ablegen. Die Schule befand sich damals in Wien 1., Hegelgasse 19. In der zweiten Klasse waren von 50 Schülerinnen 22 Jüdinnen wie Marietta, „mosaisch" nach amtlicher Terminologie. Bei exzellenten schulischen Leistungen scheint Marietta zu der Zeit nicht gerade angepasst gewesen zu sein.[10] Im Schuljahr 1909/10 wurde ihr Privatunterricht erteilt; der Grund für diese Unterbrechung des Schulbesuchs ist nicht mehr in Erfahrung zu bringen. Jedenfalls wird in einem ihrer Briefe eine Erzieherin erwähnt, der sie genügend zugetan war, um sie 20 Jahre später auf einer Reise nach Göttingen in Breslau zu besuchen. Im Jahr 1910 wurde der Standort des Obergymnasiums des Vereins für erweiterte Frauenbildung, das im selben Jahr auch das Öffentlichkeitsrecht erlangte, nach Wien 6., Rahlgasse 4 verlegt. Dort wurde Marietta im Herbst 1910 nach einer Aufnahmsprüfung wieder in ihre ursprüngliche, nunmehr fünfte Klasse des humanistischen Gymnasiums eingegliedert und besuchte die Oberstufe bis zur Ablegung der Reifeprüfung (mit Auszeichnung) im Juli 1914. Physikunterricht gab es nur in der dritten, siebenten und achten Klasse.[A1] Ihre Prüfungsfächer bei der Matura – die Klasse umfasste nun nur mehr 25 Schülerinnen – waren Deutsch, Griechisch, Vaterlandskunde und Mathematik.[11]

Seit 1912 lebte die Familie im 1. Wiener Bezirk; innerhalb von 20 Jahren war sie fünfmal übersiedelt. Die Wohnorte[A2] – nämlich im 2., 3. und 1. Bezirk – lagen durchwegs in der bei der jüdischen Bevölkerung beliebten Gegend um den Franz-Josefs-Kai.[A3] Die Adressen zeigen, dass die Familie in immer elegantere Teile des Viertels zog. Es war offenbar eine Zeit des wirtschaftlichen Aufstiegs der Familie Blau. Zunehmend kauften begüterte Juden auch Häuser in den Villenvierteln in Währing und Döbling, dem Cottageviertel.[12] Auch Mariettas Familie zog später in diese Gegend.[A2]

Ab November 1914 war Marietta Blau an der Universität Wien als ordentliche Hörerin inskribiert, als Fächer wählte sie Physik und Mathematik, obwohl ihr „Traum immer Kinder-Nervenärztin war".[13] Von Mariettas Gymnasialklasse waren im Wintersemester 1914/15 22 Mädchen an der Universität Wien inskribiert, davon 9 in naturwissenschaftlichen Fächern (insbesondere 4 in Physik) und Mathematik, 5 in Medizin.[14] Der Ausbruch des Ersten Weltkriegs und der dadurch bewirkte Ausfall der zum Militärdienst eingerückten jungen Männer eröffnete den Frauen mehr Möglichkeiten an den Universitäten, sofern sie nicht zum Familienunterhalt beitragen mussten und dadurch vom Studium abgehalten wurden. Der relative Anteil weiblicher Studierender stieg im Studienjahr 1914/15 sprunghaft an, wuchs während der Kriegsjahre weiter, bis er im Studienjahr 1919/20 wieder drastisch abfiel. – In die Zeit von Blaus Studium fällt eine Erkrankung an Tbc (1916), die während eines Heilstättenaufenthalts behandelt wurde.

Blau hörte Physikvorlesungen der Professoren Erich Lecher, Stefan Meyer und Felix Ehrenhaft, in Mathematik belegte sie Vorlesungen der Professoren Gustav von Escherich, Gustav Kohn und Philipp Furtwängler. Ferner nahm sie an einem zweisemestrigen Praktikum im II. Physikalischen Institut und einem einsemestrigen im Institut für Radiumforschung teil. Diese Institute waren erst wenige Jahre zuvor, nämlich 1912 bzw. 1910, in der Waisenhausgasse (heute Boltzmanngasse 5 bzw. 3) im 9. Bezirk fertig gestellt worden.[A4] (Abb. 1) Am II. Institut, das von Franz Serafin Exner geleitet wurde, arbeitete Blau auch an ihrer Dissertation, die ein radiologisches Thema, nämlich die Absorption divergenter γ-Strahlung, behandelte und im Juli 1918 von Franz Exner und Stefan Meyer approbiert wurde, nachdem sie bereits zuvor von der kaiserlichen Akademie der Wissenschaften zur Publikation in ihren „Sitzungsberichten" angenommen worden war. Diese Arbeit,[B1] in der sie die Diskrepanz der bis dahin in der Literatur existierenden Angaben über die Absorptionsverhältnisse divergenter γ-Strahlenbüschel durch das Auftreten einer vordem unbekannten harten Sekundärstrahlung erklärte, war der Auftakt zu einer langen wissenschaftlichen Karriere, während derer sie mit derselben Sorgfalt, die ihr hier bescheinigt worden war, immer neue experimentelle und methodische, aber auch theoretische Probleme löste.

Sie bestand im März 1919 ihr Doktorexamen (Auszeichnung mit Stimmeneinheit) und wurde am 29. März 1919 zum Doktor der Philosophie promoviert. Anschließend beschäftigte sie sich theoretisch mit Problemen radioaktiver Strahlung und hospitierte dann mehrere Monate am Zentralröntgeninstitut des Allgemeinen Krankenhauses in Wien bei Guido Holzknecht.

Zu Ende des Jahres 1919 starb „nach kurzem schwerem Leiden"[15] Markus Blau im Alter von 64 Jahren. Er hatte sich neben seinem Beruf als Rechtsanwalt auch mit der Herausgabe von Musikwerken beschäftigt; es spiegelt sich darin die große Rolle wider, die die Musik im jüdischen Bürgertum zur Zeit des Fin de Siècle spielte und die sie auch für Marietta zeit ihres Lebens hatte. Markus Blaus Schwager Josef Weinberger hatte einen Musikverlag gegründet und war Mitherausgeber der Werke Gustav Mahlers. Da der einzige Sohn Josef Weinbergers im Ersten Weltkrieg gefallen war (1917), trat Ettas Bruder Otto, der wie der Vater Rechtswissenschaften studiert hatte, 1922 in den Verlag ein und übernahm bald dessen Leitung. Er war als Prokurist tätig, bis das Unternehmen 1938 arisiert wurde. Auch nach dem Krieg wurde er wieder als Prokurist im Verlag geführt.

Abb. 1: Das neu erbaute Radiuminstitut 1910, also vor Erbauung der physikalischen und chemischen Institute. Ansicht von der hinteren, nunmehr dem Hof zugewandten Seite (Österreichische Akademie der Wissenschaften).

Mariettas Bruder Ludwig trat 1922 aus der jüdischen Glaubensgemeinschaft aus und blieb konfessionslos; er war Atheist.[16] Bereits um die Jahrhundertwende und auch nach dem Ersten Weltkrieg, als der christlichsoziale Antisemitismus in Wien eine große Rolle spielte, trennten sich Menschen, die jede Bindung zur jüdischen Religion verloren hatten und die Zugehörigkeit zu ihr als störend für ihren gesellschaftlichen Aufstieg empfanden, von der jüdischen Glaubensgemeinschaft. Manche änderten auch ihre Familiennamen. So nahm die Familie Goldenzweig den Namen Golwig an.[17] Zwei der Brüder von Florentine Blau hatten sich schon vor 1918 taufen lassen, wodurch sie auch andere Vornamen erhielten.

Erste Berufstätigkeit – das Radiuminstitut in den Zwanzigerjahren

Im zweiten Halbjahr 1921 war Blau in Berlin als Physikerin an der Röntgenröhrenfabrik Fürstenau, Eppens & Co. angestellt, um elektrotechnische und spektralanalytische Untersuchungen durchzuführen. Sie kündigte, als sich ihr die Möglichkeit bot, eine Assistentenstelle am Institut für Physikalische Grundlagen der Medizin der Universität Frankfurt am Main anzunehmen. Sie trat diese am 1. Januar 1922 an und wurde sowohl mit wissenschaftlichen Arbeiten, nämlich Untersuchungen für die elektrotechnische und elektromedizinische Industrie, als auch mit der theoretischen und praktischen Ausbildung von Ärzten zu Röntgenologen und der Anleitung von Dissertanten betraut. Sie publizierte gemeinsam mit Kamillo Altenburger über Absorption[B2] und eine Theorie der Wirkung[B3] von Röntgenstrahlen.

Als im Herbst 1923 ihre Mutter erkrankte, gab sie diese Stelle auf und kehrte nach Wien zurück. Beruflich tauschte sie dadurch eine besoldete Anstellung gegen unbezahltes Arbeiten am Institut für Radiumforschung und am II. Physikalischen Institut ein. Sie war daher auf finanzielle Unterstützung durch ihre Familie angewiesen, aber die Sorge um ihre Mutter war ihr vorrangiges Anliegen und zog sich als bestimmender Faktor durch viele Jahrzehnte.

Das Wiener Radiuminstitut war weltweit eines der angesehensten Institute, an denen die Radioaktivität erforscht wurde. Nur wenige Jahre, bevor Blau nun an diesem Institut zu arbeiten begann, hatten Viktor Hess und Georg von Hevesy, die später den Nobelpreis erhielten, hier geforscht und Otto Hönigschmid das Atomgewicht des Radiums ermittelt. Trotz aller Schwierigkeiten, die es im verarmten Österreich gab, zog das Institut Wissenschaftler aus dem In- und Ausland an.

Die Zeit von 1923 bis 1938, in der Blau am Radiuminstitut arbeitete, war für den Wissenschaftsbetrieb in Österreich eine sehr schwere Zeit. Die konservativen und deutschnationalen Gruppierungen, die bald nach 1918 alle entscheidenden Positionen in Staat und Wirtschaft besetzten, waren an der naturwissenschaftlichen Forschung nicht interessiert. Manche Lehrstühle wurden aufgelassen oder einfach nicht neu besetzt. Für junge Naturwissenschaftler wurde es immer schwieriger, in Österreich eine adäquate Arbeitsstelle zu finden. Die Beschäftigung unbezahlter Mitarbeiter am Radiuminstitut war daher gang und gäbe. Das Institut für Radiumforschung berichtete ab 1914 jährlich im Almanach der Wiener Akademie der Wissenschaften, wer außer den so genannten Funktionären des Instituts an diesem arbeitete. In der Zeitspanne 1914–1938 waren dies 172 Wissenschaftler, von denen ein Teil Angehörige ausländischer Forschungsstätten, einige vom Unterrichtsministerium oder aus Spenden besoldete wissenschaftliche Hilfskräfte, der überwiegende Teil aber Dissertanten und graduierte Physiker waren, die ohne Bezahlung am Radiuminstitut arbeiteten. Die Auswahl dürfte nicht nach Geschlecht oder Herkunft erfolgt sein; die unbezahlte Mitarbeit setzte aber einen entsprechenden finanziellen Rückhalt seitens der Familie voraus. Andererseits bot sich auf diese Weise insbesondere Frauen die Möglichkeit, in der physikalischen Forschung einigermaßen Fuß zu fassen. Gerade am Wiener Radiuminstitut war damals der Frauenanteil besonders hoch (mehr als ein Drittel). Außer in der Faszination, die die Radioaktivität ausübte, und der Vorbildwirkung der so erfolgreichen Marie Curie am Pariser Radiuminstitut dürfte das zwischen 1910 und 1938 auch im Führungsstil, den Stefan Meyer[A5, 18] (Abb. 2) übte, begründet gewesen sein. Er sah die

Mitarbeiter weniger als Untergebene denn als Verbündete im Streben nach wissenschaftlicher Erkenntnis, und daraus resultierte sein enormes Engagement um sie und ihre Anliegen. Das motivierte die Wissenschaftler wieder zusätzlich, und die wiederkehrende Danksagung an ihn in den zahlreichen Publikationen des Radiuminstituts in der Zeit seines Direktorats war sicher keine leere Floskel: Der 1872 geborene Meyer fungierte für viele seiner Mitarbeiter geradezu als Vaterfigur und vermittelte den fast familiären Zusammenhalt des Personals des Radiuminstituts. Karl Przibram[A6] (Abb. 3) charakterisierte anlässlich des Jubiläums des 50-jährigen Bestehens des Radiuminstituts Meyers Rolle wie folgt:[19] „Stefan Meyers vorausschauende Umsicht, seine Sachkenntnis, sein Ideenreichtum … haben das Institut zu dem gemacht, was es ist; sein urbanes Wesen ebnete die Wege für ein harmonisches Zusammenarbeiten aller Beteiligten, ja, seine überquellende Herzensgüte schlang geradezu ein Band der Freundschaft um alle Mitarbeiter; er war wirklich die Seele des Instituts, das ganz von seinem Geist durchdrungen war."

Das „Band der Freundschaft" bewirkte, dass die Mitarbeiter sowohl in fachlichen Belangen aneinander Anteil nahmen, einander durch Diskussion von Problemen wie auch tatkräftige Hilfe unterstützten, als auch ihre nichtwissenschaftlichen Talente aufeinander richteten, indem etwa Berta Karlik[A7] die Kollegen mit Aquarellen und Gedichtchen würdigte und Karl Przibram die Angehörigen der Physikalischen Institute karikierte und Scherenschnitte anfertigte.

Im Jahr 1924 publizierte Blau über die Zerfallskonstante des Poloniumisotops der Masse 218, eines Kerns der Radiumzerfallsreihe, der als RaA bezeichnet wird.[B4] Zu dieser Zeit war bereits Hans Pettersson (Abb. 4) aus Göteborg am Wiener Radiuminstitut, der 1922 gekommen war, um die Radioaktivität von Tiefseeschlammproben zu messen. „Gemeinsam mit G. Kirsch wandte sich Pettersson, dessen dynamische Persönlichkeit den Arbeiten des Instituts einen neuen Schwung verlieh, der 1919 von Rutherford inaugurierten Atomzertrümmerung zu",[20] also nach heutigem Sprachgebrauch den künstlichen Kernreaktionen. Von ihm stammt der Ausspruch: „Hier (Anm. Verf.: am Wiener Radiuminstitut) kann man

Abb. 2: Stefan Meyer (Österreichische Akademie der Wissenschaften, Archiv, Porträtsammlung).

Abb. 3: Karl Przibram (Österreichische Akademie der Wissenschaften, Archiv, Porträtsammlung).

alles machen."[21] Von ihm stammte auch der Vorschlag an Marietta Blau, sich mit der photographischen Methode zum Nachweis der Reaktionsprodukte dieser Kernreaktionen zu befassen. Dieses Detektionsverfahren war am Radiuminstitut schon früher untersucht worden: Wilhelm Michl hatte 1914 die Wirkung einzelner streifend in eine Photoplatte einfallender α-Teilchen klargelegt und vorgearbeitet, um Aufschluss über die Vorgänge in den obersten Schichten der photographischen Platte zu erhalten.[22] Diese Aufgabenstellung war aber nicht weiter verfolgt worden, nachdem Michl im Ersten Weltkrieg verwundet worden und 1914 seinen Verletzungen erlegen war.

Nun gewann dieses Verfahren insofern wieder an Aktualität, als damals zum Nachweis der bei Kernreaktionen emittierten Teilchen ausschließlich die Szintillationsmethode eingesetzt werden konnte, d. h. die Beobachtung der von diesen Teilchen an Zinkblendeschirmen ausgelösten schwachen Lichtblitze mit Mikroskopen mäßiger Vergrößerung. Diese

Abb. 4: Hans Pettersson (Österreichische Akademie der Wissenschaften, Archiv, Porträtsammlung).

Art der Beobachtung erforderte die Adaption an die Dunkelheit des Labors, um die zarten Leuchterscheinungen wahrzunehmen, und war für die durchführenden Personen strapaziös und daher fehleranfällig, insbesondere bei tendenziöser Zählung, also dem Wunsch, möglichst viele Ereignisse zu registrieren, wie er bei den Zählenden geherrscht haben mag. So waren bei der Feststellung der Atomtrümmer mit der Szintillationsmethode am Radiuminstitut Ergebnisse erzielt worden, die mit den von Ernest Rutherford und James Chadwick in Cambridge gefundenen nicht übereinstimmten. Diese Diskrepanzen waren so weitgehend, dass im Dezember 1927 Rutherfords Mitarbeiter Chadwick nach Wien kam, um Petterssons und Kirschs Experimente zu überprüfen; die Wiener Ergebnisse hielten dieser Prüfung nicht stand.[20,23] Die Subjektivität der Szintillationsmethode gab aber bereits 1924 den Anstoß, nach einer wiederholbaren und somit objektivierbaren Teilchendetektion zu trachten, wie sie mit der photographischen Methode möglich war.

Marietta Blau (Abb. 5) standen zwei Kolleginnen besonders nahe: Elisabeth Rona und Berta Karlik.[A7] Rona[24] war vier Jahre älter als Blau, stammte aus Budapest und hatte dort Physik und Chemie studiert. Nach Abschluss ihres Studiums (1911) war sie in Karlsruhe, Budapest und Berlin und abermals Budapest beschäftigt, bevor sie 1925 von Stefan Meyer eingeladen wurde, als wissenschaftliche Mitarbeiterin an das Wiener Radiuminstitut zu kommen. Sie schloss sich der Gruppe um Pettersson an; während eines Aufenthalts 1926 am Pariser Radiuminstitut gewann sie Expertise in der Herstellung von Poloniumpräparaten, wofür sie dann auch in Wien zuständig war (siehe auch S. 137, Anm. 9).

Abb. 5: Marietta Blau 1927 (Privatbesitz Agnes Rodhe, Tochter Hans Petterssons).

Berta Karlik (Abb. 6), 1904 in Wien geboren, studierte an der Universität Wien Physik und Mathematik und beschäftigte sich in ihrer Dissertation mit der Szintillationsmethode, dem damals am Wiener Radiuminstitut vorwiegend verwendeten Verfahren zum Teilchennachweis. Sie promovierte 1928, legte danach die Lehramtsprüfung ab und absolvierte das Probejahr am Realgymnasium in Wien 8., Albertgasse. Sie begann 1929/30 mit wissenschaftlicher Tätigkeit am Radiuminstitut, ab 1933 im Rahmen einer Anstellung als wissenschaftliche Hilfskraft. Wie die meisten anderen Physikerinnen am Radiuminstitut war auch Karlik Mitglied des Verbands der Akademikerinnen Österreichs (VAÖ).[A8] Dieser war 1922 auf Anregung der 1919 von amerikanischen und englischen Akademikerinnen gegründeten „International Federation of University Women" von der Universitätsprofessorin für Philologie Dr. Elise Richter[25] eingerichtet worden, die auch als erste Präsidentin fungierte. Große Unterstützung in seiner Zielsetzung fand der Verband im Bund österreichischer Frauenvereine, dessen Präsidentin Marianne Hainisch[26] die

Abb. 6: Berta Karlik (Archiv R. und L. Sexl).

Begründerin der österreichischen Frauenbewegung war. Dieser Dachorganisation trat der VAÖ noch im Jahr seiner Gründung bei. Der VAÖ hatte 1924 bereits 205 Mitglieder.[27] Entsprechend der persönlichen Überzeugung seiner Gründerin sollte sich der Verband keineswegs gegen männliche Kollegen richten, sondern Wege und Möglichkeiten finden, um Frauen auf dem für sie so lange verschlossenen Gebiet der akademischen Bildung und Berufsausübung mit Rat und Tat zur Seite zu stehen.[27] Karlik erhielt vom VAÖ 1930/31 ein Stipendium,[27] das ihr Studienaufenthalte in London und Paris ermöglichte. Sie nutzte das Stipendium, um an der Royal Institution of Great Britain in London bei Sir William Bragg an röntgenographischen Untersuchungen von Kristallstrukturen zu arbeiten, verbrachte aber auch längere Zeit am Cavendish-Laboratorium in Cambridge unter der Leitung von Lord Rutherford. Weiterhin besuchte sie Pariser Forschungsstätten wie das Radiuminstitut, bestehend aus Curie- und Pasteurinstitut, und das Laboratorium von Louis de Broglie. 1933 wurde Elisabeth Rona und Berta Karlik gemeinsam der Haitinger-Preis der Wiener Akademie der Wissenschaften verliehen, und zwar Rona für methodische Untersuchungen des Poloniums und die Untersuchungen der Feinstrukturkonstante der α-Strahlen der Actiniumprodukte und Karlik für Arbeiten auf dem Gebiet der Lumineszenz.[28] – Auch Blau war Mitglied des Verbands der Akademikerinnen Österreichs.

Privat war Marietta Blau freundschaftlich verbunden mit Herta Leng. Diese führte ihre Dissertation, „Adsorptionsversuche mit Radioelementen", zwar offiziell am I. Physikalischen Institut aus, war aber fachlich und menschlich am Radiuminstitut eingebunden.[29]

Obwohl die Gefahren der radioaktiven Strahlung wie auch Strahlenunfälle bestimmter Berufsgruppen früh dokumentiert wurden, wurden in Radioaktivitätslabors praktisch keine Strahlenschutzmaßnahmen getroffen und die Forscher, die sich mit radioaktiven Substanzen beschäftigten, erhielten hohe Strahlungsdosen und fanden sich hohen Niveaus von Kontamination gegenüber. Vom Wiener Radiuminstitut wird berichtet,[30] dass die Wände des Chemielabors 1926 bereits stark mit Folgeprodukten des Radiums, nämlich ^{210}Pb, ^{210}Bi und ^{210}Po kontaminiert waren, was zu einer Inhalation radioaktiver Teilchen führte. Es wurden wohl Abzüge verwendet, aber eine Lösung mit 1 Gramm Radium zur Gewinnung von ^{210}Pb und ^{210}Bi als Quelle von ^{210}Po stand auf einer Wärmeplatte mit einer nicht ausreichenden Abschirmung aus Bleiziegeln. Jenseits eines schmalen Ganges war der Instrumentenraum, der Geigerzähler für Betamessung und Parallelplattenkondensatoren zur Alphazählung enthielt. Bald war die Hintergrundzählrate der Instrumente so hoch, dass die Messungen im Physikinstitut, also einem anderen Gebäude, durchgeführt werden mussten.[30] Der Verlauf der Schädigung durch α-Strahlung wird von Stefan Meyer beschrieben: „Als typisches Beispiel, wie es sich besonders beim Umfüllen von emanationssatten Präparaten zeigt, bei welchem zumeist die das Gläschen haltende Hand, also Daumen, Zeigefinger und Mittelfinger der linken Hand affiziert werden, sei die Erfahrung mitgeteilt, die wir bei der Umleerung starker Präparate machten (an rund 200 bis 1000 mg). Nach etwa einer Woche trat Rötung, Blutaustritt unter der Haut, dann Blasenbildung, wie bei starken Verbrennungen auf. Hemmung des Wachstums der Fingernägel und Verhornung der entfernteren Partien um den Nagel sind Begleiterscheinungen. Der sehr schmerzhafte Verlauf, der auch an die Folgeerscheinungen bei Erfrierungen erinnert, beansprucht einige Wochen bis Monate. Als Behandlung werden bloß Umschläge mit essigsaurer Tonerde und gewiß kein vorzeitiges Aufmachen der Blasen empfohlen. Es verbleiben, da keine gute Regeneration der Haut bei starken Affektionen eintritt, unangenehme Narben, die stellenweise Verhärtungen mit immer wieder punktweise auftretenden Blutungen unter der Haut aufweisen. Sie werden von Zeit zu Zeit, auch noch nach Jahren, schmerzhaft. Die Muskulatur wird atrophisch. Rezidiven wurden (z. B. nach 10 Monaten) bemerkt. Einwirkungen auf die Blutzusammensetzung wurden im Wiener Radiuminstitut schon seit 1910 an mit starken Präparaten beschäftigten Forschern festgestellt; die Zahl der roten Blutkörperchen erscheint stark vermehrt (Leukopenie)."[31] Tatsächlich erlitt auch Blau an den Händen solche Strahlenschäden, deren schmerzhafte Folgen sich durch ihr ganzes weiteres Leben zogen.[32] Elisabeth Rona[30] berichtet am Beispiel Otto Hönigschmids auch über die Lungenkrebsgefahr, die beim Hantieren radioaktiver Materialien besteht, wenn diese eingeatmet werden und ihre ionisierende Strahlung im Körperinnern wirksam wird. Hönigschmid, Experte auf dem Gebiet der Atomgewichtsbestimmungen, stellte mittels Fraktionierung und Kristallisation reinste Radiumpräparate her, darunter auch so genannte Standards zur Eichung anderer Präparate. Selbst später, als er seine Arbeitsmethoden demonstrierte, hantierte er ohne Strahlenschutzmaßnahmen und trug nicht einmal Handschuhe. Jahrzehnte danach erkrankte er an Lungenkrebs; eine der Lungen war vollständig zerstört.[30] Im Oktober 1945 verübte er krebskrank Selbstmord.[33]

Entwicklung der photographischen Methode

Zwischen 1925 und 1932 veröffentlichte Blau, teilweise mit Mitarbeiterinnen, zahlreiche Arbeiten über die photographische Wirkung von Protonen und α-Teilchen und deren Quantifizierung sowie über die Prozesse in der Emulsion bei Beschuss mit solchen Teilchen.[B5, B6, B8–B10, B12, B13, B15–B19]

Noch in die Zwanzigerjahre fällt die Bekanntschaft Blaus mit Hertha Wambacher. Diese war neun Jahre jünger (geboren 9. März 1903) und Tochter eines Fabrikanten. Sie war, von der Übungsschule der k. k. Lehrerinnenbildungsanstalt in Wien 1., Hegelgasse 14 kommend, in jenem Jahr 1914 in das Mädchen-Obergymnasium des Vereins für erweiterte Frauenbildung eingetreten, in dem Blau von diesem abgegangen war. Bei Betrachten von Wambachers Curriculum vitae fällt auf, dass Physikunterricht auch im humanistischen Gymnasium nun schon in allen Schulstufen erfolgte und dass Frauen als Lehrkräfte wesentlich stärker vertreten waren als zu Blaus Schulzeit. Hertha Wambachers schulische Leistungen waren in den ersten fünf Jahren vorzüglich, ließen dann nach, dennoch maturierte sie 1922 mit Auszeichnung.[11] Sie studierte zunächst zwei Jahre lang Chemie, gab dieses Studium aus Gesundheitsrücksichten auf, pausierte ein Semester und wandte sich dann – angeblich bereits unter dem Einfluss Blaus – dem Studium der Physik zu.[34]

Die beiden Frauen müssen äußerlich wie charakterlich sehr unterschiedlich gewesen sein: Marietta Blau klein, zierlich, dunkelhaarig, sensibel und zurückhaltend, aber doch zielstrebig und erfolgreich, Hertha Wambacher groß, stark, blond, robust und laut, aber weniger entschlossen und überzeugend in ihren Leistungen. Das Zugehörigkeitsgefühl zur gemeinsamen Ausbildungsstätte, „der Rahlgasse", mag ebenso verbindend gewirkt haben wie die Verschiedenheit der Persönlichkeiten attraktiv und ergänzend.

Jedenfalls führte Wambacher (Abb. 7) ihre Dissertation ab Herbst 1928 unter Anleitung Blaus am II. Physikalischen Institut aus; es handelte sich dabei um die Untersuchung der Wirkung radioaktiver Strahlung auf Photoplatten, die mit bestimmten Chemikalien vorbehandelt worden waren, die eine Schwächung des photographischen Effekts bewirken (Desensibilisierung).[35] Die Arbeit wurde im Dezember 1930 approbiert, Hertha Wambacher nach mäßigen Erfolgen bei den Rigorosen im Mai 1932 promoviert. Es folgten sechs Jahre der Zusammenarbeit der beiden Frauen bei methodischen Untersuchungen der photographischen Methode, besonders der Beeinflussung des Ansprechens der Emulsionen und der Optimierung des Entwicklungsprozesses zum Nachweis von Teilchen geringer Ionisationsdichte: „Es gelang uns schließlich, die besten Bedingungen für die damals zur Verfügung stehenden Emulsionen auszuarbeiten und die Methode reproduzierbar und innerhalb gewisser Grenzen quantitativ zu gestalten."[36] Neutronen, die 1932 von Chadwick in England entdeckt worden waren, konnten ebenfalls nachgewiesen werden, da sie Energie auf die Protonen der stark wasserstoffhältigen Emulsionen übertragen, die dann ihrerseits Ionisationsspuren hinterlassen.

Abb. 7: Hertha Wambacher (Archiv R. und L. Sexl).

Auf Grund der Erklärung des Phänomens der Desensibilisierung der Photoplatten durch gewisse Farbstoffe wurde Blau von Agfa nach Deutschland eingeladen und erhielt auch die Medaille der Photographischen Gesellschaft.

Im Jahr 1929 verbrachte Blau einen Aufenthalt im Sanatorium Hochegg-Grimmenstein. Das hinderte sie aber nicht daran, all die Jahre bis zu ihrem Tod Zigaretten zu rauchen. Den Erholungsaufenthalt teilte Marietta, die „große Sehnsucht nach dem Institut"[37] hatte, mit Herta Leng, die „Sonnenresultate" an Meyer zu senden in Aussicht stellte. Gemeint waren Ergebnisse ihrer Untersuchungen der photographischen Wirksamkeit sonnenbestrahlter Metalle.[38]

Für das Studienjahr 1932/33 wurde Blau ein Internationales Stipendium (International Senior Fellowship) des Verbandes der Akademikerinnen Österreichs zuerkannt. Sie verbrachte ab Oktober 1932 einen Forschungsaufenthalt bei Prof. Pohl in Göttingen, wo sie sich einer kristallphysikalischen Untersuchung widmete.[B20] Hier trat der politisch wachen Blau auch die politische Entwicklung in Deutschland klar vor Augen, wenn diese auch nicht zur Diskussion stand: „Von den politischen Verhältnissen merkt man hier gar nichts, da im Institut prinzipiell nicht über Politik gesprochen werden darf."[39] Im Anschluss an die Göttinger Zeit arbeitete sie ab April 1933 am Pariser Radiuminstitut bei Marie Curie. Sie setzte dort Untersuchungen der von α-Teilchen an Beryllium induzierten Neutronenemission fort,[B22] die sie 1932 in Wien begonnen hatte.[B18, B19] Bei Mariettas Forschungsreisen erscheint es geradezu frappant, wie sie, die sich privat kaum ihren Mitmenschen zuzumuten wagte, mit beachtlichem Selbstbewusstsein mit international anerkannten Größen in wissenschaftlichen Kontakt trat. Die bedrohliche Möglichkeit, nicht angenommen zu werden, die ihre Scheu in der privaten Begegnung mit ihr Unbekannten bewirkte, gab es auf dem Gebiet der Physik nicht, hier war sie als Expertin von den Fachkollegen zu akzeptieren. Entgegen ihren ursprünglichen Plänen kehrte sie im Spätsommer 1933 – auf Grund der politischen Situation, die sie richtig einzuschätzen wusste – nicht mehr an das Institut Pohl, sondern direkt nach Wien zurück. Sie schrieb Meyer:[40] „Heute habe ich mich endlich entschlossen u. ich habe Herrn Prof. Pohl geschrieben, dass es mir sehr schwer fiele, jetzt nach Deutschland zurückzugehen. Ich habe sehr mit mir gekämpft u. es tut mir sehr leid um die Arbeit in Göttingen aber ich habe gerade in der letzten Zeit mit Leuten gesprochen, die von dort kamen u. Nachrichten hatten u. erzählten, wie schwer es dort sei. Hoffentlich nehmen Sie, sehr geehrter Herr Professor, es mir nicht übel u. auch nicht Herr Prof. Przibram, der mich ja dorthin empfohlen hat."[41]

In den Jahren 1935 und 1936 betreute Blau fünf Doktorarbeiten[42–46] am Radiuminstitut. „Für ihre Untersuchungen der photographischen Wirkungen der Alphastrahlen, der Protonen und der Neutronen" wurde Blau und Wambacher 1937 der Ignaz-L.-Lieben-Preis[A9] der Österreichischen Akademie der Wissenschaften verliehen.[47]

Entdeckung der „Zertrümmerungssterne"

Bei der Weiterentwicklung der photographischen Methode befand Blau es für notwendig, die Dicke der Emulsionsschicht der Photoplatten zu vergrößern, um einen möglichst großen Teil der Ionisationsspuren hochenergetischer Teilchen erfassen zu können. Zu diesem Vorhaben trat Blau direkt mit der Firma Ilford in England in Kontakt. Für die erhöhten Schichtdicken waren wiederum neue Entwicklungsmethoden erforderlich. Nachdem Blau bereits seit 1932 Versuche unternommen hatte, Teilchen der Höhenstrahlung mit photographischen Emulsionen zu registrieren, konnten sie und Wambacher 1937 Photoplatten in der von Viktor Hess[A10] eingerichteten Beobachtungsstation auf dem Hafelekar bei Innsbruck exponieren. Tatsächlich wurden so genannte Zertrümmerungssterne entdeckt,[A11] also vom Ort der von Teilchen der kosmischen Strahlung bewirkten Kernreaktion ausgehende Bahnspuren mehrerer Reaktionsprodukte. Wie der Vorgang der Vielfachzertrümmerung im Einzelnen ablief, war noch unklar, da sich zu dieser Zeit die Theorie der Kernkräfte erst im Anfangsstadium ihrer Entwicklung befand. Recht rasch wurden die Ergebnisse publiziert, denn „Frau Dr. Wambacher drängt sehr, dass wir uns nicht wieder von anderen zuvorkommen lassen sollen."[48] Sofort wandten sich die beiden Forscherinnen an Prof. Erich Regener, den Leiter der Forschungsstelle für Physik der Stratosphäre der Kaiser-Wilhelm-Gesellschaft in Friedrichshafen am Bodensee, um die Mitnahme von Photoplatten zu einem Ballonaufstieg in die Stratosphäre zu erbitten. Sie erhielten aber einen abschlägigen Bescheid, da einer von Regeners Mitarbeitern angeblich gerade dasselbe gemacht und in vorläufiger Form veröffentlicht hatte.

Im September 1937 fragte Blau bei Friedrich A. Paneth (1887–1958; Abb. 8), der vor 1920 einige Jahre am Radiuminstitut als Zweiter Assistent gewirkt hatte und nach langjähriger Ausübung von Professuren an den Universitäten in Berlin und Königsberg vor den Nazis geflohen und nun am Imperial College in London tätig war, an, ob sie bei den im Rahmen seiner Experimente durchgeführten Ballonaufstiegen in die Stratosphäre

Abb. 8: Friedrich Paneth (Foto Tita Binz/Deutsches Historisches Museum, Berlin).

ein Paket photographischer Platten mitgeben dürfe, um Spuren der Teilchen der kosmischen Strahlung in den Emulsionen zu registrieren. Es entspann sich eine rege Korrespondenz[49] um Machbarkeit, erreichbare Höhe, Gewicht und Verpackung der Photoplattenpakete und Optimierung der Form und Schichtdicke der Emulsionen.

Über die Untersuchungen des Jahres 1937 und die weiteren Pläne schreibt Blau in ihrer autobiographischen Skizze:[36] „Ermutigt durch die experimentellen Resultate, planten wir unmittelbar neue Experimente. Um die Abhängigkeit der Sterngröße von der Atomnummer des zu zertrümmernden Elements zu untersuchen, wurden die Emulsionen frei und bedeckt mit Folien verschiedenen Materials exponiert. Weiters wurden Emulsionen an Bergstationen verschiedener Höhen- und Breitenlage verteilt. Durch Vermittlung von Professor Stefan Meyer erhielten wir von der Akademie der Wissenschaften einen Betrag, der uns Ballonflüge mit Emulsionen ermöglichen sollte. All das wurde jedoch durch die politischen Ereignisse in Österreich 1938 abgebrochen."

In Deutschland waren kurz nach der Machtergreifung durch die Nationalsozialisten alle jüdischen Physiker so wie alle anderen jüdischen Wissenschaftler von den Hochschulen entfernt worden. Das bedeutete, dass allein 50 habilitierte Physiker (15,4 % aller habilitierten deutschen Physiker) ab 1933 eine neue Stelle suchen mussten.[50] In dieser Zeit der Weltwirtschaftskrise wurden die Budgets für die Universitäten und die Forschung auch in den großen westlichen Demokratien stark gekürzt und daher war es selbst für angesehene und international bekannte Physiker, die emigrieren mussten, oft sehr schwer, eine geeignete Stellung zu finden. Es ist umso bemerkenswerter, dass sich Albert Einstein bereits vier Wochen vor dem Anschluss, am 14. Februar 1938, zu einer Zeit, als in Wien scheinbar noch stabile Verhältnisse herrschten, bemühte, eine Stelle für Marietta Blau in Mexiko zu finden. In Mexiko herrschte damals unter der Präsidentschaft von Lázaro Cárdenas eine politische und kulturelle Aufbruchsstimmung. So entstand Anfang 1938 der Plan, eine internationale Sommerschule abzuhalten, an der prominente europäische Intellektuelle teilnehmen und unter anderem moderne Formen der Erziehung demonstrieren sollten. In diesem Sinne wurde auch Einstein eingeladen.[51] In seinem Antwortschreiben an das mexikanische Zentrum für pädagogische Studien lehnte er die Teilnahme aus gesundheitlichen Gründen und wegen der Abstraktheit seiner Forschungen ab, empfahl aber gleichzeitig, mit dem für seinen Besuch vorgesehenen Betrag Marietta Blau, die damals noch in Wien lebte und am Radiuminstitut arbeitete, als dauernde Arbeitskraft für Mexiko zu gewinnen, wobei er besonders darauf hinwies, dass ihre Forschungsmethode nur bescheidene Mittel erforderte und sie daher besonders geeignet wäre, in einem Land wie Mexiko naturwissenschaftliche Forschung zu etablieren.[52]

Doch Einstein ließ es bei diesem Schreiben nicht bewenden. Ebenfalls am 14. Februar 1938 schrieb er seinem Arzt und Freund Gustav Bucky in New York, der einen Besuch von Gustav Peter, einem Professor an der Technischen Hochschule in Mexiko, erwartete. In dem Brief bat er Bucky dringend, sich bei Peter dafür einzusetzen, dass mit dessen Hilfe eine Stellung für Marietta Blau in Mexiko gefunden werde. Im Brief an Bucky[53] heißt es:

„Der Hitler wackelt also, aber leider nicht genug!

Ich schreibe mit Rücksicht auf den Besuch Ihres Freundes Dr. Peter aus Mexico: Sie sollen nämlich durch ihn herauszubringen versuchen, ob eine Physikerin von ungewöhnlicher Begabung evtl. gebraucht werden könnte, die in Wien trotz aller Schätzung der Fachkollegen aus den bekannten politischen Gründen als Jüdin fortgegrault wird. Ihr Fach ist experimentelle Radio-Aktivität. Was dort an Doktor-Arbeiten auf diesem Gebiet gemacht wird, geschieht hauptsächlich unter ihrer Leitung, obwohl sie – soviel ich weiss – keine etatsmässige Stellung bekleidet. Ihre Personalien sind: Dr. Marietta Blau, geb. 1894, Adresse Institut f. Radium-Forschung Boltzmanngasse 3, Wien 9. Sie hat eine erfolgreiche Methode zur Erforschung der Höhenstrahlung auf photographischen Wege erfunden (Photographischer Nachweis gewisser Atoms-Zertrümmerungsprozesse durch Höhenstrahlung).

Es handelt sich hier um keinen gewöhnlichen Fall, sondern um eine wirklich wertvolle Kraft, die sehr gut imstande wäre, mit bescheidenen Hilfsmitteln an irgendeiner Stelle wissenschaftliches Leben zu wecken. Ich bitte Sie sehr, mit Ihrem Freunde zu erwägen, ob es für Frl. Blau eine Möglichkeit in Mexico gäbe. Hier ist die Komkurrenz [sic] der einheimischen Forscher wahrscheinlich nicht zu überwinden, wenigstens nach Ladenburgs Ansicht. Natürlich werden wir uns aber trotzdem auch hier bemühen. Bitte, ja nicht vergessen!"

Da Einstein in diesem Brief die damals weit verbreitete Meinung äußert, dass Hitlers Position geschwächt sei,[A12] dürfte er Blaus Berufung nach Mexiko eher wegen ihrer schlechten Karriereaussichten in Wien als in Erwartung des deutschen Einmarsches betrieben haben.

Für Frühjahr und Sommer 1938 plante Blau einen Forschungsaufenthalt bei Ellen Gleditsch (1879–1968), die Professorin für Anorganische Chemie an der Universität Oslo war und 1937/38 ihrerseits am Wiener Radiuminstitut gearbeitet hatte (Abb. 9). Die Reise dorthin führte über

Abb. 9: Ellen Gleditsch 1929 (Department of Chemistry, University of Oslo).

Kopenhagen, wo Marietta Blau einen Vortrag am Bohr-Institut halten sollte, und Peterssons Arbeitsstätte Göteborg.

Am 21. März 1938 schreibt Blau aus Oslo an Paneth am Imperial College in London:[49]

„Ich habe am 12. III. um 7 h abends Wien verlassen u. war mir eigentlich nicht klar über die politische Lage; ich hätte schon anfangs März wegfahren sollen u. habe es immer wieder verschoben u. bin vielleicht als letzter Oesterreicher über die deutsche Grenze gekommen. Man wußte in Wien bis zum letzten Moment nicht, was uns bevorstand u. mir kamen erst auf der Reise die deutschen Truppen entgegen u. erst da wußte ich, daß man alle Hoffnung aufgeben mußte. Ich weiß jetzt nicht, ob ich jemals zurückkommen kann oder als Flüchtling behandelt werde u. bin natürlich ganz verzweifelt. Hier in Oslo u. in Schweden bei Professor Pettersson u. auch im Bohr-Institut, wo ich einen Vortrag hielt, war man ganz besonders nett zu mir aber ich weiß nicht, wie das weitergehen wird. Von Dr. Karlik erhielt ich heute einen Brief, in dem sie schreibt, daß im Institut noch alles beim Alten geblieben ist; andererseits schreibt sie, daß ich ja durch ausländische Zeitungen ganz richtig informiert werde. Ich wäre Ihnen sehr dankbar, wenn Sie mir schrieben, falls Sie über Prof. Meyer u. Prof. Przibram etwas erfahren; ich selbst traue mich noch nicht zu schreiben, um nicht zu schaden."

In der Folge ging es im Briefwechsel zwischen Blau und Paneth[49] neben den Einzelheiten der bei den Ballonaufstiegen zu exponierenden Platten auch wesentlich um die Schicksale der Mitarbeiter des Radiuminstituts, von denen Marietta Blau durch Berta Karlik – allerdings in umschriebener Form – erfuhr. Besonders wichtig waren dabei die Einschätzung der politischen Position und somit Vertrauenswürdigkeit der Kollegen bei der Übermittlung von Nachrichten und vor allem Pläne, den gefährdeten Kollegen zu Anstellungen im Ausland und auf diese Weise zur Emigration zu verhelfen. So heißt es in einem Brief Blaus an Paneth[49] vom 23. April 1938: „Ich hätte nie gedacht, daß sich die Leute in Wien, wie Kirsch,

Stetter, Schintlmeister (der wird jetzt Dozent) so benehmen werden, besonders da Prof. Meyer zu ihnen immer wie ein Vater war. Sehr anständig soll Prof. Thirring und Franziska Seidl sein, die Prof. Meyer immer besuchen, ganz abgesehen von Berta Karlik, deren Charakter man ja immer kannte u. für die man sogar fürchten muß, weil sie sich so einsetzt ..." In demselben Schreiben teilt sie Paneth mit, dass Stefan Meyer nach dem Selbstmord seiner Schwester gebrochen sei, sein Sohn eine Möglichkeit brauche, sein Jusstudium in England fortzusetzen, und seine Tochter kein Dissertationsthema erhalte. In späteren Briefen geht es um Kontakte zu skandinavischen und schweizerischen Physikern und Institutionen, die etwa Viktor Hess und Hans Thirring[A13] einladen sollten, die auf Grund ihrer ablehnenden Haltung gegenüber dem Naziregime ihre Stellungen verloren hatten. In ihrer wissenschaftlichen Arbeit dieser Zeit gelang ihr ein zusätzlicher Erfolg, indem sie die α-Strahlung eines Nuklids untersuchte, das später als ein vordem unbekanntes Isotop von Samarium identifiziert wurde.[B41]

Im April 1938, als klar war, dass Blau aus Oslo nicht mehr nach Wien würde zurückkehren können, bemühte sich Einstein mit Hilfe der American Association of University Women und anderer Institutionen ohne Erfolg, eine Stelle für Marietta Blau in den USA zu finden. Hingegen führten seine Bemühungen, Blau eine Professur in Mexiko zu verschaffen, zum Ziel. Peter hatte den Abteilungsleiter für Technischen Unterricht, Ing. Juan de Dios Batiz, von Einsteins Schreiben informiert, der darauf Marietta Blau einen Posten als Professorin für fortgeschrittene Studenten anbot.[54] Gustav Peter galt damals in Mexiko als einer der führenden Radiologen und Krebsspezialisten. Er war Schweizer Staatsbürger, ein hoch gebildeter und viel begabter Mann, der in seiner Freizeit komponierte, malte und sich mit Physik befasste.[55] Aus einem Schreiben Marietta Blaus an Einstein vom 16. Juni 1938 geht hervor, dass sie von einem Professor an der Technischen Hochschule in Mexiko-Stadt, von dem sie annahm, er sei ein ehemaliger Österreicher, von ihrer Berufung verständigt wurde. (In Wien hatte sie sich nicht habilitieren können. Hier wäre die Lehrbefugnis Voraussetzung für eine Professur gewesen.)

Blau musste sich nun darum kümmern, bis zu ihrer Abreise die Aufenthaltsbewilligung in Norwegen verlängert zu bekommen, sich selber – wahrscheinlich im deutschen Konsulat in Oslo – einen deutschen Pass mit Judenstempel zu besorgen, da ihr österreichischer Pass nun nicht mehr gültig war, und die Ausreise ihrer Mutter aus Österreich zu organisieren, die sie in Amerika zu sich nehmen und erhalten wollte. Am 2. Juli 1938 erwähnt sie auch in einem Brief an Paneth[49] den Ruf an die Technische Hochschule in Mexiko. Allerdings hatte sie in der zweiten Septemberhälfte noch kein Einreisevisum für Mexiko[A14] und war auch in großer Sorge um ihre Angehörigen, die in Wien ohne Angabe von Gründen zurückgehalten wurden.

Exil in Mexiko

Die geplante Reise nach Mexiko über London verzögerte sich auch, da die endgültige Zusage der Technischen Hochschule in Mexiko-Stadt sowie die Ausreisegenehmigung ihrer Mutter noch ausständig waren. In einem Brief an Paneth[49] gibt Marietta an, sie gedenke, falls ihre Mutter bis Ende September 1938 nach Oslo kommen würde, mit ihr zunächst von Oslo nach London zu reisen, dort ein oder zwei Tage (bei ihrem Onkel Hugo Golwig) zu verbringen und am 7. Oktober 1938 die Überfahrt von England nach Mexiko anzutreten. Tatsächlich verließ sie Oslo in der ersten Oktoberhälfte und befand sich Anfang November in Mexiko-Stadt. Marietta dürfte mit dem Flugzeug von Oslo nach London mit Zwischenlandung in Hamburg gereist sein, ihre Mutter kam direkt von Wien nach London, zusammen überquerten sie per Schiff den Atlantik.[A15,A16]

Auch den Brüdern gelang die Emigration: Otto lebte von 1938 an in England und der Schweiz, ohne je auf Dauer nach Österreich zurückzukehren, Ludwig landete mit seiner Familie schließlich in den USA.

Nachdem Blau aus Oslo abgereist war, trat Paneth an Stefan Meyer mit der Frage heran, wem nun die während der Ballonaufstiege exponierten Platten zu senden seien. Das war insofern eine heikle Frage, als mit der Auswertung ja auch das geistige Eigentum an den Resultaten vergeben würde. Stefan Meyer erwog eine Bearbeitung der Platten durch Blau in Mexiko-Stadt, durch Gleditsch in Oslo oder durch Wambacher in Wien, entzog sich aber der Entscheidung und überließ diese Blau.[56] Sie nahm Paneths Angebot an, die Platten in seinem Labor in England nach ihrem Rezept entwickeln zu lassen und ihr dann nach Mexiko zur Auswertung zu senden.

Mit 1. Januar 1939 trat Marietta Blau ihre Professur in Mexiko-Stadt an. Das mexikanische Exil war für Marietta Blau die Rettung vor dem Holocaust; sie musste aber Arbeitsbedingungen in Kauf nehmen, die denkbar ungünstig waren. Zudem musste sie sich anfangs erst mit der spanischen Sprache und der Mentalität der Menschen vertraut machen. Die Institution, an der sie lehrte, war die Escuela Superior de Ingeniería Mecánica y Eléctrica (ESIME) del Instituto Politécnico Nacional (IPN). Obwohl das eine höhere technische Schule war, gab es für Blau kaum Möglichkeiten, sich neben der Lehrtätigkeit auch wissenschaftlich zu betätigen. Es fehlten selbst für den Unterricht die einfachsten Geräte. Für ihre Forschung baute sie mit Hilfe eines Mechanikers Geigerzähler,[54] aber der Raum, in dem sie arbeitete, hatte ein undichtes Dach mit Glasfenstern, sodass sie weder bei Regen noch in der Mittagszeit Messungen durchführen konnte.[57] An aufwendigere Geräte war kaum zu denken. Sie benützte jede Gelegenheit, um zu wissenschaftlichen Daten zu kommen. So gab sie Studenten, die Bergtouren unternahmen, Photoplatten zur Aufnahme kosmischer Strahlen mit.

Blau (Abb. 10) beeindruckte durch ihre große Arbeitskapazität. Sie gehörte auch zu der damals neu gegründeten Kommission zur Anregung und Koordinierung wissenschaftlicher und technologischer Forschung (Comisión Impulsora y Coordinadora de la Investigación Cientifica). Unter anderem analysierte sie Material aus Chihuahua, das Uran enthielt.

Die Tätigkeit Blaus an der ESIME wurde dadurch erschwert, dass es dort zu dieser Zeit Konkurrenz und Kontroversen zwischen Wissenschaftlern und Technikern gab.[54] Letztere zielten nur auf industrielle Ent-

Abb. 10: Marietta Blau 1941 (Marietta Blaus Personalausweis, Mexiko-Stadt, 1941).

wicklung ab und betrachteten die Grundlagenforscher mit Argwohn. Diese Gruppe konnte sich bei der Leitung des Institutes durchsetzen und schwächte Blaus Stellung im Institut. Das akademische Umfeld war durch die für Mexiko besonders charakteristische Tradition der männlichen Dominanz geprägt. Auf einem Foto[54] des gesamten Lehrkörpers der ESIME (Abb. 11) sieht man Blau ganz am Rand als einzige Frau unter 50 Männern.

Bereits im Sommer und Herbst des Jahres 1939 wandten sich einige ihrer Bekannten[58, 59] abermals an Albert Einstein, um sich für Blau einzusetzen, die offenbar nicht einmal das karge Gehalt von etwa $ 100 monatlich ausgezahlt bekam. Auf Grund ihrer Scheu und ihrer übertriebenen Bescheidenheit trauten sie ihr nicht zu, selber ihre Interessen durchzusetzen.[58] Wiederum waren es also andere Menschen, die Mariettas Interessen eher vorantrieben als sie selbst: „Da nach meinen Erfahrungen in Mexico der Frau Dr. Blau nichts anderes übrig bleiben wird, als sich an Sie zu wenden, tu ich es direkt und gleich, da ich annehme, dass Fr. Dr. Blau erst dann schreiben wird, wenn es beinahe zu spät sein wird.“[59] Tatsächlich wandte sich Blau selbst sowohl 1939 als auch zwei

Jahre später an Albert Einstein. In letzterem Brief schreibt sie, dass sie eine Reihe von Vorträgen in Morelia, einer mexikanischen Provinzuniversität gehalten habe. Dort wurde ihr eine Lehrstelle angetragen, „ich hätte sie mit Freuden übernommen, da ich in Morelia als einzige Physikerin und fern allem Konkurrenzgezänk, unter dem jeder Ausländer zu leiden hat, mehr Arbeitsmöglichkeiten sah als in Mexiko selbst. Was mich besonders lockte, war ein physikalisches Laboratorium, das der Rektor – ein Indio mit großem Ehrgeiz für ‚seine' Universität – gerade in den Staaten gekauft hatte und das noch in seinen Kisten herumstand, weil es niemanden gab, der es fachgemäss hätte aufstellen können. Der Rektor bat mich, wenigstens für so lange nach Morelia kommen zu wollen, als die Aufstellung der Apparate erforderte, das Übrige würde sich finden. Vorher musste ich jedenfalls nach Mexiko, um die Angelegenheit im Ministerium vorzubringen etc. Hier angekommen, wurde mir am Polytechnikum eine dauernde Lehrstelle angetragen, die zwar ein sicheres Gehalt ohne Aufregungen und Schrererein [sic] sichert, aber jede Arbeitsmöglichkeit ausschliesst. Was man von mir verlangt sind cca. 24 Lehrstunden die Woche, mehr oder minder auf Mittelschulniveau. Ich bereit [sic] mich mit Freun-

Abb. 11: Der Lehrkörper der Escuela Superior de Ingeniería Mecánica y Eléctrica des Polytechnischen Instituts in Mexiko-Stadt um 1940 (Foto Fam. Keller).

den und auch mit meinen Vorgesetzten und alle rieten mir aufs Dringendste die Stelle anzunehmen, – das einzig Sichere, was ich mir jemals in Mexiko zu erhoffen hätte. Inzwischen bekam ich auch Nachrichten aus Morelia, nämlich, dass die Apparate, oder ein Teil davon aus der Universität verschwunden und im Leihhaus aufgetaucht sein; der Professor, der diese Transaktion vorgenommen habe, unterrichte weiter, als ob nichts geschehen sei. Das Gehalt für die ersten Monate dieses Jahres, das ich unter tausend Lauferein ‚gesichert' hatte, ist nun im Hinblick auf ein Gesetz, welches die Auszahlung rückständiger Gehälter verbietet, wieder recht unsicher geworden, wann und wie mir das ‚sichere' Gehalt am Polytechnikum ausbezahlt werden soll, ist gleichfalls noch etwas unklar. Aber vor allem: sogar wenn alles in Ordnung kommt, kann ich zwar mit meiner Mutter halbwegs davon leben aber ich kann nicht arbeiten."[60] Es ist bezeichnend für Marietta, dass für sie Arbeiten gleichbedeutend mit wissenschaftlicher Forschung ist; das große Pensum an Lehrtätigkeit fällt für sie nicht darunter. In den mehr als fünf Jahren in Mexiko (bis Mai 1944) veröffentlichte sie nur sechs Arbeiten,[B42–B47] die nicht die photographische Methode, sondern die Radioaktivität der Erdkruste zum Gegenstand haben. Rückblickend berichtete sie, dass sie Lagerstätten von Radium gefunden habe und die Minen bearbeitet würden.[61]

Neben der beruflichen Arbeit hatten für Blau ihre regen Kontakte zu anderen Emigranten aus Mitteleuropa eine große Bedeutung. Mexiko hatte nach dem politischen Aufbruch in den Dreißigerjahren und im Zusammenhang mit dem Spanischen Bürgerkrieg vorwiegend politische Flüchtlinge aufgenommen. Nach dem Fall Frankreichs bemühte sich der mexikanische Konsul in Marseille, gefährdete deutsche und österreichische Intellektuelle zu retten, und erteilte diesem Personenkreis großzügig mexikanische Visa. Die Flüchtlinge entwickelten nach ihrer Ankunft in Mexiko ein vielseitiges kulturelles Leben. Die österreichischen Emigranten gründeten die „Acción Republicana Austriaca de México" (ARAM), die im März 1942 mit einer Kundgebung „Österreich wird auferstehen" an die Öffentlichkeit trat, eine Monatszeitschrift „Austria libre" herausgab und regelmäßig kulturelle Veranstaltungen organisierte. Eine solche

Veranstaltung erwähnt Egon Erwin Kisch in seinem Buch „Läuse auf dem Markt“:[62] „Der Wiener Laryngologe Dr. Leo Deutsch und Dr. Ernst Römer sprachen über musikalische Grundprobleme, die Physikerin Professor Dr. Marietta Blau über die Sonne Mexikos.“ Manche der führenden Funktionäre der ARAM, wie der Journalist Bruno Frei, waren Kommunisten, die sich aber in Mexiko nicht als solche deklarierten. Zu den Mitgliedern und Förderern dieser Organisation gehörte unter anderen Professor Richard Volk, der frühere Leiter der Wiener Lupusheilstätten, der Dirigent Ernst Römer, ein Schüler Schönbergs, der Dirigent Carl Alvin, der zwischen 1920 und 1938 an der Staatsoper dirigiert hatte, der Komponist Marcel Rubin, der surrealistische Maler Wolfgang Paalen, ein Freund Diego Riveras, und Ernst Robitschek, ein Schüler Max Reinhardts. Auch Blau wurde Mitglied der ARAM. Die ARAM erreichte, dass die Radiostation Radio Gobernación einmal wöchentlich eine Sendung „Stimme Österreichs“ ausstrahlte. Im Rahmen dieser Sendung hielt Marietta Blau am 29. Januar 1943 einen Vortrag über Stefan Meyer.[63] Als sie im Jahr darauf Mexiko verließ, organisierte das Instituto Méxicano Europeo de Relaciones Culturales eine Abschiedsfeier zu ihren Ehren, bei der der französische Schriftsteller Jules Romains die Laudatio hielt.[64]

Blau erlebte in Mexiko auch schwere Schicksalsschläge: Ihre Mutter verstarb Anfang 1944 nach großem Leiden an Leberkrebs[65, 66] und sie selber infizierte sich mit Flecktyphus.

Das Wiener Radiuminstitut 1938–1945

Im besetzten Österreich wurden auch am Radiuminstitut die Grundsätze der nationalsozialistischen Wissenschaftspolitik rigoros vollzogen. Waren der Direktor Stefan Meyer und sein Stellvertreter Karl Przibram zunächst zwar ihrer Ämter enthoben, aber noch am Institut geduldet worden, so bekamen sie nach einer Androhung der Denunziation aus dem Kreis der wissenschaftlichen Mitarbeiter Hausverbot. „Meyer zog sich in seine Villa in Bad Ischl zurück, wo er dank seiner Beliebtheit und der umsichtigen

Diplomatie seiner Tochter die nationalsozialistische Herrschaft überdauerte."[67] Przibram überlebte als U-Boot in Brüssel.[A6] Das Radiuminstitut bildete gemeinsam mit dem II. Physikalischen Institut das „Vierjahresplan-Institut für Neutronenforschung", finanziert vom Reichsamt für Wirtschaftsausbau in Berlin. Direktor dieses Instituts war Georg Stetter (1895–1988), Mitarbeiter des II. Physikalischen Instituts und seit 1940 korrespondierendes Mitglied der Akademie der Wissenschaften. Direktorstellvertreter war Gustav Ortner (1900–1984), von 1924 bis 1939 Assistent am Radiuminstitut. Die beiden hatten bereits vor 1938 zusammengearbeitet und eine Ionisationskammer mit einem Röhrenelektrometer kombiniert, womit eine objektive Detektionsmethode für Teilchen, die in Kernreaktionen emittiert wurden, bestand. Stetter hatte 1933 die Mitgliedschaft in der NSDAP beantragt; diese Anmeldung wurde auf Grund des Verbots der NSDAP gerade in jener Zeit nicht bearbeitet. Ab 1937 galt er dennoch als Mitglied der NSDAP.[68] Die wissenschaftliche Forschung dieses Instituts konzentrierte sich weitgehend auf Untersuchungen zur 1938 in Deutschland entdeckten Kernspaltung; so wurde die Spaltung verschiedener Nuklide im Bereich der Aktiniden nachgewiesen und es erfolgte mit Hilfe der Neutronenquelle des Wiener Radiuminstituts die erste Präzisionsbestimmung der bei der Uranspaltung frei werdenden Energie.

Durch die Entlassung Stefan Meyers und der anderen „nichtarischen" Professoren Ehrenhaft, Przibram und Kottler aus den Physikinstituten wurden zwei Planstellen für außerordentliche Professoren und zwei Ordinariatsstellen frei. Außer den „nichtarischen" Professoren wurde auch Hans Thirring entfernt, der stets seinen Gegensatz zu den Nationalsozialisten betont hatte und nicht bereit war, Kompromisse mit ihnen zu schließen.

In Deutschland war es üblich gewesen, Stellen, die durch die Entfernung jüdischer Professoren frei geworden waren, mit Dozenten aus anderen Universitäten zu besetzen. Daher begannen sich deutsche Physiker für die in Wien frei gewordenen Planstellen zu interessieren. Aber hier wollte man anders vorgehen und die Stellen mit Wiener Professoren besetzen.

Kirsch, Ortner[69] und Stetter[68] waren bereits viele Jahre lang Mitglieder des NS-Lehrerbundes gewesen, der ab 1937 als Teil der NSDAP angesehen wurde, und sie beriefen sich daher 1938 auf ihre langjährige Mitgliedschaft in der illegalen NSDAP.[68, 69] Als sich der Experimentalphysiker Hans Bartels aus Hannover um eine der frei gewordenen Planstellen bemühte, wurde erklärt, dass Kirsch, Ortner, Stetter und Mattauch einen moralischen Anspruch auf diese Stellen hätten.

Hertha Wambacher, Blaus ehemalige Mitarbeiterin, die selbst angab, seit 1934 Mitglied der NSDAP zu sein,[70] schloss sich sehr eng an Georg Stetter an, wobei sich ihr Wunsch auf persönliche Bestätigung und wissenschaftliche Führung gleichermaßen gerichtet haben dürfte. Mit ihm gemeinsam führte sie Untersuchungen der von der Höhenstrahlung ausgelösten Kernreaktionen mit Hilfe von Photoplatten fort und veröffentlichte zwischen 1939 und 1945 die Ergebnisse teils allein,[71, 72] teils mit Stetter[73, 74] und einem seiner Dissertanten.[75] Bereits im September 1938 wurde von ihr eine Arbeit mit dem Titel „Mehrfachzertrümmerung von Atomkernen durch kosmische Strahlung“[76] auf der Physiker- und Mathematikertagung in Baden-Baden präsentiert. Im Studienjahr 1939/40 suchte sie unter Vorlage der Arbeit „Kernzertrümmerung durch Höhenstrahlung in der photographischen Emulsion“ um Habilitation an und es wurde ihr der Grad Dr. phil. habil. verliehen. Nach einer im September 1940 – laut Gutachten Stetters – sehr befriedigend absolvierten Lehrprobe wurde ihr auf Antrag des Dekans der philosophischen Fakultät vom Reichsministerium für Erziehung, Wissenschaft und Volksbildung in Berlin die Lehrbefugnis für Physik erteilt;[77] in den folgenden Jahren hielt sie Vorlesungen.

Blaus erste Forschungstätigkeit in den USA: Columbia University

Der Tod von Blaus Mutter fiel zeitlich offenbar zusammen mit der Genehmigung, in die USA einzuwandern: Im Mai 1944 übersiedelte sie nach New York, wo ihr jüngerer Bruder Ludwig lebte, und nahm eine Stelle in der Industrie an, nämlich in der „Canadian Radium and Uranium Corporation". In dieser Zeit arbeitete sie allein und mit Mitarbeitern verschiedene Patente aus und veröffentlichte Arbeiten über Messtechnik in der Radioaktivität in wissenschaftlichen Zeitschriften.[36] „Die große erdrückende Stadt"[61] bot immerhin die Möglichkeit, Konzerte zu besuchen. Mariettas Situation verschlechterte sich im Sommer 1947, als sich das Unternehmen, für das sie arbeitete, mit einem anderen vereinigte und sie daher in ein kleines Städtchen im Mittelwesten, nämlich nach Janesville, Wisconsin, versetzt wurde. Die „wissenschaftliche und vor allem menschliche Umgebung" war ebenso enttäuschend wie der Mangel an „kulturellen Genüssen";[78] da sie zu dieser Zeit noch nicht Auto fuhr, kam sie auch kaum in die Städte der weiteren Umgebung. Darüber hinaus waren die klimatischen Bedingungen, die Hitze und hohe Luftfeuchtigkeit, für ihre wenig stabile Gesundheit strapaziös. So begann sie nach kurzem, an Colleges, Universitäten und Firmen zu schreiben, um endlich wieder zu der nun schon neun Jahre weitgehend entbehrten wissenschaftlichen Forschung zurückkehren zu können. Ein Hindernis für ihre Anstellung im Rahmen eines Forschungsprogramms der Regierung war die Tatsache, dass sie zu diesem Zeitpunkt noch nicht die Staatsbürgerschaft der USA besaß. Das betont auch der Präsident der „Canadian Radium and Uranium Corporation" in einem Schreiben an Blau, in dem er einerseits sein Verständnis für ihre Bestrebungen ausdrückt, andererseits seinen dringenden Wunsch, sie auf Grund ihrer Fähigkeiten in seinem Unternehmen zu halten.

Dennoch nahm sie ein Angebot der Columbia University im New Yorker Stadtteil Manhattan an, ab 1. Januar 1948 zwei Jahre (für $ 7200 jährlich) als Mitglied des wissenschaftlichen Stabes Untersuchungen zur

Verbesserung des Einsatzes photographischer Emulsionen zum Studium hochenergetischer Teilchen anzustellen. Diese Studien waren von höchster Bedeutung für Arbeiten der Atomenergiekommission, die am Nationallaboratorium in Brookhaven durchgeführt wurden.

Abb. 12: Marietta Blau vermutlich in den Vierzigerjahren (Archiv der Berlin-Brandenburgischen Akademie der Wissenschaften, Bestand Akademieleitung Nr. 363).

Die Detektion von Teilchen mittels Kernemulsionen sollte sowohl bei der Anwendung des Nevis-Zyklotrons der Columbia University, das damals nördlich von New York gebaut wurde, als auch bei der Untersuchung der in einem Reaktor entstehenden Materialien zum Einsatz kommen. Da Marietta Blau (Abb. 12) als Pionierin auf dem Gebiet bekannt war, wurde ihr die Aufgabe übertragen, ein entsprechendes wissenschaftliches Programm zu erstellen. Die photographische Methode, ursprünglich aufgegriffen und entwickelt im Hinblick auf die Registrierung der bei Kernreaktionen der Niederenergiekernphysik ausgesendeten Teilchen, hatte Blau noch vor ihrer Emigration zur Erforschung der kosmischen Strahlung, der von dieser bewirkten Kernreaktionen und der dabei produzierten Elementarteilchen gebracht, die auch noch am Beginn ihrer Tätigkeit in New York stand. Nun führte die Methode der Kernspurplatten sie weiter zu den Beschleunigungsmaschinen, die gerade in Entwicklung begriffen waren und die der Höhenstrahlung als einziger Quelle der Erkenntnis über kleinste Teilchen den Rang ablaufen sollten.

Zunächst wurden Blau Räume im Pupin-Physiklabor der Columbia University in New York City zur Verfügung gestellt. Wie Seymour J. Lindenbaum, der die Forschungsarbeit am Zyklotron plante, berichtete (siehe S. 94ff), konnte Blau in kurzer Zeit ein Emulsionslabor aufbauen, wobei sie die Mitarbeiter selbst einschulte. Im Sommer 1948 schreibt sie an Hans Thirring in Wien „... bin sehr froh, die Wissenschaft wieder einmal gegen die Arbeit in Industry oder Lehre wie in Mexico ausgetauscht zu haben. Aber die langen schweren Jahre haben mir ziemlich zugesetzt, so dass ich die neue Arbeit nicht so sehr genießen kann als ich eigentlich sollte.“[79] In demselben Brief erwähnt sie auch ihre Zusammenarbeit mit einem „guten Bekannten“ ebenfalls Wiener Herkunft, nämlich Robert Pollak-Rudin. Mit ihm und Lindenbaum entwickelte sie eine semiautomatische Methode[B64] zur Auswertung der mittels Emulsionen gewonnenen Ergebnisse, um die großen Datenmengen, die bei den Experimenten am Zyklotron zu erwarten waren, verarbeiten zu können. In ihren methodischen Studien, in die auch Studenten eingebunden waren, befasste sie sich mit Entwicklungsverfahren der Emulsionen und Parametern, die die Spuren charakterisieren und zu deren Identifikation herangezogen werden können.

Auch privat konnte Marietta nun, da sie in den USA lebte, Kontakte zu Freunden aus der Wiener Zeit pflegen, darunter Herta Leng, Elisabeth Rona und Peter Havas.[80]

Nach Ablauf des Zweijahresvertrags wurde Blau 1950 von der Atomenergiekommission an das Nationallaboratorium in Brookhaven (auf Long Island, Bundesstaat New York) berufen, „wo schon einige Hochenergiemaschinen fertig gestellt waren“.[36] Die Emulsionsmethode wurde herangezogen, um „Zusammenstöße der von diesen Maschinen beschleunigten, hochenergetischen Protonen mit den leichten und schweren chemisch gebundenen Bestandteilen der Emulsion sowie mit den freien Wasserstoffteilchen, an denen die Emulsion reich ist“,[36] zu untersuchen. Diese Anstellung erhielt sie erst, nachdem ihr die Staatsbürgerschaft der USA zugesprochen worden war. Das war gerade in der McCarthy-Ära, einer Zeit, als es eine Hexenjagd gegen alle Personen, besonders Wissenschaftler und Künstler, gab, die je in Kontakt mit Kommunisten gekommen waren. Doch Blau wurde trotz ihrer einstigen Mitgliedschaft in der „Acción Republicana Austriaca de México", in der auch kommunistische Funktionäre tätig gewesen waren, von den Behörden nun als politisch unbedenklich betrachtet.

In dieses Jahr 1950, in dem Marietta also endgültig Zugang zu den neuesten und aufwendigsten Forschungsverfahren fand, fielen zwei Ereignisse, die beide für sie mit der Enttäuschung über mangelnde Anerkennung ihrer Arbeit vor 1938 einhergegangen sein dürften. Es waren dies zum einen die Verleihung des Physiknobelpreises an Cecil F. Powell für die Entwicklung der photographischen Methode zum Nachweis von Teilchen, zum anderen die Lobpreisung ihrer früheren Mitarbeiterin Hertha Wambacher für dieselbe Leistung anlässlich ihres Todes, worauf im folgenden Abschnitt näher eingegangen wird.

Was den Nobelpreis anbelangt, so war es für Blau zweifellos einerseits erhebend, dass Erfolge auf dem Gebiet, zu dem sie selbst Wichtiges beigetragen hatte, in dieser Form ausgezeichnet wurden, andererseits wohl kränkend, dass ihre Pionierbeiträge nicht in diese Würdigung einbezogen wurden. Ebenfalls 1950 hatte Erwin Schrödinger Blau und Wambacher für den Nobelpreis für Physik vorgeschlagen. In seinem an das Nobelpreiskomitee gerichteten Schreiben,[81] das sich auf Arbeiten der beiden bis 1938[B38, B39] stützte, wies er auf die Bedeutung ihrer Methode bei der Erforschung der kosmischen Strahlung hin und auf die richtige Interpretation der Sterne als eine durch die kosmischen Strahlen verursachte Atomzertrümmerung.[A17] Powell[82] seinerseits hatte sich 1938 an der University of Bristol mit der photographischen Methode zu beschäftigen begonnen und verwendete sie gleichfalls zur Aufzeichnung der Spuren der kosmischen Strahlung. Weiter setzte er die Beobachtung der Spuren der Rückstoßprotonen ein, um die Energie von Neutronen an einem von ihm gebauten Cockcroft-Neutronengenerator zu bestimmen. Er hatte hinsichtlich der Weiterentwicklung der Emulsionen auf hohen Bromsilbergehalt abgezielt und zunächst mit Ilford, später auch mit Eastman-Kodak zusammengearbeitet, während Blau größere Dicken angestrebt hatte und diesbezüglich stets mit Ilford in Verbindung gewesen war. Powell entdeckte 1947 in photographischen Platten, die der Höhenstrahlung ausgesetzt waren, Spuren von π-Mesonen, was mitbegründend dafür war, dass ihm der Nobelpreis zuerkannt wurde (siehe auch S. 132f und S. 139, Anm. 13). Er war Mitautor des Buches „Nuclear Physics in Photographs".[83]

Es erscheint als Ironie des Schicksals, dass Blau, die nun schon mehr als zwölf Jahre fern der Heimat und den Großteil davon fern jeglicher angemessener wissenschaftlicher Betätigungsmöglichkeit hatte verbringen müssen, nun auch mit ansehen musste, dass diejenigen, denen günstigere Bedingungen beschieden waren, auf der Grundlage ihrer Ergebnisse die photographische Methode zu internationaler Anerkennung gebracht hatten. Das fiktive Szenario, dass sie selber 1939 nach England hätte emigrieren können, als nach dem Pogrom im November 1938 („Kristallnacht") die Einreise für Emigranten etwas erleichtert wurde, umfasst auch die Möglichkeit, sie wäre zu dieser Forschungsgruppe gestoßen und hätte an der Entdeckung der π-Mesonen teilgehabt.[A18] In einer Abhandlung[B78(1)] über photographische Emulsionen sollte sie 10 Jahre später die Entwicklungsarbeit der Konzerne streng sachlich beschreiben: „Die Untersuchungen wurden sehr verbessert durch die Verfügbarkeit neuer Emulsionstypen, die größere Konzentrationen von Silberhaliden enthielten, mit denen viel dichtere und daher besser definierte Spuren erhalten werden konnten. Diese Emulsionen wurden erstmalig von Ilford hergestellt und später auch von Kodak und Eastman-Kodak. Jedoch war die photographische Methode bis 1948 beschränkt auf den Nachweis von Teilchen mit einer Geschwindigkeit von höchstens 40 % der Vakuumlichtgeschwindigkeit; die damals verfügbaren Emulsionen waren nicht empfindlich genug, um Teilchen höherer Geschwindigkeit und daher geringerer spezifischer Ionisation (d. h. Zahl der erzeugten Ionenpaare pro Längeneinheit; Anm. Verf.) zu registrieren. Im Jahr 1948 waren Kodak Ltd. in England und kurz darauf Eastman-Kodak und Ilford erfolgreich bei der Herstellung sogenannter elektronenempfindlicher Emulsionen oder Emulsionen minimaler Ionisation, mit denen alle geladenen Teilchen, ungeachtet der Geschwindigkeit, registriert werden können."

Die Wiener Physikalischen Institute nach 1945

Hertha Wambacher starb am 25. April 1950 nach furchtbarem Leiden an Krebs. Sie, die am II. Physikalischen Institut angestellt gewesen war, war nach dem Wiedererstehen Österreichs wie alle Personen, die vor dem März 1938 Mitglieder der NSDAP gewesen waren, als Mitschuldige an der Zerstörung Österreichs von der Universität entfernt worden. Dazu gehörten auch Kirsch, Stetter und Ortner, die wie Wambacher fristlos entlassen wurden. Wambacher wurde Ende April 1945 ebenso wie Ortner nach Russland verschleppt, soll aber erst 1946 zurückgekehrt sein,[84] während Ortner bereits im Spätsommer 1945 wieder in Österreich war. Bald nach ihrer Heimkehr wurde Wambacher die Diagnose Krebs[84] gestellt. Sie war dennoch berufstätig, und zwar in einem Forschungslabor in Wien.[85] Während Blau nach 1945 mit Meyer und Karlik Korrespondenz pflegte, gibt es auf einen Kontakt zwischen ihr und Wambacher, die einst ihre engste Mitarbeiterin gewesen war, keine Hinweise. Blaus Abschied von ihr im März 1938, genommen für vier Monate, war einer für das ganze Leben geworden. Nachrufe auf Wambacher wurden von Georg Stetter allein[86] und gemeinsam mit Hans Thirring[87] sowie von Georg Wagner[88, 89] und Gustav Ortner[90] veröffentlicht. Besonders in den von Stetter und von Wagner verfassten Nachrufen[86, 88] wird das Bild gezeichnet, Wambacher käme die vorrangige Urheberschaft an der Entwicklung der photographischen Methode und Entdeckung der Zertrümmerungssterne zu; die Tatsache, dass sie zuerst die auf dem Hafelekar in gemeinsamer Planung exponierten Platten im Mikroskop betrachtete, wird übermäßig zu ihren Gunsten interpretiert. Dass Wambacher eine Schülerin Blaus war, dass die Entdeckung der Sterne auf Grund der gemeinsamen Vorarbeiten erfolgte und Blau stets die Führungsrolle in diesem Team innehatte, kommt nicht genügend zum Ausdruck.

Blau ihrerseits hatte kurz vor Wambachers Tod für die Festschrift zum 40-jährigen Bestand des Radiuminstituts einen Bericht über die Entdeckung der „Sterne" in photographischen Emulsionen abgefasst,[B60] in dem sie die Zusammenarbeit mit Wambacher fair und vollständig beschrieb. Am Ende dieses Artikels findet sich die obligate Würdigung der „ständigen Ermutigung unseres verehrten Stefan Meyer und der wohltuend harmonischen Atmosphäre des Wiener Instituts für Radiumforschung". Stefan Meyer war es allerdings nicht vergönnt, das Jubiläum „seines" Instituts mitzufeiern: Er war Ende 1949 verstorben. So kam es auch nicht zu der seit 1947 geplanten Neuauflage des Werks „Radioaktivität" von Egon Schweidler und Stefan Meyer, für die Meyer sich der Mitwirkung Marietta Blaus wie auch Berta Karliks und Karl Przibrams, ja sogar Lise Meitners versichert hatte.[91] Die Leitung des Radiuminstituts war unmittelbar nach Kriegsende provisorisch, 1947 definitiv Berta Karlik übertragen worden.

Ortner und Stetter hatten Einspruch gegen ihre Entlassung erhoben und behaupteten, dass sie dem NS-Lehrerbund nur Spenden für karitative Zwecke gegeben und erst im März 1938 Anträge zur Aufnahme in die NSDAP gestellt hätten. Allerdings hatte 1938 der Vertreter des NS-Lehrerbundes ihre illegale Mitgliedschaft in dieser Organisation bestätigt. In einem Rechtfertigungsschreiben behauptete Stetter, dass er durch seine Mitgliedschaft bei der Partei keine Vorteile genossen hätte. Er schrieb über das Jahr 1938: „... Überhaupt kannte man nur einige schöne Ideale und sah erst später das Treiben unfähiger und unsauberer Subjekte in der Praxis. Meine Einstellung wurde bald kritisch und schließlich ablehnend."[68] Auch bei diesem Versuch einer Rechtfertigung nahm er in keiner Weise zu den Verbrechen der Nationalsozialisten Stellung. Er versuchte nachzuweisen, dass er sich in der Nazizeit korrekt verhalten und sich bemüht hatte, Stefan Meyer, Hans Thirring, Eduard Haschek[92] und andere so weit wie möglich zu schützen. Das Dekanat hatte bereits im Januar 1946 ein Schreiben von Hans Thirring erhalten,[68] in dem bestätigt wurde, dass Stetters Benehmen ihm gegenüber korrekt und hilfsbereit gewesen war, obwohl Stetter Thirrings politische Einstellung gekannt habe.

Thirring gab in seinem Schreiben auch an, dass Stetter in der Nazizeit keinen der offenkundigen Gegner des Naziregimes im Institut angezeigt hatte,[68] ein Ausdruck verbliebener Kollegialität. Stetter führte in seiner Rechtfertigung weiter aus: „Zur Judenfrage in der Wissenschaft äußerte ich mich – die Studenten erwarten in solchen Zeiten eine Stellungnahme ihres Lehrers – in dem Sinne, dass die jüdische Art, Wissenschaft und Forschung zu betreiben, von der deutschen sich zwar unterscheide, dass es aber lächerlich sei, physikalische Erkenntnisse deshalb anzuzweifeln oder gar zu unterdrücken, weil sie von einem Juden stammten."[68] Tatsächlich wurden Blaus Erkenntnisse anerkannt, indem die Blau-Wambacher-Kooperation die Grundlage der weiteren Arbeiten von Wambacher und Stetter bildete, Blaus Anteil an der Urheberschaft wird jedoch sowohl in Stetters Arbeiten mit Hertha Wambacher als auch in seinem Nachruf auf diese nur knapp angeführt.

Im Oktober 1950 verfügte die Bezirkshauptmannschaft Zell am See die Streichung der Eintragung Georg Stetters aus der Registrierungsliste, derentwegen er dem Verbotsgesetz 1947 unterstellt war. Die Begründung fußte auf dem Umstand, dass ihm eine Mitgliedskarte der NSDAP niemals ausgefolgt worden war, sodass er im Sinne der Satzungen der NSDAP nicht Mitglied dieser Partei geworden und die Bestätigung seiner Mitgliedschaft als Gefälligkeit zu werten sei. Ebenfalls 1950 erhielt Stetter auch seine Venia legendi wieder.

Ortner versuchte zwar nicht, sich mit einer so ausführlichen Stellungnahme zu rechtfertigen,[69] wie Stetter es tat, aber im Dekanat traf ein Schreiben ein, in dem eine Physikerin berichtete, dass ihr Ortner geholfen hatte, das Studium zu beenden und eine Stellung zu erhalten, obwohl sie nach den Nürnberger Rassengesetzen als „Mischling" galt. Ortner unterrichtete 1950–1955 an der Universität Kairo; er erhielt im März 1955 wieder seine Lehrbefugnis in Wien.

Als im Jahre 1952 ein Nachfolger für Ehrenhaft gefunden werden sollte, wurde von der Berufungskommission der Deutsche Wolfgang Paul an erster Stelle und Stetter an zweiter Stelle gereiht. Bei der Abstimmung erhielt Paul 2 und Stetter 9 Gegenstimmen. Da Paul ablehnte, erhielt

Stetter die Berufung. Das Bundeskanzleramt stimmte dieser Berufung zu, da das Unterrichtsministerium auf diese Wert legte und sie auf Grund der gesetzlichen Lage zulässig war, obwohl es Bedenken gab, weil Stetter die Streichung aus der Registrierungsliste durch unrichtige Angaben über seine Mitgliedschaft bei der NSDAP erwirkt hatte.[68]

Blaus wissenschaftliche Arbeit in Brookhaven und Miami

Bei Blaus Arbeiten am Zyklotron in Brookhaven (Abb. 13) kamen nach und nach neben Protonen auch π-Mesonen als Primärteilchen zum Einsatz. Bedeutende Errungenschaften ihrer Forschung waren der sichere Nachweis der Erzeugung von Mesonen durch Mesonen[B67–B70] und die Erzeugung von Hyperfragmenten, das sind instabile Kerne, bei denen an Stelle eines Neutrons ein schwereres Teilchen (Hyperon) eingebaut ist.[B72]

Anlässlich einer Reise nach England im Jahr 1953 besuchte Blau (Abb. 14) übrigens auch Powell in Bristol.[93]

Im Januar 1955 wurde Blau von Hans Thirring in Wien für den Nobelpreis in Physik desselben Jahres vorgeschlagen, und zwar für ihre „Pionierarbeit auf dem Gebiete der Sichtbarmachung rascher atomarer Teilchen in Photographischen Platten", die die Grundlage zu jener Methode gelegt habe, „die gegenwärtig eine der wichtigsten zum Studium hochenergetischer Prozesse der kosmischen Strahlen und der Mesonenerzeugung geworden ist".[94] Dem Vorschlag wurde aber nicht stattgegeben. Vor 1960 schlug auch Erwin Schrödinger Blau nochmals für den Nobelpreis in Physik vor,[95] ohne dass ihr diese Auszeichnung verliehen worden wäre.

Im Jahr 1955 wurde Marietta mit ihrer Anstellung in Brookhaven zunehmend unzufrieden: Nicht alle Projekte, in die sie viel Arbeit investieren musste, erschienen ihr selber interessant,[93] sie fühlte sich müde[96] und das Einvernehmen innerhalb des Labors war nicht das beste.[97] Sie war nun 61 Jahre alt. An einen Rückzug aus der Wissenschaft dachte sie nicht: Noch übten die neuen Forschungsergebnisse ihre Faszination auf Blau aus,[96] und der Ruhestand wäre auch schwer zu finanzieren gewesen, da

Abb. 13: Das Cosmotron des Brookhaven National Laboratory.
(Aus M. S. Livingston, „High-energy accelerators", Interscience Publishers Inc., New York, 1954; abgedruckt mit Genehmigung von John Wiley & Sons, Inc.)

von ihren über 35 Arbeitsjahren nur diejenigen an der Columbia University und dem Laboratorium in Brookhaven einen Pensionsanspruch begründeten. Sie ließ sich vom Labor beurlauben und nahm eine Stelle als Associate Professor an der Universität Miami in Florida an, zunächst nur für die Dauer eines Semesters. Mittlerweile im Besitz eines Autos, pflegte sie einen recht eigenwilligen Fahrstil: Sie blieb stehen, wann und wo es ihr passte, am allerwenigsten bei roten Ampellichtern und Stopptafeln.[98] Einmal kam sie zwischen geschlossenen Bahnschranken auf den Gleisen zu stehen. Die Situation ging aber glimpflich aus; der Zug hielt an.[99]

Nun fuhr sie im Februar 1956 mit dem Auto allein die Strecke von New York nach Miami. „Tief und traurig berührt" zeigte sie sich über die offene Diskriminierung der Neger in North und South Carolina.[97] An Florida schätzte sie, dass diese Vorurteile nicht so vorherrschten, schätzte auch das milde Klima und die reiche Fauna und Flora, die sie an Mexiko erinnerten. Dennoch blieb die Sehnsucht nach der Heimat: „Trotz all der Schönheit habe ich großes Heimweh und denke viel an die schönen Tage, die ich in Wien verbracht habe."[93] In Miami unterrichtete sie zunächst

Abb. 14: Marietta Blau in den Fünfzigerjahren (Archiv R. und L. Sexl).

in verschiedenen Disziplinen der Physik; als sie sich nach Ablauf des Semesters zum Bleiben entschloss, kaufte sie mit Hilfe von Förderungsgeldern der Luftwaffe der USA Geräte und Laboreinrichtung.[36] (Das Institutsgebäude, in dem sich Blaus Labor befand, ist auf Abb. 15 zu sehen.) Auf Grund ihrer wissenschaftlichen Souveränität war sie bald wieder mit mehreren Kollegen in produktiver Zusammenarbeit verbunden und leitete etliche Studenten bei ihren Untersuchungen an. Sie motivierte den jungen Arnold Perlmutter, der erst kurz vor ihr als Universitätsassistent nach Miami gekommen war und sich vorwiegend mit Festkörperphysik befasste, zur Mitarbeit an ihrem Forschungsprogramm auf dem Gebiet der Teilchenphysik. Die verbesserte apparative Ausstattung diente vor allem wieder der Bestimmung des Ionisationsparameters, der charakteristischen Größe zur Teilchenidentifizierung. Die Teilchen, die nun untersucht wurden, waren Antiprotonen und negative π- und K-Mesonen. Die Zusammenarbeit mit Perlmutter führte zu einer Reihe gemeinsamer Publikationen.[B74–B77, B79] Darüber hinaus knüpfte Blau im privaten Bereich eine innige Beziehung zu Perlmutter und seiner Familie; sie wurde geradezu als zur Familie gehörig betrachtet (siehe S. 96ff und S. 162ff).

In Miami traf Blau auch ihren ehemaligen Kollegen aus dem Wiener Radiuminstitut Fritz Koczy wieder, der ebenfalls an der Universität Miami arbeitete.

Nach der blutigen Niederschlagung der Volkserhebung in Ungarn Ende 1956 nahm sie eine junge Ungarin bei sich auf, „eine Verwandte von Freunden", um sie in Miami zu Ende studieren zu lassen.[100] Später mietete sie ein „kleines Häuschen"[101] und verringerte so den Weg zu ihrer Arbeitsstätte. Allerdings machten ihr nun gesundheitliche Beeinträchtigungen zu schaffen, allen voran ein Herzleiden und grauer Star.[1]

Auf Antrag von Erwin Schrödinger wurde Blau von der Deutschen Akademie der Wissenschaften zu Berlin 1957 die Leibniz-Medaille für die erste Beobachtung der Zertrümmerungssterne und die Entwicklung der dafür verwendeten Methode zuerkannt. Nach ihrer ersten Freude musste Blau Schrödinger aber mitteilen, dass ihr als Staatsbürgerin der USA die Annahme dieser Auszeichnung nicht erlaubt worden sei, da sie diese von

Abb. 15: Institutsgebäude in Miami, in dem sich Marietta Blaus Labor befand, von der Santander Avenue aus gesehen (Foto Arnold Perlmutter).

der Akademie in Ostdeutschland erhalten sollte und die USA die Regierung der DDR nicht anerkannten. Um Blau nicht in Schwierigkeiten zu bringen, wurde der Antrag auf Verleihung der Medaille mit dem Argument, die Zuerkennung an eine(n) aktive(n) Forscher(in) sei nicht statutengemäß, zurückgezogen. Zwei Jahre später wurde ihr die Leibniz-Medaille abermals auf Anregung Schrödingers zugesprochen, und abermals mit dem Ergebnis, dass Blau die Medaille auf Geheiß des State Departments ablehnen musste.[102]

Im Juli 1959 stürzte Blau über die Stufen ihres Hauses in den Garten und brach sich den linken Arm, was eine Operation und sehr langen Krankenstand erforderlich machte. Während dieser Zeit blieb sie mit ihrem Laboratorium in Verbindung und wurde von Kollegen und deren Frauen, Studenten und Nachbarn „in rührender Weise"[103] betreut. Die ärztliche Behandlung musste sie aus eigener Tasche bezahlen. Die durch die Armverletzung und die Sehbehinderung bewirkte Unfähigkeit zu chauffieren machte ihr Leben mühselig.[103] Zu dieser Zeit war sie bereits entschlossen, nach Wien zurückzukehren. Den letzten Anstoß dazu hatte die Notwendigkeit einer Augenoperation gegeben, von der ihr in Florida so kurz nach dem chirurgischen Eingriff an ihrem Arm abgeraten wurde und die sie sich in Europa auch eher leisten konnte als in den USA. Sie zog dafür Wien in Erwägung oder aber Zürich, wo der Schwiegervater ihres Bruders Otto als Augenarzt tätig war.[103] Der Absicht, sich möglichst bald dieser Operation zu unterziehen, standen ihre Schwäche nach der Verletzung und Operation des Arms entgegen wie auch ihr Bestreben, ihre wissenschaftliche Arbeit in Miami ebenso zu einem Abschluss zu bringen wie ein Manuskript über Kernemulsionen, das sie für den Band über Kernphysik des Werks „Methods of Experimental Physics" zugesagt hatte. Dieses wurde von Mariettas Freundin, der Physikerin C.-S. Wu,[A19] und deren Mann L. C. L. Yuan herausgegeben.

Berta Karlik hatte Marietta Blau angeboten, in der Zeit nach ihrer Rückkehr nach Wien ihre Wohnung zu benutzen; außerdem suchte bereits Blaus Onkel Hans Golwig eine Wohnung für sie.

Lebensabend in Wien

Tatsächlich kehrte sie im Frühjahr 1960 nach Wien zurück. Nach 22 Jahren der Abwesenheit war eines ihrer ersten Erlebnisse in der alten Heimat, das Jubiläum des 50-jährigen Bestands des Radiuminstituts mitzufeiern, was Przibram in seiner Rede eigens anmerkte.[19] Nach 22 Jahren der Abwesenheit war sie allerdings wieder nur freie Mitarbeiterin am Institut für Radiumforschung und bestritt ihren Lebensunterhalt und – mangels Krankenversicherung – auch ihre medizinische Betreuung von der Pension, die sie aus den USA erhielt.

Sie fand eine Mietwohnung in Wien 3., Charasgasse 8,[104] die sie äußerst geschmackvoll mit alten Möbeln einrichtete.[105] In einem Brief[106] kurz nach ihrer Heimkehr äußert sie ihre Freude, die österreichische Landschaft wiederzusehen und aus einem vielfältigen Angebot musikalischer Darbietungen wählen zu können.

Gleichsam zu ihrem neuerlichen Einstand in der österreichischen Wissenschaftswelt schlug Karl Przibram gemeinsam mit sechs weiteren wirklichen Mitgliedern der Österreichischen Akademie der Wissenschaften, überwiegend Ordinarien der Physik und Chemie an Universitätsinstituten, im Frühjahr 1961 Blau für die Wahl zum korrespondierenden Mitglied der Akademie der Wissenschaften vor.[107] Gleichzeitig stellten fünf der Unterzeichneten, wieder angeführt von Przibram, den Antrag, Blau den Schrödinger-Preis zu verleihen. Da seitens des Unterrichtsministeriums nicht vorgesehen war, den Preis 1961 zu vergeben, war ein Beharrungsbeschluss der mathematisch-naturwissenschaftlichen Klasse[108] erforderlich, um die Zuerkennung des Preises an Blau im folgenden Jahr zu erreichen. Blau erhielt den Schrödinger-Preis (in der Höhe von 30 000 Schilling) für das Jahr 1962 für „die Entwicklung der grundlegenden photographischen Methode zur Untersuchung von Elementarteilchen und insbesondere für die gemeinsam mit Frau Dr. Wambacher gemachte Entdeckung der Zertrümmerungssterne".[109] Hingegen fand der Antrag auf Mitgliedschaft in der Wahlsitzung der Gesamtakademie nicht die erforderliche Mehrheit.[110]

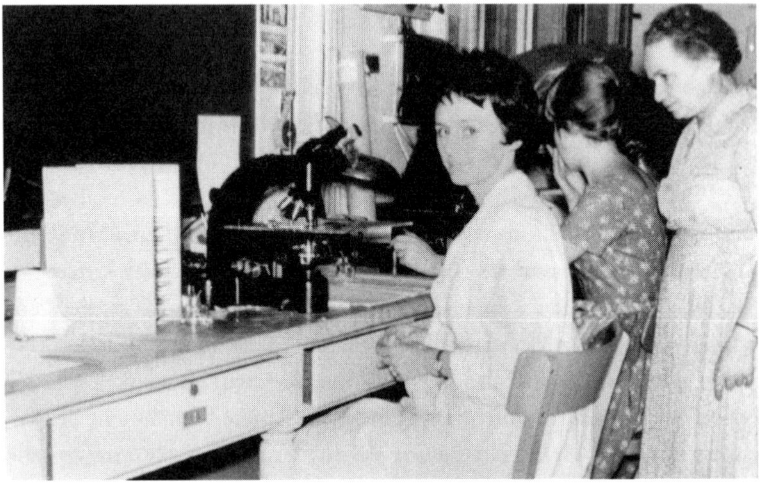

Abb. 16: Marietta Blau im Wiener Labor mit ihren Scannerinnen im Sommer 1960 (Archiv R. und L. Sexl).

Am Radiuminstitut hatte Blau ein kleines Kämmerchen zur Verfügung, das „Austragstüberl“, das vor und nach ihr von emeritierten und pensionierten Vorständen genutzt wurde. Wie von ihr nicht anders zu erwarten, stand sie sogleich mitten im wissenschaftlichen Leben, nämlich als Beistand einer Hochenergiegruppe, deren Leitung Brigitte Czapp (spätere Buschbeck) im Auftrag des 1959 von der Universität Bern nach Wien berufenen Walter Thirring übernommen hatte. Czapp hatte ihr Studium am Radiuminstitut Ende 1959, also noch vor Blaus Rückkehr beendet und war dann für ein Jahr an der Universität Bern und beim Europäischen Kernforschungszentrum CERN in der Nähe von Genf gewesen, um sich auf diese Aufgabe vorzubereiten. Die Gruppe umfasste vier Studenten,[111] denen Czapp Dissertationsthemen stellen sollte, und vier Scannerinnen, die außer den Aufnahmen auf Photoplatten auch solche von Blasenkammern auszuwerten hatten. Czapp war ziemlich verunsichert durch die kritische Haltung Blaus dieser Gruppe gegenüber, die nach deren Urteil ungenügend ausgerüstet war. Blau nahm eine weitere

Dissertantin auf, nämlich Gerda Haider (spätere Petkov), deren Arbeit[112] sie von März 1960 bis April 1964 betreute. Die Platten wurden in einem großen Arbeitsraum im Erdgeschoß des Hauses Boltzmanngasse 5, unmittelbar neben dem Radiuminstitut, von mehreren Studentinnen gescannt, d. h. unter dem Mikroskop auf Sterne, also auseinanderlaufende Bahnspuren der Reaktionsprodukte von Proton-Proton-Wechselwirkungen, abgesucht. Besonders befähigt dazu war Franziska Wagner,[105] die ihr Physikstudium aber später aufgab. Weiter gehörte zu dieser Gruppe Hannelore Eggstain (spätere Sexl), die am Radiuminstitut zu dissertieren begann, später aber eine Doktorarbeit am Institut für Theoretische Physik unter Anleitung Walter Thirrings ausführte. Als theoretischer Berater dieser Gruppe fungierte Herbert Pietschmann[A20] (siehe S. 105f). Die Photoplatten wurden vom CERN ans Wiener Radiuminstitut wie auch an eine Gruppe in Bern gesandt. Jede wurde mindestens dreimal durchgescannt, zumeist von drei verschiedenen Personen, um von Fehlern der subjektiven Wahrnehmung möglichst unabhängig zu sein. Blau wies die Scannerinnen an, sie beim Auffinden bestimmter Sterne, die Hinweise auf bis dahin noch nicht nachgewiesene Elementarteilchen sein konnten, sofort zu holen, und vermaß dann – trotz ihrer Sehbehinderung – diese Sterne selber. Abb. 16 zeigt Blau im Labor mit den Scannerinnen. In diesem Raum hielt Blau für die Gruppe ihrer Mitarbeiter öfters Referate über Hochenergiephysikexperimente, insbesondere im Hinblick auf die Entdeckung neuer Elementarteilchen, allen voran das Ω^--Teilchen, das damals noch nicht eindeutig nachgewiesen war.[105]

Im Sommer 1961 hielt Blau sowohl an der Universität Bern als auch am CERN Vorträge, die große Beachtung fanden.[99] Die Reise in die Schweiz machte Blau (Abb. 17) mit Haider und Eggstain (siehe S. 109f und S. 107f). Weiter stellte sie die Kapitel über den Einsatz der photographischen Methode in der Kernphysik für „Methods of Experimental Physics"[B78] fertig. Ihr Beitrag zu diesem Werk gilt als eine hervorragende Darstellung dieses Themas in der Literatur und wurde ins Russische übersetzt.[B80]

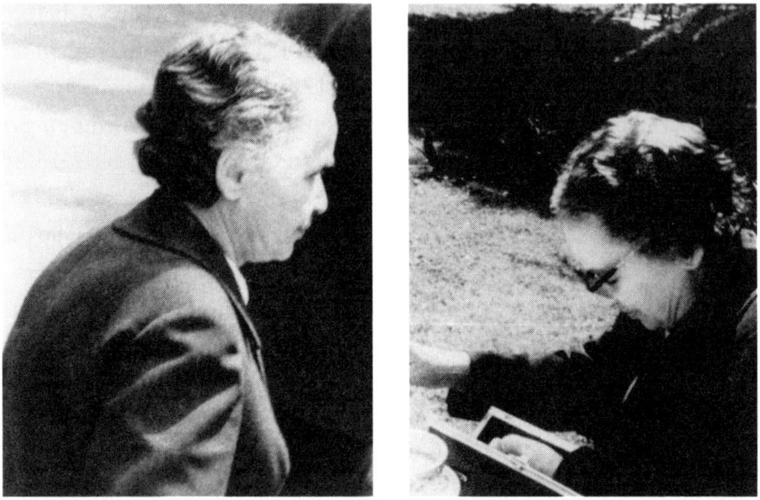

Abb. 17: Marietta Blau während des Aufenthalts in Genf, Mai 1961 (Archiv R. und L. Sexl).

Marietta Blau dürfte sich in Wien recht einsam gefühlt haben.[105] Von ihren eigenen Kollegen aus der Vorkriegszeit traf sie Berta Karlik und Karl Przibram wieder. Sie pflegte private Kontakte mit Menschen der jüngeren Generation, nämlich mit der Tochter ihrer einstigen Schulkollegin Helene Aschner-Pallester, mit Freunden der Familie Ludwig Blaus und mit Hanne Ellis geb. Lauda, deren Dissertation Blau 1935–1937 betreut hatte. Blau kam oft an den Wochenenden ins Radiuminstitut, um unter Menschen zu sein, und lud ihre jungen Mitarbeiterinnen, mit denen sie sich sehr gut verstand, auch manchmal in ihre kleine, aber gemütliche Wohnung ein. Hin und wieder zitierte sie Verse, die ihr Bruder Ludwig im Stil von Joachim Ringelnatz verfasst hatte.[99] Erst 1962 oder 1963 wurde sie wegen grauen Stars[1] an den Augen operiert.[113]

Das Einvernehmen zwischen Berta Karlik und Blau war nach deren Rückkehr nicht frei von Spannungen.[114, 115, 116] Zum einen hatten wohl die „schweren Jahre“[79] und die mittlerweile erfolgte Berufung Stetters als Ordinarius für Physik an der Universität Wien (1953) und Ortners als Leiter des Atominstituts der Österreichischen Hochschulen (1957) und ordentlicher Professor für Kernphysik an der Technischen Hochschule in Wien (1960), der keine Geste der Wiedergutmachung an den Opfern des Nationalsozialismus seitens Österreichs gegenüberstand, Bitterkeit bei Marietta Blau hinterlassen. In einem Brief zeigt sie sich enttäuscht über ihr zugetragene Bemerkungen Karliks über sie, in denen diese – nach Blaus Einschätzung – die Ereignisse der Vergangenheit nicht authentisch wiedergab: „... ich war nur im Moment so verbittert, weil ich verschiedentlich von Äußerungen von Karlik über mich gehört habe u. weil sie es wissen muß u. weiß, wie es damals war, sie u. Stetter u. Ortner. Von den letzteren habe ich natürlich nichts anderes erwartet, aber von ihr hat es mir sehr weh getan."[117] Zum anderen war vermutlich auch die Tatsache, dass Blau trotz ihrer reichen wissenschaftlichen Ernte nun wieder nur eine unbesoldete Stelle am Radiuminstitut, Karlik hingegen die Institutsleitung innehatte, kränkend für Blau.

Karlik selber kommentierte Jahre später, dass sich Marietta Blau „selber ins Eck stellte",[105] also kein Ansehen zu verschaffen wusste. So wurde ihrer Person auch wenig Aufmerksamkeit zuteil. Blau hat wohl erlebt, dass der Umgang mit dem Verhalten, „sich selber ins Eck zu stellen", in den USA und in Österreich grundsätzlich verschieden ist. In den USA werden gegenüber einem Menschen, der innerhalb einer Gruppe von sich aus schwer Zugang zu anderen findet, eher Initiativen seitens dieser Gemeinschaft gesetzt, um ihn zu integrieren, als in Österreich. Besonders in intellektuellen Kreisen anzutreffen, wird diese Tendenz noch verstärkt, wenn sich die betreffende Person durch so hervorragende Qualitäten auszeichnet wie Blau: Sie galt auf dem Gebiet der Emulsionstechnik als Päpstin, einige ihrer Schüler wurden angesehene Universitätsprofessoren. Aus ihren Briefen an Freunde in Florida geht hervor, dass Blau in den Jahren 1962 und 1963 eine Rückkehr in die USA erwog, namentlich nach New York.[113] In Österreich blieb sie mit ihrer Wesensart am Rande: Menschen, die selber Anfang der Sechzigerjahre Mitarbeiter des Wiener Radiuminstituts waren, äußern sich über Blaus Zurückhaltung: „Sie hat immer ganz zurückgezogen gewirkt. Wenn man etwas gesagt hat, hat sie sich ganz vorsichtig geöffnet, dann sofort wieder zugemacht."[118] „Ich habe sie alle paar Tage im Stiegenhaus getroffen, bin aber nie in ein Gespräch mit ihr gekommen. Sie war sehr schüchtern, ja geradezu menschenscheu."[119] „Sie war sehr lieb und freundlich."[120] Es ist bewundernswert, dass Blau trotz der Distanz zu vielen ihrer Mitmenschen ihre Zuneigung in Fülle jenen zu geben bereit war, die ihr Gewogenheit signalisierten: „Ich habe sie sehr gern gehabt. Sie war so etwas wie eine Ersatzmutter für mich."[121] „Wir hatten einen wunderbaren Kontakt."[115] Offenbar begegnete Blau Unbekannten, zu denen sie weder fachlich noch persönlich eine Verbindung hatte, mit großer Skepsis, ja geradezu Scheu, verfügte aber über eine erstaunliche Souveränität in der wissenschaftlichen Auseinandersetzung, eine beachtliche Bereitschaft, in physikalischen Projekten die Führung zu übernehmen, und nicht zuletzt über eine beeindruckende Sicherheit und Beständigkeit in der emotionalen Hinwendung, wenn sie zu jemandem erst einmal eine Beziehung geknüpft hatte.

Ende 1964, als einerseits ihre letzte Dissertantin Gerda Haider promoviert war, andererseits Marietta, nun über 70 Jahre alt, auf Grund ihrer gesundheitlichen Anfechtungen weder größere Strecken zu Fuß gehen noch die öffentlichen Verkehrsmittel benutzen konnte, hörte sie auf, ans Radiuminstitut zu kommen. Auch ihren Traum, die USA nochmals zu besuchen, gab sie nun auf; resigniert schrieb sie Arnold Perlmutter, sie fürchte, die USA nie wieder zu sehen.[122] Sie verbrachte nun viel Zeit allein in ihrer Wohnung; die Einsamkeit leistete wohl dem schlechten Gesundheitszustand Vorschub.

Ende Februar 1966 wurde sie erstmals im Krankenhaus Lainz aufgenommen. Die Anamnese lautete auf Herzkranzgefäßverhärtung.[A21] In Mariettas subjektiver Darstellung[123] lautete dies: „Seit 1962 treten … starke stechende Schmerzen in der Herzgegend auf, ausstrahlend in den linken Arm … Seit 2 Jahren nächtliche Atemnotanfälle …" Dazu kommt: „Gangunsicherheit im Januar 1966 und vor einem halben Jahr plötzlich Sprachstörung … mit Schwäche im Bereich der rechten Hand. Die Sprachstörung bildete sich vollständig zurück, eine gewisse Schwäche der rechten Hand (Patientin kann vor allem nicht schreiben) blieb."[123] Nach zwei Wochen wurde sie gebessert entlassen.

Im Jahre 1967 erhielt Marietta Blau den Preis für Naturwissenschaften der Stadt Wien[124] und eine Plakette des Radiuminstituts in Paris aus Anlass des 100. Geburtstages von Marie Curie.[125] Ende September 1967 begab sich Marietta auf Grund von Schmerzen im Oberbauch und von Problemen mit Leber und Blase[123] abermals zur Behandlung in das Krankenhaus Lainz. Wiederum wurde sie infolge einer Besserung nach 17 Tagen heimgeschickt. Als Kontaktperson, die man als Patient bei einem Krankenhausaufenthalt angibt, hatte Blau eine Bekannte,[123] jedoch niemanden vom Radiuminstitut genannt.

Ende März 1969 jährte sich Marietta Blaus Promotion zum 50. Mal. Berta Karlik stellte in ihrer Funktion als Vorstand des Radiuminstituts den Antrag auf Erneuerung des Doktordiploms von Blau, „die durch ihre systematischen Untersuchungen die Methode der Kernemulsion wesentlich gefördert und durch ihre Anwendung wertvolle Forschungsergebnisse in der Hochenergiephysik erreicht hat".[126] Dem entsprechenden Schreiben des Dekans der philosophischen Fakultät[127] antwortete Marietta Blau erfreut, aber ausweichend,[128] da sie einen Besuch bei ihrem Bruder Otto in Lugano plante; dieser wurde allerdings vereitelt durch neuerliche gesundheitliche Probleme und einen dadurch bedingten Aufenthalt im Krankenhaus Lainz von 4. bis 16. April 1969. Als Kontaktperson war nun gar nur mehr die Hausbesorgerin ihres Wohnhauses angegeben. Außer den bei den beiden vorhergehenden Aufenthalten festgestellten Symptomen wurde ein Schatten in der rechten Lunge festgestellt. Nach 12 Tagen Krankenhausaufenthalt wurde sie entlassen, in dem Bericht heißt es lakonisch: „Auf Wunsch der Patientin wurde von einer weiteren Untersuchung Abstand genommen und erfolgt die Entlassung in häusliche Pflege."[123] Den Besuch bei ihrem Bruder holte sie im Mai 1969 nach. Mitte Juli 1969 schrieb sie abermals an den Dekan, nun nach der Überbringung des Goldenen Doktordiploms durch Berta Karlik. Blaus Gesundheitszustand hatte es nicht erlaubt, zur Überreichung ins Dekanat zu kommen, sie stellte aber einen späteren Besuch dort in Aussicht.[129]

Ebenfalls im Jahr 1969 erhielt sie vom Bürgermeister der Stadt Wien und von der Stadträtin für Kultur und Volksbildung Anerkennungsschreiben.[125]

Da sie unter Gallenbeschwerden litt, musste sie sich bereits Ende Juli 1969 wieder in Behandlung ins Spital in Lainz begeben; die Diagnose lautete auf einen Tumor in der rechten Lunge und es bestand Verdacht auf einen weiteren im Becken.[123] Der Lungentumor hatte sich bei der Röntgenuntersuchung vier Monate zuvor bereits abgezeichnet, war aber nach ihrer Ablehnung weiterer Untersuchungen nicht eindeutig diagnostiziert worden. Sie hatte also Krebs wie vor ihr die Physiker des Radiuminstituts Hönigschmid (gest. 1945), Schweidler (gest. 1948) und ihre Mitarbeiterin Wambacher (gest. 1950). Marietta Blaus Lungentuberkulose, der Umgang mit offenen radioaktiven Präparaten, jahrzehntelanges Rauchen und psychische Belastung stellten zweifellos Risikofaktoren für diese Krankheit dar. Abermals wurde sie nach nur 15 Tagen entlassen. Da sie die Behandlungskosten selber tragen musste, scheint sie bestrebt gewesen zu sein, die Aufenthaltsdauer gering zu halten. Sechs Wochen später wurde Mariettas Zustand offenbar kritisch: Wegen rapider Gewichtsabnahme begab sie sich wieder in Behandlung nach Lainz; ihr Bruder Otto kam nach Wien, um sie zu begleiten. Der fortschreitende Lungenkrebs metastasierte; Blau litt unter Atemnot und Schmerzen, die vom Herzen ausstrahlten.[123] Nach vier Monaten Krankenhausaufenthalt verstarb Marietta Blau am 27. Januar 1970 um 12 Uhr mittags infolge Lungenödems und Kreislaufversagens.[123] Auf ihren eigenen Wunsch wurde ihr Leichnam in aller Stille eingeäschert und die Urne im Grab ihres Vaters auf dem Wiener Zentralfriedhof beigesetzt.[130] Auf der Parte, die ihr Bruder Otto abgefasst hat, wird sie charakterisiert mit den Worten: „Ihr Leben war der Wissenschaft gewidmet und erfüllt von Güte und Nächstenliebe." Im Almanach der Österreichischen Akademie der Wissenschaften schrieb Karlik eine Notiz zu Blaus Tod: „Das Institut hat den Tod einer langjährigen hervorragenden Mitarbeiterin, Frau Prof. Dr. Marietta Blau, zu beklagen, die in einem Wiener Krankenhaus am 27. Januar 1970 nach langem Leiden verschieden ist. Marietta Blau hat in der Entwicklung der Methode der

Kernemulsionen Pionierarbeit geleistet und die Methode insbesondere in der Hochenergiephysik sehr erfolgreich angewendet. Die Österreichische Akademie der Wissenschaften hat sie 1962 mit dem Schrödinger-Preis ausgezeichnet ... Ein Nachruf erscheint in den Acta Physica Austriaca."[131] Dieses Vorhaben wurde allerdings nicht in die Tat umgesetzt, da Karlik 1970 monatelang schwer krank war. Somit wurde in keiner wissenschaftlichen Zeitschrift ein Nachruf auf Marietta Blau veröffentlicht.

Anmerkungen

A1 Blaus Physiklehrer waren Franz Matouschek, Karl Bruno und Auguste Tinus. Von einer ihrer ehemaligen Schülerinnen, Margarete Meschkan, die 1928 am Gymnasium in der Rahlgasse maturierte, wird Tinus beschrieben[132] als herzensguter Mensch, der aber auf Distanz bedacht war, die Schülerinnen per Sie anredete und zugeknöpft im wörtlichen wie im übertragenen Sinn erschien. Obwohl sie Inhalte nicht immer gut vermitteln konnte, hat sie ihre Schülerinnen doch stets zu guten Leistungen zu motivieren verstanden. Die Wahl naturwissenschaftlicher Studien durch Absolventinnen eines humanistischen Gymnasiums sei aber nicht unbedingt als Hinweis auf besonders mitreißenden Unterricht in den realistischen Fächern zu werten; vielmehr sei die humanistische Bildung auch den anderweitig Interessierten eine Selbstverständlichkeit gewesen. Gleichwohl wird den weiblichen Lehrkräften großes pädagogisches Engagement nachgesagt: Selber Pionierinnen des Frauenstudiums, viele davon unverheiratet, hätten sie die eigene Liebeskraft in die Erziehung der Mädchen eingebracht und sich in ihre Aufgabe „hineingekniet", um diesen die Voraussetzungen zum Studium weiterzugeben.

A2 Wohnadressen der Familie Blau:
1891 Wien 2., Praterstraße 21
1893 Wien 3., Obere Weißgerberstraße 7
1894 Wien 2., Schmelzgasse 6
1900 Wien 3., Hintere Zollamtsstraße 13
1911 Wien 2., Taborstraße 20
1913 Wien 1., Morzinplatz 6

1933 Wien 19., Grinzingerstraße 93 (Florentine, Otto, Marietta)
Wien 19., Grinzingerstraße 86 (Ludwig mit Frau und Tochter)

A3 „Die größte einzelne jüdische Konzentrierung, die die Hälfte aller Wiener Juden von 1880 umfasste … und ein Drittel im Jahr 1910, war in der Leopoldstadt, dem Standort des jüdischen Ghettos im siebzehnten Jahrhundert … Am Ende des neunzehnten Jahrhunderts wurde sie Heimstatt vieler jüdischer Einwanderer, in der allgemeinen Vorstellung wieder ‚ein jüdisches Ghetto'. Aber auch die Bezirke Innere Stadt und Landstraße beherbergten 1900 je 5–10 % des gesamten Wiener Judentums und hatten einen Prozentsatz von Juden an der Gesamtwohnbevölkerung von 20 bzw. 6 %. Die Ausbreitung der Wohnsitze hing sicher nicht von der Klasse ab. Juden wohnten nicht in ihrem ökonomischen Status entsprechenden, sondern in jüdischen Vierteln."[12] – Das Geburtshaus Marietta Blaus befindet sich nur wenige Gassen entfernt von dem Lise Meitners. Auch Sigmund Freud verlebte seine Kindheit in der Nachbarschaft (Pfeffergasse).

A4 Die physikalischen Institute der Universität Wien hatten sich 1875–1913 in einem Mietshaus in Wien 9., Türkenstraße 3 befunden. Seit 1902 bestand eine Einteilung in ein Institut für Theoretische Physik sowie das I. und II. Physikalische Institut, die sich mit Experimentalphysik beschäftigten. Stefan Meyer und Egon von Schweidler wandten sich bereits 1899 in dem Haus in der Türkenstraße der Untersuchung der Radioaktivität zu. Zwei Jahre später setzte die kaiserliche Akademie der Wissenschaften eine Kommission zur Untersuchung radioaktiver Substanzen ein. Die Arbeiten Meyers und Schweidlers gaben den Anstoß, dass die Wiener Akademie Radium aus zehn Tonnen Rückständen der Urangewinnung in Joachimsthal in Böhmen für wissenschaftliche Zwecke in Wien-Atzgersdorf gewinnen ließ, wodurch sie im Besitz einer größeren Radiummenge war, als anderweitig existierte. In dem Institut in der Türkenstraße war allerdings die wissenschaftliche Verwendung dieses Schatzes auf Grund der schlechten apparativen Ausstattung nicht möglich. Im Jahr 1908 stiftete der Hof- und Gerichtsadvokat Dr. Karl Kupelwieser einen Betrag von 500 000 Kronen für Bau und Einrichtung eines der physikalischen Erforschung des Radiums dienenden Gebäudes, sofern die k. k. österreichische Regierung der Akademie einen Bauplatz billig überließe und „Unterhaltung und Führung des Instituts … in eigene Regie" übernähme.[133] 1909 wurde mit dem Bau auf den Gründen der ehemaligen Tabakregie zwischen Währingerstraße und Waisenhausgasse (Boltzmanngasse) begonnen, was sicherstellte, dass die Kupelwieser'sche Stiftung in Anspruch genommen werden konnte und dass die benachbart geplanten Neubauten der physikalischen und chemischen Institute an diesem Ort entstehen würden. Das am 28. Oktober 1910 eröffnete „Institut für Radiumforschung der kaiserlichen Akademie der Wissenschaften" wurde von Anfang an kurz „Radiuminstitut" genannt.[134]

A5 Stefan Meyer (geb. 27. April 1872, Wien, gest. 29. Dezember 1949, Bad Ischl), 1891 Matura am Landesgymnasium in Horn, NÖ. Ab 1892 Studium der Physik, Chemie und Mathematik an der Universität Wien, Dissertation bei Franz S. Exner über Potentialdifferenzen an Tropfelektroden und im Kapillarelektrometer, 1896 Dr. phil., 1897 Assistent bei Ludwig Boltzmann, Messung der Magnetisierungszahlen von Elementen (gemeinsam mit Gustav Jäger), Entdeckung der Ablenkbarkeit der Radium- und Poloniumstrahlen im Magnetfeld (gemeinsam mit Egon von Schweidler), 1900 Habilitation mit den Arbeiten über Radium- und Poloniumstrahlen (nach der später üblichen Bezeichnung: β- und α-Strahlen), 1902–1911 Dozent für Akustik am Wiener Konservatorium, 1906/07 provisorische Leitung des Instituts für Theoretische Physik, 1908 a. o. Prof., 1909 Arbeiten zur Verfärbung und Lumineszenz von Festkörpern durch radioaktive Strahlung, 1910 Erster Assistent (de facto Leiter) des Instituts für Radiumforschung der kaiserlichen Akademie der Wissenschaften, Sekretär der Internationalen Radiumstandard-Kommission, Verleihung des Franz-Josef-Ordens, 1911 wirklicher Extraordinarius, 1913 Liebenpreis, 1915 o. Prof., 1916 Veröffentlichung von „Radioaktivität" mit Egon v. Schweidler, 1920 Ordinarius und Vorstand des Instituts für Radiumforschung, 1921 korrespondierendes Mitglied der Akademie der Wissenschaften in Wien, 1927 2. Auflage von „Radioaktivität", 1932 wirkliches Mitglied der Akademie der Wissenschaften in Wien, 1937 Präsident der Internationalen Radiumstandard-Kommission, 1938 Amtsenthebung und Versetzung in den dauernden Ruhestand, innere Emigration in Bad Ischl, 1945 Rückkehr an das Institut für Radiumforschung und Rückstellung in den aktiven Dienst als Honorarprofessor, 1947 Versetzung in den dauernden Ruhestand.

A6 Karl Przibram (geb. 21. Dezember 1878, Wien, gest. 10. August 1973, Wien), 1896 Matura am Akademischen Gymnasium in Wien, Studium der Physik, Chemie und Mathematik an der Universität Wien, Lehrer Franz S. Exner, Ludwig Boltzmann. Dissertation in Graz über „Beiträge zur Kenntnis des verschiedenen Verhaltens der Anode und Kathode bei der elektrischen Entladung" bei Prof. Leopold Pfaundler. 1901 Promotion zum Dr. phil. 1902/03 am Cavendish Laboratory in Cambridge bei J. J. Thomson. Danach experimentelle Arbeit am Institut von Boltzmann in der Türkenstraße. 1905 Habilitation mit einer Arbeit über Büschelentladung. Ab 1912 am Institut für Radiumforschung (ab 1920 Assistent), Beschäftigung mit Verfärbungen und Lumineszenzen, hervorgerufen durch radioaktive Strahlung (Radiophotolumineszenz, Radiothermolumineszenz, Radiophotofluoreszenz). Große künstlerische Begabung (Scherenschnitte, Karikaturen). 1914 Haitinger-Preis der Österreichischen Akademie der Wissenschaften, 1927 a. o. Prof. an der Universität Wien, 1929 Lieben-Preis. 1938 nach der Annexion Österreichs durch Nazideutschland Entlassung von der Universität wegen seiner jüdischen Herkunft. 1939 Emigration nach Belgien, wo er die Jahre der deutschen Besetzung im Untergrund überlebte. 1940–1946 Fachliteraturberichte für die Union Minière du Haut Katanga. 1946 Berufung und Rückkehr nach Wien, 1947 Ordinarius und Vorstand des II. Physikalischen Instituts der Universität Wien. Wiederaufbau dieses Instituts. Pionier auf dem Gebiet der Beeinflussung fester Körper durch Bestrahlung (u. a. Verfärbung der Alkalihalogenide). 1947 korrespondierendes, 1950 wirkliches Mitglied der Österreichischen Akademie der Wissenschaften. 1951 Emeritierung, Rückkehr ans Radiuminstitut zu weiterer Forschungsarbeit. 1953 Buch „Verfärbung und Lumineszenz" (Springer, Wien). 1963 Schrödinger-Preis der Österreichischen Akademie der Wissenschaften.

A7 Berta Karlik (geb. 24. Januar 1904, Wien, gest. 4. Februar 1990, Wien), 1923 Matura am Mädchen-Reformrealgymnasium in Wien-Hietzing, Studium der Physik und Mathematik an der Universität Wien, Dissertation am Radiuminstitut über die Szintillationsmethode, 1928 Dr. phil., danach Lehramtsprüfung und Probejahr am Realgymnasium in Wien 8., Albertgasse. Ab 1929/30 wissenschaftliche Tätigkeit am Radiuminstitut, 1930/31 Studienaufenthalte in London, Cambridge und Paris durch ein Stipendium der International Federation of University Women, ab 1933 Anstellung als wissenschaftliche Hilfskraft am Wiener Radiuminstitut. 1933 Haitinger-Preis der Akademie der Wissenschaften gemeinsam mit Elisabeth Rona, 1937 Habilitation mit der Arbeit „Die Grenzen der Nachweisbarkeit der schweren Edelgase in Helium", 1940 Assistent, 1942 Diätendozent, 1943 gemeinsam mit Traude Bernert Nachweis der Existenz des Elements mit der Ordnungszahl 85 – später abweichend vom Namensvorschlag der Wiener Forscherinnen als Astat bezeichnet – in der Natur, 1945 provisorische Leiterin des Radiuminstituts, Engagement für die Neugründung des Verbands der Akademikerinnen Österreichs,[A8] 1946 tit. a. o. Prof., 1947 definitive Leiterin des Radiuminstituts und Verleihung des Haitinger-Preises für Chemie für die Arbeiten über das Element 85, 1950 a. o. Prof., 1954 korrespondierendes

Mitglied der Österreichischen Akademie der Wissenschaften, 1956 erste Ordinaria der Universität Wien, 1973 wirkliches Mitglied der Akademie der Wissenschaften, 1974 Emeritierung, Beschäftigung mit historischen Themen, 1982 Veröffentlichung des Buches „Franz S. Exner und sein Kreis" gemeinsam mit Erich Schmid (Verlag der Österr. Akademie der Wissenschaften, Wien).

A8 Die Tätigkeit des Verbands der Akademikerinnen Österreichs bestand in der Herausgabe eines Mitteilungsblattes, in der Beratung von Studentinnen und Jungakademikerinnen und vor allem – der Lage der Akademikerinnen in jenen Jahren entsprechend – in der Vermittlung von Nachhilfestunden. Außerdem wurden Stipendien zunächst von der „International Federation of University Women", später von der „American Association of University Women" auch an Mitglieder des VAÖ vergeben. 1938 erfolgte die zwangsweise Auflösung des VAÖ als Zweigverband einer internationalen Organisation. Bestehen blieben viele Bande der Freundschaft zwischen österreichischen und ausländischen Akademikerinnen und erleichterten nach dem Krieg die Wiedererrichtung des Verbands,[27] um die sich Berta Karlik größte Verdienste erwarb.

A9 Der Ignaz-Lieben-Preis war auf Grund einer Stiftung aus dem Vermögen des 1862 verstorbenen Bankiers Ignaz L. Lieben eingerichtet worden. Dessen Sohn Adolf Lieben, damals Dozent für Chemie, bestimmte, dass der Großteil der Stiftung (6000 Gulden) „der Förderung wissenschaftlicher Forschungen im Gebiete der Physik und Chemie gewidmet" werde. Aus den Zinsen der in Pfandbriefen der Nationalbank angelegten Stiftung wurde zunächst dreijährlich (erstmals 1865) ein Preis auf diesen Gebieten vergeben. Später wurde das Kapital durch die Brüder-Lieben-Jubiläumsstiftung aufgestockt und der Preis ab 1901 jährlich vergeben. Seine Zuerkennung erfolgte jeweils durch Beschluss der mathematisch-naturwissenschaftlichen Klasse der Wiener Akademie der Wissenschaften, wobei Arbeiten der Mitglieder der Akademie der Wissenschaften nicht berücksichtigt werden sollten. Auf diese Weise wurde erreicht, dass der Preis bevorzugt an jüngere Wissenschaftler vergeben wurde. Das Preisgeld betrug im Jahr 1927 1000 Schilling, das entspricht heute etwa 7000 Euro. Höher als der finanzielle Wert galt der mit der Verleihung des Lieben-Preises verbundene Ruhm. Die Ignaz-Lieben-Stiftung, 1862 für „immerwährend" gedacht, wurde 1938 nach der Besetzung Österreichs aufgelassen und nach dem Krieg nicht wieder erneuert.[135]

A10 Viktor Hess (geb. 27. Juni 1883, Schloss Waldstein bei Deutschfeistritz nahe Graz, gest. 17. Dezember 1964, Mt. Vernon, New York, USA) war von

1910–1920 Erster Assistent am Radiuminstitut gewesen und hatte während zahlreicher Ballonfahrten 1911/12 die Ionisation der Atmosphäre gemessen und auf diese Weise die kosmische Strahlung entdeckt. Dafür erhielt er 1936 den Nobelpreis für Physik (gemeinsam mit C. D. Anderson, der das Positron entdeckt hatte). 1925 o. Prof. an der Universität Graz, 1931 Berufung an die Universität Innsbruck, Einrichtung eines kleinen Observatoriums zur ständigen Aufzeichnung der Intensität der Höhenstrahlung auf dem 2300 m hohen Hafelekar nördlich von Innsbruck. 1937 neuerliche Berufung nach Graz, 1938 auf Grund seiner antinazistischen Einstellung zwangsweise in den Ruhestand versetzt, Auswanderung in die USA nach Konfiskation des Nobelpreises zugestanden, Berufung an die Fordham University, New York. 1956 Emeritierung ebendort, 1959 Österreichisches Ehrenzeichen für Kunst und Wissenschaft.

A11 Rudolf Steinmaurer schreibt:[136] „Es wurden zwei Gruppen von Bahnspuren gefunden: Neben langen Spuren, die man Protonen von bisher nie beobachteter Energie zuordnen konnte, wurden kurze Spuren entdeckt, die von einem Zentrum sternförmig ausgingen. Verfasser erinnert sich noch, wie Frau Blau, 1937 auf Sommeraufenthalt in Tirol, zu ihm vor der Talstation der Innsbrucker Hungerburgbahn sagte: ‚Eben hat mir Frau Wambacher aus Wien geschrieben, sie habe auf den Platten, die am Hafelekar exponiert waren, merkwürdige, sternförmige Teilchenbahnen gefunden, die bestimmt nicht von radioaktiven Verunreinigungen herrühren können.‘ Dies war der erste Nachweis eines Zertrümmerungssterns."

A12 Am 4. Februar 1938 waren die Oberbefehlshaber der Wehrmacht Werner von Fritsch und Werner von Blomberg entlassen worden und Hitler hatte selbst das Oberkommando übernommen. Diese Auseinandersetzung mit der Wehrmacht wurde in der ausländischen Presse vielfach als Schwächung des Naziregimes gedeutet.

A13 Hans Thirring (geb. 23. März 1888, Wien, gest. 22. März 1976, Wien), Matura Sophiengymnasium 1907, Studium Mathematik, Physik, Turnen ab WS 1907. Faszination durch Unterricht Fritz Hasenöhrls, in der Folge Entschluss Thirrings, die theoretische Physik in den Mittelpunkt seiner Studien zu stellen. Dissertation „Über einige thermodynamische Beziehungen in der Nähe des kritischen und des Tripelpunktes", 1910 Lehramtsprüfung Turnen. Ab 1910 Assistent Hasenöhrls, 1911 Promotion zum Dr. phil., 1912 Lehramtsprüfung Physik, Mathematik. 1915 Habilitation über „Die Anwendung der Kanalstrahlen auf die Analyse von Gasen", nach Tod Hasenöhrls im Weltkrieg Lehrtätigkeit Thirrings an Universität und Technischer Hochschule in Wien. Erfolgreiche Arbeiten über Relativitätstheorie (Thirring-Lense-Effekt), 1921 a. o. Prof. und Vorstand des Instituts für Theoretische Physik, 1927 o. Prof., Entwicklung der Selenzellen, Erfindung des „Flattermantels“ zum Schwebe-Skilauf. 1. Dezember 1938 Versetzung in den Ruhestand wegen seiner antifaschistischen und pazifistischen Überzeugung. Anstellungen bei Elin und Siemens-Halske, Abfassung von „Homo Sapiens – Psychologie der menschlichen Beziehungen“, 1945–1958 wieder Ordinarius am Institut für theoretische Physik, Tätigkeit im Dienste des Friedens (Pugwash-Bewegung, Thirring-Plan).

A14 Mexiko war das einzige Land, das im März 1938 gegen den vollzogenen Anschluss Österreichs an das nationalsozialistische Deutschland in aller Form vor den Nationen des Völkerbundes in Genf protestierte und diesen nie akzeptierte. Für Österreich (Mexiko hat die Existenz von „Austria“ über die ganze Zeit des Zweiten Weltkriegs anerkannt) war schon ab 3. März 1937 die mexikanische Botschaft in Paris zuständig, somit auch 1938 nicht die in Berlin.

A15 Leopold Halpern[4,5] gibt Marietta Blaus Erzählung wieder, sie habe, um so schnell wie möglich in ihr Exil zu gelangen, ein deutsches Luftschiff benutzt. Allerdings war der Transatlantik-Zeppelinverkehr durch den Absturz der „Hindenburg“ 1937 zum Erliegen gekommen; möglicherweise hatte Blau die Formulierung „by air and ship“ (also Flug von Oslo nach London, Schiff von England nach Mexiko) gebraucht und diese war missverstanden worden als „by air ship“. Tatsächlich führte die Lufthansa im Herbst 1938 auch keinen Personenflugverkehr von Europa nach Mexiko. Laut Halpern[4, 5] wurden Blau bei einer Zwischenlandung in Hamburg ihre wissenschaftlichen Unterlagen von den Zollbehörden abgenommen. Sie nahm an, dass dies im Auftrag bestimmter in der NSDAP engagierter Mitarbeiter des Wiener Radiuminstituts erfolgt sei. Diese Beschlagnahme ist wohl als Akt der Schikane gegenüber der jüdischen Physikerin zu sehen, um deren wissenschaftlichen Start in die Emigration dadurch mutmaßlich zu verschlechtern.

A16 Die öfter geäußerte Meinung, Marietta Blau sei Einsteins Sekretärin gewesen und habe sich auf der Schifffahrt nach Mexiko auf demselben Schiff wie die Schriftstellerin Anna Seghers[137] und deren Sohn Pierre Radvanyi befunden, ist unzutreffend[138] und dürfte auf einer Verwechslung Blaus mit Trude Kurz beruhen, die ebenfalls Physikerin war und während des Krieges aus Frankreich nach Mexiko geflüchtet ist.

A17 Wie aus dem von der Königlichen Schwedischen Akademie der Wissenschaften kürzlich freigegebenen Protokoll[139] hervorgeht, war der Gutachter, Axel E. Lindh,[140] der Meinung, dass die Leistungen der beiden Frauen für einen Nobelpreis nicht ausreichten. Er begründete seine Ablehnung damit, dass die Anregung, die photographische Methode zur Erforschung der kosmischen Strahlen einzusetzen, ursprünglich von Eduard G. Steinke[141] stammte, was Wambacher in ihrem Vortrag beim Physiker- und Mathematikertag in Baden-Baden im September 1938[76] angemerkt hatte, und dass es den wissenschaftlichen Mitarbeitern der Firma Ilford zu verdanken gewesen sei, dass Blau und Wambacher die Sterne auf den photographischen Platten sichtbar machen konnten.

A18 Tatsächlich erschien Blau das Leben in England attraktiv, wie aus einem Brief hervorgeht, den sie von einem Besuch in London an ihre Nichte schrieb: „Das Leben in England scheint mir viel schöner als in den Staaten … Die Landschaft sogar im Nebel hat etwas ungemein Liebliches und Friedliches und die Bauten erfreuen einen von Tag zu Tag neuerlich durch ihre Schönheit und Kultur. Die Menschen scheinen viel näher dem Leben, viel eigenartiger und interessanter als der Durchschnittsamerikaner. Ich glaube schon, dass der Alltag – besonders für die Frau – in Amerika viel leichter ist als hier, aber auf die lange Sicht und im Berufsleben ist hier alles viel menschlicher und einfacher.“[142]

A19 Chien-Shiung Wu (geb. 1912 in Shanghai, China, gest. 1997 in New York, N. Y., USA). Wu begann ihre Studien in China, kam 1936 in die USA und schloss ihr Physikstudium an der University of California ab (Ph. D. 1940). Sie lehrte am Smith College und der Princeton University, bevor sie 1944 an die Columbia University kam. Im Zweiten Weltkrieg beteiligte sie sich als Kernphysikerin am Manhattan-Projekt. Als 1956 Chen Ning Yang und Tsung-Dao Lee auf Grund einer Analyse vorliegender teilchenphysikalischer Daten postulierten, dass die Parität in der Schwachen Wechselwirkung nicht erhalten sein dürfte, war Wu die Erste, die mit einer Gruppe von Physikern von der Columbia University und dem National Bureau of Standards ein Experiment durchführte, das die Paritätsverletzung in der Schwachen Wechselwirkung bestätigte. Sie war mit Yang und Lee für den Physiknobelpreis 1957 vorgeschlagen, den Letztere je zur Hälfte erhielten. – Wu war als erste Frau Präsident der American Physical Society.

A20 Herbert Pietschmann, 1936 in Wien geboren, schloss 1960 sein Studium der Physik an der Universität Wien ab und promovierte 1961 sub auspiciis praesidentis zum Dr. phil. Er verbrachte 1964/65 einen Forschungsaufenthalt an der University of Virginia, habilitierte sich nach seiner Rückkehr nach Wien 1966 für Theoretische Physik, wirkte anschließend als Dozent an der Technischen Hochschule in Göteborg und als Gastprofessor an der Universität Bonn. 1968 kehrte er endgültig nach Wien zurück und ist seit 1971 ordentlicher Professor. Er arbeitet auf dem Gebiet der theoretischen Elementarteilchenphysik, insbesondere der Schwachen Wechselwirkung und der Quantenelektrodynamik im Rahmen vereinigter Feldtheorien.

A21 Stenocardia vera, gleichbedeutend mit Angina pectoris: akute Koronarinsuffizienz mit plötzlich einsetzenden, Sekunden bis Minuten anhaltenden Schmerzen, die in die linke (rechte) Schulter-Hand-Arm-Region bzw. Hals-Unterkiefer-Region ausstrahlen, häufig gürtelförmiges Engegefühl um den Brustkorb mit Erstickungsanfall und Atemnot bis zu Vernichtungsgefühl und Todesangst.[143]

Literaturzitate/Quellenangaben

Verwendete Abkürzungen:

MIR	Mitteilungen des Instituts für Radiumforschung
Archiv ÖAW	Archiv der Österreichischen Akademie der Wissenschaften, Dr.-Ignaz-Seipel-Platz 2, A-1010 Wien.
Sondersammlung Zentralbibl. Phys.	Sondersammlung der Österreichischen Zentralbibliothek für Physik, Boltzmanngasse 5, A-1090 Wien.

1 Wolfgang L. Reiter, Marietta Blau, in: Vertriebene Vernunft, F. Stadler (Hrsg.), Verlag für Jugend und Volk, Wien und München 1987, S. 720.

2 Friedrich Katscher, Jüdische Naturwissenschaftler und Techniker Österreichs – Was sie der Welt schenkten, in: Österreichisch-jüdisches Geistes- und Kulturleben, Liga der Freunde des Judentums (Hrsg.), Literas-Universitätsverlag, Wien 1988, S. 80.

3 Brigitte Bischof, Marietta Blau (1894–1970), in: Wissenschaft und Forschung in Österreich, Gerhard Heindl (Hrsg.), Peter Lang – Europäischer Verlag der Wissenschaften, Frankfurt am Main 2000, S. 147.

4 Leopold Halpern, Marietta Blau (1894–1970), in: Women in Chemistry and Physics, L. S. Grinstein, R. K. Rose, M. H. Rafailovich (Eds.), Greenwood Press, Westport, Connecticut und London 1993, S. 57.

5 Leopold Halpern, Marietta Blau – Discoverer of the Cosmic Ray „Stars", in: A Devotion to Their Science, M. F. Rayner-Canham and G. W. Rayner-

Canham (Eds.), McGill Queen's University Press, Montreal & Kingston, London, Buffalo 1997, S. 196.

6 Peter L. Galison, Nuclear Emulsions – The Anxiety of the Experimenter, in: Image and Logic – A Material Culture of Microphysics, Univ. Chicago Press, Chicago 1997, S. 143.

7 Peter L. Galison, Marietta Blau – Between Nazis and Nuclei, Physics Today 50, 42 (1997).

8 N. Byers, Contributions of 20th Century Women to Physics, http://www.physics.ucla.edu/~cwp/phase 2/Blau,_Marietta@843727247.html.

9 „Von hier nahm die höhere Mädchenbildung in Österreich ihren Ausgang" (Inschrift am Gebäude Rahlg. 4).

10 Ihre Mitschülerin Helene Pallester verehel. Aschner erzählte, Marietta habe einmal Mäuse zum Unterricht mitgebracht; private Mitteilung von deren Sohn Joseph Aschner an Robert Rosner, 11. Januar 2000.

11 Archiv des Bundesgymnasiums und Bundesrealgymnasiums Rahlgasse 4, A-1060 Wien.

12 Marsha L. Rozenblit, Die Juden Wiens 1867–1914, Böhlau, Wien 1989, S. 80–98.

13 Brief von Marietta Blau an ihre Nichte Eva Blau, Mexiko Stadt, 19. Juli 1942, Privatbesitz Eva Connors-Blau.

14 Mitteilung des Archivs der Universität Wien, 27. Januar 2000.

15 Parte Markus Blau, Neue Freie Presse, 20. Dezember 1919.

16 Brief von Eva Connors (Nichte Marietta Blaus) an Brigitte Strohmaier, 19. September 2000.

17 Matrikelamt der Israelitischen Kultusgemeinde in Wien, Seitenstettengasse 4, A–1010 Wien.

18 Wolfgang L. Reiter, Stefan Meyer – Pioneer of Radioactivity, Phys. perspect. 3, 106 (2001).

19 Rede von Karl Przibram, in: Das 50jährige Bestandsjubiläum des Institutes für Radiumforschung, Sitzungsber. Österr. Akad. Wiss. II **170**, 239 (1960); MIR 550.

20 Karl Przibram, 1920–1938, Sitzungsber. Österr. Akad. Wiss. IIa **159**, 27 (1950).

21 Mitteilung von Berta Karlik an Auguste Dick, 5. März 1984, Sondersammlung Zentralbibl. Phys.

22 Wilhelm Michl, Über die Photographie der Bahnen einzelner α-Teilchen, Sitzungsber. Kaiserl. Akad. Wiss. Wien IIa **121**, 1431 (1912); Wilhelm Michl, Zur photographischen Wirkung der α-Teilchen, Sitzungsber. Kaiserl. Akad. Wiss. Wien IIa **123**, 1955 (1914).

23 Roger H. Stuewer, Artificial Disintegration and the Cambridge-Vienna Controversy, in: Observation, Experiment and Hypothesis in Modern Physical Science, Peter Achinstein, Owen Hannaway (Eds.), MIT Press Cambridge, Mass., London, England 1985, S. 239.

24 Wolfgang L. Reiter, Elisabeth Rona, in: Vertriebene Vernunft, F. Stadler (Hrsg.), Verlag für Jugend und Volk, Wien und München 1987, S. 718.

25 Die Romanistin Elise Richter hatte sich als erste Frau habilitiert.

26 Marianne Hainisch (1839–1936) forderte 1870 die Errichtung von Realgymnasien für Mädchen und die Zulassung der Frauen zum Hochschulstudium. Sie gründete 1902 den Bund österreichischer Frauenvereine (1914: 90 Vereine), dessen Vorsitz sie bis 1918 führte. Sie war die Mutter von Michael Hainisch (1858–1940), österr. Sozial- und Wirtschaftspolitiker, erster Bundespräsident der Republik Österreich (1920–1928).

27 Mitteilungen des Verbands der Akademikerinnen Österreichs **66**, Sondernummer 3A (1997).

28 Almanach Akad. Wiss. Wien **83**, 295 (1933).

29 Herta Leng, Adsorptionsversuche an Gläsern und Filtersubstanzen nach der Methode der radioaktiven Indikatoren, Sitzungsber. Akad. Wiss. Wien IIa **136**, 19 (1927); MIR 195.

30 Elizabeth Rona, Laboratory contamination in the early period of radiation research, Health Physics **37**, 723 (1979).

31 Stefan Meyer und Egon Schweidler, Radioaktivität, Verlag B. G. Teubner, Leipzig und Berlin 1927, S. 262.

32 Die Tatsache, dass Blau – im Gegensatz zu Meyers Darstellung – diese Schäden an der rechten Hand hatte, legt nebst anderen Hinweisen den Schluss nahe, dass sie linkshändig war; sie schrieb allerdings mit der rechten Hand.

33 Stefan Meyer, Nachruf auf Otto Hönigschmid, Anz. Akad. Wiss. Wien **82**, 23 (1945).

34 Hertha Wambacher, Curriculum vitae, Sondersammlung Zentralbibl. Phys.

35 Hertha Wambacher, Untersuchung der photographischen Wirkung radioaktiver Strahlungen auf mit Chromsäure und Pinakryptolgelb vorbehandelten Filme und Platten, Sitzungsber. Akad. Wiss. Wien IIa **140**, 271 (1931); MIR 274.

36 Autobiographische Skizze Marietta Blaus (übermittelt von Leopold Halpern, dem sie Marietta Blaus Bruder Otto Blau 1977 gesandt hatte), Sondersammlung Zentralbibl. Phys.

37 Ansichtskarte von Marietta Blau und Herta Leng an Stefan Meyer, Grimmenstein, 29. Januar 1929, Archiv Radiumforschung, Archiv ÖAW.

38 Herta Leng, Zur Frage der photographischen Wirksamkeit sonnenbestrahlter Metalle, MIR 262a (1930).
39 Brief von Marietta Blau an Stefan Meyer, Göttingen, 8. Februar 1933, Archiv Radiumforschung, Archiv ÖAW.
40 Brief von Marietta Blau an Stefan Meyer, Paris, 10. Juni 1933, Archiv Radiumforschung, Archiv ÖAW.
41 Karl Przibram war damals stellvertretender Direktor des Wiener Radiuminstituts.
42 Elvira Steppan, Das Problem der Zertrümmerung von Aluminium behandelt mit der photographischen Methode, Sitzungsber. Akad. Wiss. Wien IIa **144**, 455 (1935); MIR 370.
43 Stefanie Zila, Beiträge zum Ausbau der photographischen Methode für Untersuchungen mit Protonenstrahlen, Sitzungsber. Akad. Wiss. Wien IIa **145**, 503 (1936); MIR 386.
44 Hanne Lauda, Über das Abklingen des latenten Bildes auf der photographischen Platte, Sitzungsber. Akad. Wiss. Wien IIa **145**, 1 (1936); MIR 390.
45 Johanna Riedl, Über die Gruppenstruktur der Rückstoßprotonen von α-Teilchen, Sitzungsber. Akad. Wiss. Wien IIa **147**, 181 (1938); MIR 416.
46 Otto Merhaut, Das Problem der Resonanzeindringung von α-Teilchen in den Aluminiumkern, behandelt mit der photographischen Methode, Dissertation Universität Wien (1938).
47 Almanach Akad. Wiss. Wien **87**, 351 (1937).
48 Brief von Marietta Blau an Stefan Meyer, Innsbruck, 22. August 1937, Archiv Radiumforschung, Archiv ÖAW.
49 Archiv zur Geschichte der Max-Planck-Gesellschaft, Boltzmannstraße 14, D–14195 Berlin-Dahlem, III. Abt., Rep. 45 (Nachlass Friedrich Adolf Paneth), Mappe Nr. 17.
50 Klaus Fischer, Die Emigration deutschsprachiger Physiker 1933: Strukturen und Wirkungen, in: Die Emigration der Wissenschaften nach 1933, Herbert A. Strauss u. a. (Hrsg.), Disziplingeschichtliche Studien, K. G. Saur, München usw. 1991, S. 25.
51 Brief von William Edward Zeuch an Albert Einstein, Tlalpam, D. F., Mexico, 9. Februar 1938, Albert-Einstein-Archiv, Jerusalem, Mat. Nr. 52601.
52 Brief von Albert Einstein an William Edward Zeuch, Princeton, 14. Februar 1938, Albert-Einstein-Archiv, Jerusalem, Mat. Nr. 52602.
53 Brief von Albert Einstein an Gustav Bucky, Princeton, 14. Februar 1938, Albert-Einstein-Archiv, Jerusalem, Mat. Nr. 52602.1.

54 Esperanza Verduzco Ríos, La ESIME, Un refugio en México para Marietta Blau, Investigación hoy **95**, 50 (2000).
55 Brief von Franziska Loewe (Österr. Botschaft Mexiko) an Robert Rosner, Mexiko-Stadt, 18. August 2000.
56 Brief von Stefan Meyer an Fritz Paneth, Wien, 1. November 1938, Archiv Radiumforschung, Archiv ÖAW.
57 Brief von Marietta Blau an Stefan Meyer, New York, 5. Dezember 1947, Archiv Radiumforschung, Archiv ÖAW.
58 Brief von Elizabeth Dresel an Albert Einstein, Mexico D. F., 11. September 1939, Albert-Einstein-Archiv, Jerusalem, Mat. Nr. 52609.
59 Brief von Ing. Theo Schwarz an Albert Einstein, Durango, Mexiko, 31. Juli 1939, Albert-Einstein-Archiv, Jerusalem, Mat. Nr. 52607.
60 Brief von Marietta Blau an Albert Einstein, Mexico D. F., 16. Juni 1941, Albert-Einstein-Archiv, Jerusalem, Mat. Nr. 52635.
61 Brief von Marietta Blau an Stefan Meyer, New York, 9. Dezember 1946, Archiv Radiumforschung, Archiv ÖAW.
62 Egon E. Kisch, Läuse auf dem Markt, Aufbauverlag, Berlin 1985, S. 182.
63 Austria Libre, März 1943.
64 Austria Libre, Mai 1944.
65 Mitteilung (telefonisch) von Eva Connors (Nichte Marietta Blaus) an Brigitte Strohmaier, 16. August 2000.
66 Marietta Blau selber erzählte, ihre Mutter sei nach dem Verzehr von Tortillas an Lebensmittelvergiftung gestorben; Mitteilung von Gerda Petkov an Brigitte Strohmaier, 20. Februar 2001.
67 Karl Przibram, Stefan Meyer (Nachruf), Almanach Österr. Akad. Wiss. **100**, 340 (1950).
68 Archiv der Republik: Personalakt Dr. Georg Stetter, Österr. Staatsarchiv, Nottendorfergasse 2, A–1030 Wien.
69 Archiv der Republik: Personalakt Dr. Gustav Ortner, Österr. Staatsarchiv, Nottendorfergasse 2, A–1030 Wien.
70 Archiv der Republik: Personalakt Dr. Hertha Wambacher, Österr. Staatsarchiv, Nottendorfergasse 2, A–1030 Wien.
71 Hertha Wambacher, Kernzertrümmerung durch Höhenstrahlung in der photographischen Emulsion, Sitzungsber. Akad. Wiss. Wien IIa **149**, 157 (1940); MIR 435.
72 Hertha Wambacher, Über ein sicher identifiziertes Teilchen aus einer Höhenstrahlzertrümmerung, Sitzungsber. Akad. Wiss. Wien IIa **154**, 66 (1945).
73 Georg Stetter und Hertha Wambacher, Neuere Ergebnisse von Untersu-

chungen über die Mehrfachzertrümmerung von Atomkernen durch Höhenstrahlen, Phys. Z. **40**, 702 (1939).

74 Georg Stetter und Hertha Wambacher, Versuche zur Absorption der Höhenstrahlung nach der photographischen Methode I: Zertrümmerungssterne unter Blei-Absorption, Sitzungsber. Akad. Wiss. Wien IIa **152**, 1 (1944).

75 Hertha Wambacher und Anton Widhalm, Über die kurzen Bahnspuren in photographischen Schichten, Sitzungsber. Akad. Wiss. Wien IIa **152**, 173 (1944).

76 Hertha Wambacher, Mehrfachzertrümmerung durch kosmische Strahlung; Ergebnisse aus 154 Zertrümmerungssternen in photographischen Platten, Phys. Z. **39**, 883 (1938).

77 Personalakt Hertha Wambacher, Archiv der Universität Wien, Postgasse 9, A–1010 Wien.

78 Brief von Marietta Blau an Stefan Meyer, Janesville, 1. September 1947, Archiv Radiumforschung, Archiv ÖAW.

79 Brief von Marietta Blau an Hans Thirring, New York, 26. Juli 1948, Archiv Radiumforschung, Archiv ÖAW.

80 Peter Havas, 1916 in Budapest geboren, hatte an der Technischen Hochschule in Wien und ab 1938 an der Columbia University Theoretische Physik studiert. 1946–1965 war er an der Lehigh University in Bethlehem, Pennsylvania, tätig. Aus: „American Men & Women of Science: Physical and Biological Sciences", Jaques Cattell Press (Ed.), R. R. Bowker Company, New York 1986.

81 Schreiben Erwin Schrödingers an das Nobelkomitee, Dublin, 8. Januar 1950, Nobel Archive at the Center for History of Science, Royal Swedish Academy of Sciences.

82 Web Site of The Nobel Foundation, http://www.nobel.se/laureate.

83 C. F. Powell und G. P. S. Occhialini, Nuclear Physics in Photographs, Oxford University Press, Oxford 1947.

84 Mitteilung (telefonisch) von Margarethe Heinrich an Brigitte Strohmaier, 29. März 2000.

85 Mitteilung (telefonisch) von Anny Schlemko-Frantz an Brigitte Strohmaier, 26. Februar 1998.

86 Georg Stetter unter: Personal- und Hochschulnachrichten, Österr. Chemiker-Zeitung **51**, 234 (1950).

87 Georg Stetter und Hans Thirring, Hertha Wambacher †, Acta Phys. Austriaca **4**, 318 (1951).

88 Georg Wagner, In Memoriam Hertha Wambacher, Natur und Technik **4**, 142 (1950).

89 Georg Wagner (1910–1977) war 1950 tit. a. o. Univ. Prof. für Analytische Chemie an der Technischen Hochschule in Wien.

90 Gustav Ortner, Dr. H. Wambacher (Obituary), Nature **166**, 135 (1950).

91 Brief von Stefan Meyer an Marietta Blau, Bad Ischl, 27. Juli 1947, Kommission ÖAW.

92 Eduard Haschek, geb. 1875, Wien, gest. 1947, Klosterneuburg, ab 1893 Studium der Physik an der Universität Wien, Dissertation bei F. Exner, 1897 Dr. phil., 1919 ao. Prof., 1931 o. Prof. für Physik an der Universität Wien, 1934 Liebenpreis für Forschungen auf dem Gebiet der Farbenlehre.

93 Brief von Marietta Blau an Berta Karlik, Bristol, 13. Januar 1953, Kommission ÖAW.

94 Brief von Hans Thirring an das Nobelkomitee für Physik in Stockholm, 29. Januar 1955, Sondersammlung Zentralbibl. Phys.

95 Brief von Erwin Schrödinger an Max Born, 24. Oktober 1960, in: W. Moore, „Schrödinger – Life and Thought", Cambridge University Press, Cambridge, New York, Port Chester, Melbourne, Sidney 1989, S. 479.

96 Brief von Marietta Blau an Berta Karlik, Wembley, Middlesex, 26. September 1955 (Abschrift), Sondersammlung Zentralbibl. Phys.

97 Brief von Marietta Blau an Berta Karlik, Miami, 24. März 1956, Kommission ÖAW.

98 Brief von Eva Connors an Brigitte Strohmaier, 19. September 2000.

99 Mitteilung von Hannelore Sexl an Brigitte Strohmaier, 27. März 2000.

100 Brief von Marietta Blau an Berta Karlik, Coral Gables, vermutlich Herbst 1956 (Abschrift), Sondersammlung Zentralbibl. Phys.

101 Brief von Marietta Blau an Berta Karlik, Coral Gables, 16. September 1957 (Abschrift), Sondersammlung Zentralbibl. Phys.

102 Bestand Akademieleitung Nr. 363, Arbeitsgruppe Berliner Akademiegeschichte, Berlin-Brandenburgische Akademie der Wissenschaften, Jägerstraße 22/23, D–10117 Berlin.

103 Brief von Marietta Blau an Berta Karlik, Coral Gables, vermutlich gegen Ende 1959 (Abschrift), Sondersammlung Zentralbibl. Phys.

104 Blau kam auf Vermittlung der Wiener Stadträtin Maria Jacobi zu dieser Wohnung; das Haus, in dem sie sich befand, gehörte dem Wiener Verein.

105 Mitteilung von Hannelore Sexl an Reinhard Schlögl, 24. Februar 1999.

106 Brief von Marietta Blau an Arnold Perlmutter, Wien, 8. August 1960, Privatbesitz Arnold Perlmutter.

107 Schreiben von K. Przibram, L. Flamm, F. Machatschki, H. Novotny [sic], F. Regler, E. Schmidt [sic], F. Wessely an die mathematisch-naturwissenschaftliche Klasse der Österr. Akademie der Wissenschaften, Wien, 18. März 1961, Archiv ÖAW.

108 Schreiben von Richard Meister und Fritz Knoll an das Bundesministerium für Unterricht, Wien, 28. April 1961, Archiv ÖAW.

109 Almanach Österr. Akad. Wiss. **112**, 242 (1962).

110 Protokoll der Wahlsitzung der Gesamtakademie am 30. Mai 1961, Archiv ÖAW.

111 Hugo Zwins, Gerhard Czapek, Helmut Romatnik und Gottfried Kellner.

112 Gerda Haider, Untersuchung der Wechselwirkungen von 10 GeV/c μ^--Mesonen in Emulsionen, Dissertation Universität Wien (1964).

113 Brief von Marietta Blau an Arnold Perlmutter, Wien, 1. November 1963, Privatbesitz Arnold Perlmutter.

114 Mitteilung von Peter Hille an Brigitte Strohmaier, 13. November 1999.

115 Mitteilung (telefonisch) von Hannelore Sexl an Brigitte Strohmaier, 26. Januar 2000.

116 Mitteilung von Wolfgang Breunlich an Brigitte Strohmaier, 17. Februar 2000.

117 Brief von Marietta Blau an Leopold Halpern, Wien, 28. April 1964 (Kopie), Sondersammlung Zentralbibl. Phys.

118 Mitteilung von Waltraut Vonach geb. Patzak an Brigitte Strohmaier, 9. November 1999.

119 Mitteilung von Heinz Felber an Brigitte Strohmaier, 13. Dezember 1999.

120 Mitteilung (telefonisch) von Anna Saulich an Brigitte Strohmaier, 22. Dezember 1999.

121 Mitteilung von Gerda Petkov an Reinhard Schlögl, 10. Februar 1999.

122 Brief von Marietta Blau an Arnold Perlmutter, Wien, 10. November 1964, Privatbesitz Arnold Perlmutter.

123 Krankengeschichte Marietta Blau (1966–1970), Krankenhaus Lainz, Wien.

124 Amtsblatt der Stadt Wien, Nr. 40, 20. Mai 1967, S. 14.

125 Brief von Otto Blau an Leopold Halpern, Gentilino bei Lugano, 22. Januar 1977 (Kopie), Sondersammlung Zentralbibl. Phys.

126 Brief von Berta Karlik an das Professorenkollegium der philosophischen Fakultät der Univ. Wien, 2. Dezember 1968, Archiv der Universität Wien, Postgasse 9, A–1010 Wien.

127 Brief von Rudolf Hanslik an Marietta Blau, 11. März 1968, Archiv der Universität Wien, Postgasse 9, A–1010 Wien.

128 Brief von Marietta Blau an Rudolf Hanslik, 16. März 1968, Archiv der Universität Wien, Postgasse 9, A–1010 Wien.
129 Brief von Marietta Blau an Rudolf Hanslik, 16. Juli 1968, Archiv der Universität Wien, Postgasse 9, A–1010 Wien.
130 Parte Marietta Blaus, Sondersammlung Zentralbibl. Phys.
131 Berta Karlik, Bericht aus dem Institut für Radiumforschung und Kernphysik, Almanach Österr. Akad. Wiss. **120**, 200 (1970).
132 Mitteilung von Margarete Meschkan (Maturajahrgang 1928, Rahlgasse) an Brigitte Strohmaier, 28. Februar 2000.
133 Stiftungsbrief Institut für Radiumforschung, Almanach Kaiserl. Akad. Wiss. **61**, 212 (1911).
134 Berta Karlik, 1938–1950, Sitzungsber. Österr. Akad. Wiss. IIa **159**, 35 (1950).
135 Robert Rosner, Der Ignaz-Lieben-Preis, Chemie **4**, 30 (1997).
136 Rudolf Steinmaurer, Erinnerungen an V. F. Hess, den Entdecker der kosmischen Strahlung, und an die ersten Jahre des Betriebes des Hafelekar-Labors, in: „Early History of Cosmic Ray Studies“, Y. Sekido und H. Elliot (Eds.), D. Reidel, Dordrecht, Boston, London 1985, S. 28.
137 Christian Kloyber, Einige Anmerkungen zum Exil österreichischer Intellektueller in Mexiko 1938 bis 1945, in: Vertriebene Vernunft, F. Stadler (Hrsg.), Verlag für Jugend und Volk, Wien und München 1987, S. 1010.
138 Mitteilung von Pierre Radvanyi an Brigitte Strohmaier, 21. Januar 2000.
139 Protokoll vid Kungl. Vetenskapsakademiens sammankomster för behandling av ärenden rörande Nobelstiftelsen, år 1950, Gutachten vom 1. Juli 1950, Nobel Archive at the Center for History of Science, Royal Swedish Academy of Sciences.
140 Axel E. Lindh (1888–1960), 1932–1937 Professor der Physik am Chalmers Tekn. Institut in Göteborg, 1937–1954 Professor und Direktor des Physikalischen Instituts der Universität Uppsala, 1935–1954 Mitglied des Nobelpreiskomitees für Physik, 1941–1945 Leiter des schwedischen Nationalkomitees für Physik, Militärfysiska Inst., 1942–1947 Vorsitzender der schwedischen Physikergesellschaft.
141 Eduard G. Steinke (1899–1963), 1937–1945 Professor der Physik in Freiburg, 1950–1956 an der Universität in Santa Fe, Argentinien, 1956 Rückkehr nach Deutschland, 1957–1959 an der Universität Stuttgart, 1960 Kernforschungszentrum Karlsruhe.
142 Brief von Marietta Blau an ihre Nichte Eva Blau, Bath, Januar 1953, Privatbesitz Eva Connors-Blau.
143 Pschyrembel, Klinisches Wörterbuch, 256. Auflage, Walter de Gruyter, Berlin, New York 1989, S. 80.

Persönliche Erinnerungen an Marietta Blau

Begegnungen mit Marietta Blau in Wien 1936–1938 und nach 1960

Hanne Ellis-Lauda, Wien[1]

Ich bin Marietta Blau begegnet, als ich einen Platz für eine Dissertation gesucht habe. Ich wurde ihr durch eine gemeinsame Freundin empfohlen, das war im 5. oder im 7. Semester. Ich habe dann bei ihr dissertiert, auf dem Gebiet der photographischen Methode; das war ja ihr Arbeitsgebiet. Sie war wenig gesprächig, hat sich aber, wenn man sie gefragt hat, um einen gekümmert. Sie hat vorgeschlagen, welche Faktoren ich berücksichtigen soll, und das führte ich dann aus. Meine Arbeit hat sich etwas länger gezogen, weil z. B. im Sommer die Platten, die die ganze Zeit im Vakuum sein sollten, durch die Wetterverhältnisse Luft bekommen haben. Dann habe ich das Ganze wiederholen müssen. Sonst hätte ich alles relativ rasch fertig gemacht.

Im Jahr 1938 konnte Blau nicht mehr weiterarbeiten. Hertha Wambacher war nationalsozialistisch sehr engagiert. Sie hat wohl von der Marietta sehr viel gelernt, mochte sie aber nicht.

Marietta Blau war einerseits sehr selbstbewusst und andererseits sehr schüchtern, sie war ein kleines schüchternes Persönchen, nicht gesprächig. Mit Elisabeth Rona war sie ganz gut und mit Berta Karlik war sie befreundet, obwohl sie ja arbeitsmäßig mit ihr wenig zu tun hatte.

Ich hatte nach dem Krieg ein Stipendium für einen Aufenthalt in Kanada und konnte alle Universitäten besuchen, an denen auf diesem Gebiet gearbeitet wurde. Bei der Gelegenheit besuchte ich Marietta in New York. Wir hatten einander recht gern, obwohl man das nicht Freundschaft nennen konnte, auch wegen des Altersunterschieds. Als ich dort war, gab es eine Tagung der American Physical Society und sie empfahl mir hinzugehen, auch um dort interessante Leute zu treffen. Alle damals bekannten Physiker waren dort.

Sie meldete sich auch, als sie nach Wien zurückkam. Ich habe mich dann ein bisschen um sie gekümmert. Ich war ja außer Professor Karlik die Letzte aus dem Kreis vor dem Krieg, die in Wien lebte. Berta Karlik hatte viel zu tun und hat sich nicht sehr um sie gekümmert, aber ich konnte das neben der Schule.

Ich bin öfters mit ihr zusammengekommen; sie war sehr vereinsamt und ich habe sie gelegentlich zum Abendessen eingeladen. Mein Sohn war noch klein und ich erinnere mich an die Kinderbücher, die sie ihm mitgebracht hat. Ich habe sie auch auf Ausflüge gemeinsam mit meinem Sohn mitgenommen; ich erinnere mich z. B., dass wir in Heiligenkreuz waren. Sie hatte ja keinen Wagen und war gerne im Grünen. Sie war sehr verschlossen in persönlichen Dingen, sicher allen Leuten gegenüber.

Als sie nicht mehr ausgehen konnte, habe ich sie häufig besucht. Als ich das letzte Mal bei ihr war, war sie nach meinem Empfinden schon im Sterben. Da hatten ihr Bruder und ich das Gefühl, dass man sie nicht mehr stören dürfe.

Bekanntschaft mit Marietta Blau in Mexiko 1943

Pierre Radvanyi, emeritierter Forschungsdirektor am CNRS, Orsay, Frankreich[2]

Marietta Blau begegnete ich in Mexiko im ersten Trimester 1943. Das Schuljahr beginnt dort im Februar und endet Anfang November. Ich war in der letzten Klasse des französischen Lyzeums Mexikos in der Abteilung für elementare Mathematik als einziger Schüler, der in dieser Abteilung eingeschrieben war. Ich verschaffte mir die erforderlichen Bücher, aber es gab im Lyzeum keinen Professor, der diesen Unterricht in Physik und Chemie hätte erteilen können. Im Kreis der Emigranten, die – wie wir – gezwungenermaßen Europa verlassen hatten, fand meine Mutter Marietta Blau, die vom Radiuminstitut in Wien gekommen war, und fragte sie, ob sie bereit wäre, mir einige Lektionen und Erklärungen in diesen Fächern zu geben. Blau nahm an und auf diese Weise machte ich ihre Bekanntschaft.

Ich besuchte sie in jenem Jahr regelmäßig. Marietta Blau war von kleinem Wuchs; ihre schwarzen Haare waren zu einem Nackenknoten aufgesteckt und ihre strahlenden schwarzen Augen sprühten vor Intelligenz. Sie war im Allgemeinen dunkel gekleidet. Sie wohnte in einem Obergeschoß eines großen Hauses zusammen mit ihrer Mutter, einer alten Dame, klein wie sie selber, liebenswürdig und zurückhaltend. Die Gespräche wurden auf Deutsch und Französisch geführt …

Das zweite Mal, als ich sie besuchte, zeigte mir Marietta Blau ein Elektroskop und erklärte mir die Funktionsweise, indem sie ein Stück eines natürlich radioaktiven Gesteins verwendete. Sie sagte mir: „Manche chemischen Elemente sind wie lebendige Wesen: sie entstehen und vergehen." Das machte mir einen großen Eindruck und blieb mir in Erinnerung.

Während unserer Besuche bat ich sie, mir die Fragen zu erklären, die ich nicht verstanden hatte, und sie befragte mich über die Kapitel meiner Bücher, die ich gelesen hatte. So gingen wir die Mechanik, Optik, Elektrizität und Magnetismus, Wellenphänomene und einige Prinzipien der organischen Chemie durch. Ich erhielt mein Baccalaureat Ende 1943 mit der Beurteilung „sehr gut".

Marietta Blau war in Mexiko einsam. Sie sprach immer mit großer Zuneigung von den Radiuminstituten in Wien und Paris. Es war für sie schwierig, in Mexiko einen geeigneten Platz zur Durchführung wissenschaftlicher Arbeiten zu finden. Schließlich ergab sich eine Verbindung zur Gruppe von Sandoval-Vallarta, aber das war keine richtige Anstellung.

Ich sah sie noch einmal im folgenden Jahr in einem Laboratorium der Höhenstrahlungsgruppe von M. Sandoval-Vallarta, als sie am polytechnischen Nationalinstitut Mexikos arbeitete. Mit der Hilfe von ein oder zwei Studenten setzte sie Geigerzähler instand.

Nach dem Krieg kam ich wieder nach Frankreich, um mit einem Stipendium in Paris zu studieren.

Zusammenarbeit mit Marietta Blau an der Columbia University 1949

Martin M. Block, Northwestern University, Evanston, Illinois, USA[3]

In den späten Vierzigerjahren arbeitete ich zusammen mit Marietta Blau an der Columbia University. Ich war Doktoratsstudent und sie war die Professorin, die das Forschungsprojekt leitete. Als Doktoratsstudent war ich verantwortlich für die Abteilung der Kernemulsionen. Natürlich wusste niemand von uns etwas über Kernemulsionen. Es war Blau, die uns in die Techniken der Entwicklung und Auswertung etc. einführte. In dieser Hinsicht war sie unentbehrlich. Wir bauten das Nevis-Zyklotron auf (damals bauten Dissertanten wirklich die Geräte, testeten sie usw., da wir keine Techniker oder „Post docs" hatten) und exponierten einige Kernemulsionen in Ballons. Wir fanden ein seltsames Ereignis, über das wir 1949 in einer Publikation berichteten. Über Blaus Arbeit in Brookhaven kann ich nicht viel sagen. Ich weiß allerdings, dass sie an der Columbia University eher schäbig behandelt wurde, aber wer wurde das nicht zu jener Zeit.

Erst in letzter Zeit arbeitete ich wieder auf dem Gebiet der kosmischen Strahlung. Eine neue Arbeit ist in Physical Review Letters am 13. Dezember 1999 erschienen.

Meine Kontakte mit Marietta Blau an der Columbia University 1950

Seymour J. Lindenbaum, Brookhaven National Laboratory, Upton, New York, USA[4]

Nach dem Krieg war ich ganztägig am Nevis-Zyklotronlaboratorium der Columbia University angestellt (1946–1951) und arbeitete gleichzeitig an meiner Physikdissertation. Anfänglich assistierte ich Professor Rainwater, der unter Professor Booth, dem Direktor, als Vizedirektor fungierte, bei der Entwicklung des Radiofrequenzsystems für die Planung und Konstruktion des Nevis-Zyklotrons mit etwa 400 MeV. Allerdings wurden meine Pflichten innerhalb dieser kleinen Gruppe von Wissenschaftlern erweitert und umfassten bald die meisten Aspekte des Zyklotronprojekts, darunter Planungselemente des zukünftigen Forschungsprogramms. Marietta Blau wurde als leitende Mitarbeiterin angestellt, um ein Emulsionsprogramm für das Zyklotron vorzubereiten, da ihre hervorragende Pionierleistung in der Emulsionstechnik und deren Anwendung auf das Studium von nuklearen „Sternen" bekannt war.

Ich wurde aufgefordert, mich mit ihrem Programm zu beschäftigen und mitzuhelfen, wo ich konnte. Obwohl meine Erwartungen in Anbetracht ihres Rufes als überragende Pionierin sehr hoch waren, war ich überrascht, wie unglaublich gut Marietta in allen Aspekten der Emulsionstechniken versiert war. Sie baute ein vollständiges Emulsionslaboratorium auf mit Scannern, die sie selbst einschulte. Ich wurde von Marietta in der Emulsionstechnik auf einem sehr hohen Niveau eingeschult, das für mich allein durch Lesen der Literatur unerreichbar gewesen wäre.

Es war für sie ganz klar, dass die große Zahl an Daten, die ein FM(frequenz-moduliertes)-Zyklotron in einem langen Forschungsprogramm erzeugen würde, durch Scannen von Hand nicht zu bewältigen sein würde, und sie meinte, dass möglichst viel Automatisierung für das Scan- und Analysierprogramm vorgesehen werden sollte; dies würde auch die tendenziöse Auswertung verhindern, die beim Scannen von Hand passieren könnte. Ich stimmte mit ihr völlig überein, und da ich annahm, dass das erste Experiment am Nevis-Zyklotron am raschesten mit Emulsionen durchgeführt werden würde, überlegte ich mir als Thema für meine Dissertation die Lösung einer der Fragen dieser Zeit, nämlich, welcher Prozess oder welche Prozesse zu „Sternen" kosmischer Strahlung führten.

Daher begann ich umfassend mit Marietta und einem Techniker namens R. Rudin zusammenzuarbeiten, und zwar an der Entwicklung einer halbautomatischen Anlage zur Analyse von Ereignissen in Kernemulsionen. Dieses Programm wurde erfolgreich fertig gestellt und publiziert.[B61, B64] Ich glaube, wenn sich der Schwerpunkt nicht so rasch auf die Blasenkammer und später auf die „elektronische Blasenkammer", an der ich dann auch Pionierarbeit leistete, verschoben hätte, wäre diese halbautomatische Anlage sehr wichtig geworden. Auf jeden Fall war sie die erste erfolgreich entwickelte Idee, die visuelle Beobachtung von Ereignissen zu automatisieren, und beeinflusste höchstwahrscheinlich nachfolgende Entwicklungen.

Marietta Blau war nicht nur eine hervorragende Forscherin, sondern auch eine warme, liebevolle Person, deren Gesellschaft ich und sämtliche Kollegen immer sehr genossen, und obwohl sie ein so stiller Mensch war, hat sie mich und andere Kollegen äußerst angespornt.

Ich arbeitete weiter an meiner Dissertation, dem ersten Nevis-Experiment, indem ich Emulsionen, die für Teilchen geringster Ionisation empfindlich waren, dem internen Strahl von Protonen mit 350–400 MeV aussetzte und zeigte, dass entgegen der damals weit verbreiteten Annahme, dass die statistische Theorie Fermis den Hauptmechanismus der Bildung nuklearer Sterne erklärte, vielmehr eine Kaskade individueller Nukleonen der Hauptfaktor in der Sternbildung war, und dass die einzige Rolle der Fermitheorie darin bestand, die thermodynamische Verdampfung zu beschreiben, die auf Grund der Umordnung der durch die nukleonische Kaskade im Fermi-See produzierten Löcher erfolgte.[5]

Dieses umfangreiche und wichtige Programm wurde in dem von Marietta Blau aufgebauten Laboratorium durchgeführt, auch wenn sie selber nicht daran teilnahm.

Erinnerungen an eine lange Zusammenarbeit, die 1956 begann

Arnold Perlmutter, University of Miami, Coral Gables, Florida, USA[6]

Ich war im Februar 1956 nach Coral Gables gekommen, um eine Stelle als Assistant Professor (Universitätsassistent) anzunehmen, und hatte mich zunächst weiter mit Themen der Festkörperphysik beschäftigt und die optischen Eigenschaften des Halbleiters GaAs untersucht. Soweit ich mich erinnern kann, kam Marietta Blau im Herbst 1956 als Associate Professor (a. o. Univ.-Prof.) nach Coral Gables.

Da ich kein gutes Gedächtnis für Details habe, kann ich nichts über mein erstes Treffen mit Blau sagen, aber ich erinnere mich, dass wir uns fast sofort sehr gut verstanden und ich ohne Zögern ihre Einladung annahm, mit ihr an der Hochenergieforschung mittels photographischer Emulsionen mitzuarbeiten. Sie gewann auch drei weitere Kollegen, darunter Claude F. Carter. Die anderen zwei sind nicht bei der Gruppe geblieben.

Es war nicht ein plötzlicher Einfall, dass ich ihre Einladung annahm, denn ich hatte bereits in den vorangegangenen Jahren – vor und nach meinem Doktorat auf dem Gebiet der Festkörperphysik – ernsthaft versucht, mich selbstständig, mit etwas Unterstützung durch einen früheren Lehrer an der New Yorker Universität, mit theoretischer Physik, insbesondere Kernphysik, zu beschäftigen. Bevor ich selber in dieser Richtung weiter kam, begeisterte mich die Idee, experimentelle Hochenergiephysik mit einer so angesehenen Lehrerin zu betreiben.

Marietta Blau war eine sehr kleine Person, vielleicht 158 cm groß, sehr zart, mit einem lieben freundlichen Ausdruck. Ihr Kopf war über dem Lenkrad ihres kleinen Wagens, eines Plymouth, kaum zu sehen. Sie war keine sehr gute Fahrerin, aber trotzdem hat sie die Fahrt von New York nach Miami mehrmals gemacht, noch bevor es Autobahnen auf dieser Strecke gab. Der erste Eindruck von ihr war, sie wäre so zerbrechlich, dass sie ein Windstoß umwerfen könnte. Ich möchte sagen, dass sie recht gut aussah, aber dass sie sich in einer bescheidenen, sehr zurückhaltenden Art und Weise präsentierte. Sie sprach überlegt, langsam und leise und ihr Englisch war sehr gepflegt, wenn auch mit einem leichten Akzent. Sie war sehr gebildet und wusste viel über Kunst und Literatur. Wir besuchten gemeinsam Konzerte, besonders von durchreisenden Kammermusikensembles. Ich erinnere mich, dass wir einmal eine Aufführung von Verdis „Requiem“ hörten, die vom Miami-Symphonieorchester (damals „University of Miami Symphony“) gespielt wurde, und wir waren so tief beeindruckt, dass wir gemeinsam ein herzliches Anerkennungsschreiben an den Dirigenten John Bitter (ein Bruder des bekannten Fachmannes auf dem Gebiet des Hochfeldmagnetismus Francis Bitter) sandten. Es war das erste Mal, dass ich das „Requiem" hörte.

In Miami traf sie frühere Studenten und Kollegen aus Wien, darunter Fritz Koczy und Elizabeth Rona, die beide am Ozeanographischen Institut der Universität Miami arbeiteten. Koczy wurde später Leiter dieses Instituts und wir wurden enge Freunde bis zu seinem Tod, ich glaube in den Siebzigerjahren.

Mein ältester Sohn Bernard war drei Jahre alt, als wir nach Miami zogen, und Joseph wurde 1957 geboren, kurz nach Mariettas Ankunft. Sie wurde eine enge Freundin der Familie und überschüttete die Kinder und meine erste Frau mit Geschenken. Mein ältester Sohn erinnerte mich, dass sie ihm ein Indianerzelt schenkte, um draußen zu schlafen, als er sechs Jahre alt war. Wir besuchten einander sehr häufig. Sie lernte meine Eltern bei deren Besuchen in Miami kennen und verstand sich mit ihnen sehr gut. Als meine Mutter 1960 starb, kurz nachdem Marietta nach Wien zurückgekehrt war, war sie davon sehr betroffen.

Als wir das Laboratorium einrichteten, waren wir zuerst in sehr engen Räumlichkeiten im physikalischen Institut untergebracht, in Baracken, die während des Zweiten Weltkriegs zur Ausbildung von Luftwaffenpiloten dienten. Die Universität mietete dann für uns das Erdgeschoß eines alten Wohnhauses in Coral Gables, etwa zwei Meilen von den Hauptgebäuden des Campus entfernt. Wir hatten acht bis zehn Räume, in denen sich hauptsächlich Mikroskope zum Scannen befanden. In einem Raum war ein Gerätelager und natürlich gab es auch einen Aufenthaltsraum mit dem Kaffeekessel. In einem großen Raum wurde ein Vielfachstreumikroskop aufgestellt, mit einem massiven Objekttisch und einem großen Fundament. Unser Laboratorium musste wegen des massiven Betonfundaments für dieses Mikroskop im Erdgeschoß des Gebäudes eingerichtet werden. Ein Gewinn für uns war, dass wegen der Erfordernisse der Mikroskope und der Emulsionen alle Räume klimatisiert werden mussten (damals durch Kühlanlagen bei den Fenstern), in diesen Jahren noch ein ungewöhnlicher Luxus in Miami, wo man ein halbes Jahr unter den drückend heißen Temperaturen leiden muss.

Marietta Blau war eine sehr gute Lehrerin, sie hielt Vorlesungen über Elektromagnetismus und über Kernphysik für fortgeschrittene Studenten. Zu dieser Zeit konnte man an unserer Universität noch kein Doktorat erhalten, aber es gab einen Abschluss als „Master of Science". Ich glaube, dass sie wegen ihrer zarten Gestalt und als Frau nicht den Respekt erhalten hat, den sie verdiente. Sie musste mit dem Leiter der Physikabteilung wegen der Verwendung ihrer staatlichen Förderungsgelder streiten. Nachdem sie sich bei einem Kollegen, dem Theoretiker Behram Kursunoglu beschwert hatte, meinte dieser, dass der Leiter ein Idiot sei. Sie antwortete mit ihrer leisen traurigen Stimme „Und sonst ist er nichts?"

Ich kann mich nicht mehr im Einzelnen erinnern, wie ich das Handwerk mit Emulsionen lernte, aber ich weiß, dass Marietta Blau im Laboratorium sehr hilfreiche Anweisungen gab. Nach der Tradition von Cecil Powell stellten wir Hausfrauen und Studenten zum Scannen von Emulsionen ein und von etwas geschickteren Assistenten ließen wir Präzisionsmessungen durchführen. Marietta unterrichtete mich natürlich in der Theorie der Ionisationsmessungen, der Vielfachstreuung und den Beziehungen zwischen Reichweite und Energie. Alle Mitarbeiter haben selber gescannt, die Arbeit der Scanner überwacht und wenn notwendig Präzisionsmessungen durchgeführt.

Als die Blasenkammer, die Funkenkammer, die Streamerkammer und digitalisierte Kammern in den Sechziger- und Siebzigerjahren entwickelt wurden, nahm die Forschung mit Emulsionen an Bedeutung bei der Aufnahme statistisch signifikanter Daten ab. Einer der Gründe dafür ist, dass Blasenkammern und Funkenkammern aus Reinelementen wie Wasserstoff, Deuterium, Helium und anderen Substanzen gemacht werden konnten und dass die Messungen in einem Ausmaß automatisiert werden konnten, dass es möglich war, die Daten viel rascher und effizienter zu erhalten. Später haben Elektronik, Festkörperdetektoren und andere Einrichtungen die Effektivität der Detektoren noch weiter verbessert. Jedoch sind die Emulsionen nach wie vor wichtige Detektoren für besondere Fälle besonders dort, wo eine räumliche Auflösung und eine kontinuierliche Exposition benötigt werden.

Im April 1960 verließ Marietta Miami und fuhr per Bahn nach New York, von wo sie dann nach Wien reiste. Es war für meine Familie und für die Carters ein sehr emotioneller Abschied.

Ich will noch ein Thema erwähnen, das für Marietta Blau eine Quelle der Frustration gewesen sein muss, nämlich dass ihre Rolle bei der Entwicklung der photographischen Methode, die eine Grundlage für die Entdeckung des Pions bildete, von offizieller Seite nicht genügend Würdigung erhalten hatte. Sie war zu stolz, um mit mir über diese Enttäuschung offen zu sprechen. Vielleicht war es diese Enttäuschung, die bei ihr zu einer sehr kritischen Einstellung gegenüber C. F. Powell führte, der ja für seine Entdeckung des π-Mesons den Nobelpreis für Physik 1950 erhielt. Unrichtigerweise schrieb sie dann die Entdeckung des π^--Mesons Perkins zu und nannte Lattes, Occhialini und Powell nur als Entdecker des π^+-Mesons. Das ist auch aus ihrem Artikel in den Acta Physica Austriaca[B63] und ihrem Beitrag im Werk von Yuan und Wu[B78] zu ersehen. Was die Gruppe von Powell betrifft, schätzte Marietta Blau insbesondere Lattes, der ja der Koautor der entscheidenden Veröffentlichung mit Powell war; sie betrachtete ihn als „Wunderkind".

Nachdem Marietta Blau nach Wien zurückgekehrt war, forschte ich weiter über Probleme, die wir bei den von ihr geleiteten Untersuchungen behandelt hatten. Sie betrafen zunächst das Einwirken von K^--Mesonen auf Emulsionen. In Miami wertete ich Platten aus, die im Bevatron in Berkeley mit K^--Mesonen mit 800 MeV/c bestrahlt worden waren. In Triest (1961/62) arbeitete ich mit der Blasenkammergruppe zusammen, die Photographien des Antiprotonenstrahls beim CERN scannte. Mit Hilfe von drei Scannern fand ich zwei Zerfälle schwerer Hyperfragmente, die durch die Mesonen erzeugt worden waren. Hier führte ich auch Berechnungen der Antiproton-Proton-Wechselwirkungen durch, wobei sich recht gute Übereinstimmung mit den damals vorliegenden experimentellen Ergebnissen ergab.

Im Frühjahr 1962 fuhren meine Familie und ich von Triest, wo ich damals arbeitete, nach Wien, wo ich Marietta Blau in ihrer Wohnung besuchte. Sie war natürlich eine äußerst freundliche Gastgeberin, aber der Hauptzweck der Reise war, die Hyperonpublikation[B79] fertig zu stellen. Sie drückte ihre große Enttäuschung darüber aus, wie sie von den Mitarbeitern am Institut für Radiumforschung behandelt wurde und dass sie keine produktive Arbeit leisten konnte. Sie war offensichtlich gesundheitlich in keinem guten Zustand.

Ich trat dann einen Aufenthalt in Rehovoth, Israel, an (1962/63). Dort arbeitete ich am Weizmann-Institut mit einer Gruppe zusammen, die ebenfalls das Einwirken von K^--Mesonen auf Emulsionskerne untersuchte, insbesondere im Hinblick auf Erzeugung von $\Sigma^{\pm} + \pi^{\mp}$, sodass wir deren Ergebnisse und unsere von Miami zusammennehmen und zu einer genauen Analyse gelangen konnten. Dabei wurde ein Coulombeffekt auf die Energien der gebildeten Teilchen und auf die $\Lambda(1405)$-Resonanz festgestellt.

An die Universität Miami zurückgekehrt (1963), arbeitete ich an einer phänomenologischen Behandlung der Teilchenstreuung und wirkte später an Experimenten über das magnetische Moment des Σ^+-Hyperons mit (am Argonne National Laboratory, unter Einsatz von Funkenkammern) sowie über die Streuung polarisierter Protonen an Protonen (am Argonne National Laboratory und Brookhaven National Laboratory, unter Einsatz von Szintillationszählern). Ich habe hier meine Arbeiten nach 1960 erwähnt, um zu betonen, wieviel ich dem Einfluss und dem Vermächtnis Marietta Blaus für mein ganzes Leben verdanke. Sie hat mich in das Gebiet der Teilchenphysik eingeführt, und auch wenn ich zu meinen eigenen Leistungen eine kritische Einstellung habe, so bin ich ihr für immer dankbar, dass ich durch sie den Weg zur Mitwirkung an interessanten Experimenten und zu weltweiten Kooperationen und Freundschaften auf diesem aufregenden Gebiet gefunden habe.

Eindrücke von Marietta Blau in Miami 1960

Sylvan C. Bloch, emeritierter Professor an der University of South Florida, Tampa, Florida, USA[7]

Ich hatte das Privileg, einer von Professor Blaus Dissertanten zu sein, möglicherweise ihr letzter. Unter ihrer Führung erhielt ich den Grad eines „Master of Science", während ich an ihrem Forschungsprojekt an der Universität von Miami teilnahm, das vom Luftwaffenamt für wissenschaftliche Forschung finanziert wurde. Die Forschung beruhte auf der Verwendung von Kernemulsionen zum Studium fundamentaler Wechselwirkungen von Teilchen. Die Arbeit führte zu einer meiner ersten Veröffentlichungen, die gleichzeitig eine der letzten Publikationen Professor Blaus war.[B75] Ich war auch Hörer in Professor Blaus Vorlesung über Kernphysik. Sie war eine exzellente Lehrerin, sehr fordernd, und von den Studenten respektiert. Wie in ihrer Forschung hatte sie hohe Maßstäbe und erwartete das Beste von den Studenten.

Professor Blau war um nichts weniger fordernd gegenüber ihren Kollegen. Ich war eines Tages in ihrem Büro, als sie einen anderen Professor schalt und sagte „Sie wissen überhaupt nichts über Elementarteilchen!"

Bekanntschaft mit Marietta Blau in den USA und in Wien

Leopold Halpern, Florida State University, Tallahassee, Florida, USA[8]

Blau war eine Freundin von Herta Leng, der Professorin, bei der ich im Rahmen meines ersten Fulbright-Stipendiums gearbeitet habe. Leng war wie Marietta Blau eine österreichische Physikerin, die ohne Bezahlung im Radiuminstitut gearbeitet hatte (während sie ihr Leben als Mittelschullehrerin verdiente). Dann ist sie emigriert und hat in den USA eine Professur an einer Technischen Hochschule, dem Rensselaer Polytechnical Institute in Troy im Staate New York, erhalten. Dort schuf sie ein beachtliches

Schülerlabor und setzte auch ihre ausgezeichnete Forschungstätigkeit fort. Ich habe dort Marietta Blau im Jahre 1952 kennen gelernt. Blau wurde von Leng zu einem Vortrag nach Troy eingeladen. Nach dem Vortrag kamen wir privat zusammen. Blau arbeitete am Brookhaven National Laboratory. Als Blau sah, dass ich mich für Brookhaven interessierte, wo Ausländer nicht so leicht eine Besuchserlaubnis erhielten, lud sie mich dorthin zu Besuch ein. Das war nicht einfach. In Brookhaven war alles vertraulich oder geheim, es wurde sehr viel Kernforschung betrieben. Sie war sehr hilfsbereit. Mit dem Photomultiplier hat sie die ersten Scanningmaschinen zum automatischen Ausmessen der Teilchenbahnen entwickelt. Ihre Arbeit an der Columbia University und in Brookhaven war sehr fruchtbar und nutzbringend, aber sie fühlte sich dort recht isoliert und war besorgt um ihr Augenlicht, das nach ihrer langjährigen Tätigkeit mit Radioaktivität vom grauen Star bedroht war. So habe ich sie näher kennen gelernt und nahm stets Anteil an ihrem Schicksal, wo immer ich sie später auch getroffen habe. Sie erzählte, dass sie sich wegen ihres Stars einer Operation unterziehen müsse, aber, da sie in den USA nur eine Pension von $ 200 pro Monat bekam, sich das nicht leisten könne. Ihre Pension war so niedrig, weil sie nicht lang in den USA gearbeitet hatte, wenn auch mit viel Erfolg.

In der Folge sah ich sie Jahr für Jahr. Ich hätte mich mit ihr nicht so intensiv wissenschaftshistorisch beschäftigt, wenn ich nicht bemerkt hätte, dass bisher viel in der Öffentlichkeit unterschlagen und verfälscht dargestellt wurde.

Ich habe sie in Wien 1962 gesehen und dann in den folgenden Jahren, wenn ich nach Wien zu Besuch kam. Ich habe sie immer wieder in ihrer Wohnung besucht. Es gab stundenlange Gespräche. Sie hat mir sehr viel über ihre Erfahrungen erzählt und über ihre Laufbahn.

Sie erhielt $ 200 Pension und durfte noch $ 100 steuerfrei dazuverdienen. Das wollte sie erreichen. Sie wusste nicht, wohin sie sich wenden sollte. Ich war damals in Kopenhagen und kam gelegentlich nach Wien und besuchte sie. Da erzählte sie mir von ihrem Problem. Sie dachte daran, entweder als Redakteurin einer wissenschaftlichen Zeitschrift oder durch Mitarbeit an CERN-Publikationen $ 100 dazuzuverdienen. Ich sah mich gründlich um, das ging über den Administrationsdirektor in Kopenhagen, Herrn Rozental, und auch über den österreichischen Physiker Viktor Weisskopf beim CERN. Es wurde erstaunlicherweise vom CERN abgelehnt. Es haben sich die bedeutendsten Leute für sie eingesetzt, darunter Otto Frisch, der Neffe der Lise Meitner. Er hat es auch nicht zuwege gebracht, er bekam nur ein einmaliges Stipendium für Marietta Blau.

Marietta Blau und die Wiener „Plattengruppe"

Brigitte Buschbeck, Institut für Hochenergiephysik der Österreichischen Akademie der Wissenschaften, Wien[9]

Nach Beendigung meines Studiums 1959 fragte mich der eben nach Wien berufene Professor Walter Thirring, ob ich eine kleine Hochenergiephysikgruppe in Wien übernehmen könnte. Ich habe damals von Hochenergiephysik keine Ahnung gehabt und Professor Thirring schickte mich bald nach Bern und dann nach Genf zum CERN, auf ein Jahr. Als ich zurückkam, übernahm ich diese Gruppe, bestehend aus vier Studenten und vier Scannerinnen für die Auswertung von Photoplatten unter dem Mikroskop und dann für die händische Auswertung der Bilder von Blasenkammern, die am CERN erzeugt wurden.

Da ich selbst nach einem Jahr CERN eigentlich noch zu wenig Ahnung hatte, um vier Dissertationen für junge Studenten aus dem Boden zu stampfen, hat Professor Thirring die Gelegenheit wahrgenommen, Frau Professor Blau, die damals nach der Pensionierung zurückgekommen war, zu bitten, uns beizustehen. Sie kam herein – da erinnere ich mich genau –, eine kleine, liebe, bescheidene alte Dame, eher scheu, und als sie uns sah und sah, wie wir arbeiteten, schlug sie die Hände über dem Kopf zusammen und sagte, so könne man nicht arbeiten, wir wären nicht genügend ausgerüstet. Wir waren aber sehr stolz, denn wir waren im Aufbau. Es war für mich eine kalte Dusche, dass wir gar nicht fähig sein sollten, eine Dissertation zu machen. Damals sagte ich ihr: „Was soll ich machen, ich bin da hereingestellt und ich muss es tun.“ Darauf reagierte sie sehr lieb, aber für mich war sie nicht leicht zugänglich, weil ich eben die Kritik gespürt habe: „Was wollt ihr hier, es sind zu wenig Geräte da.“ Sie kam ja aus Amerika. Ich war damals noch sehr jung und verunsichert durch die sehr kritische Haltung unserer Gruppe gegenüber.

Dann betreute Professor Blau eine fünfte Studentin, Gerda Haider, spätere Petkov, und hat mit ihr eine wunderschöne Dissertation hingestellt, mit einem Spezialmikroskop, das wir angeschafft haben, das vielleicht nicht optimal war, aber ein guter Anfang. Frau Professor Blau bekam im Radiuminstitut ein kleines Kammerl, wo sie gemeinsam mit Gerda Haider arbeitete. Sie war dann von uns getrennt und hat sich ganz dieser einen Dissertation gewidmet. Am Ende gab es dann einen sehr interessanten Vortrag von Dr. Haider unter der Schirmherrschaft von Frau Professor Blau.

Im wissenschaftlichen Gespräch mit Marietta Blau

Herbert Pietschmann, Institut für Theoretische Physik
der Universität Wien[10]

Anfang der sechziger Jahre war ich – gerade vom CERN zurückgekehrt – als „Haustheoretiker“ der von Walter Thirring eingerichteten „Plattengruppe“ (siehe dazu den Beitrag von Brigitte Buschbeck) zugeteilt. Meine Aufgabe war es, den Kolleginnen und Kollegen, die Auswertungen von Spurenaufnahmen durchführten, bei der Anwendung und Interpretation theoretischer Grundlagen beizustehen.

Eines Tages wurde ich – ich weiß nicht mehr, von wem – gefragt, ob ich auch bereit wäre, einer älteren Kollegin aus dem Nachbarinstitut – dem „Radiuminstitut“ – zu helfen. Selbstverständlich bejahte ich, ohne zu wissen, dass es sich um Marietta Blau handeln würde. Ich gestehe, dass ich als ganz junger Theoretiker damals von der wahren Bedeutung Marietta Blaus für die Kern- und Teilchenphysik noch keine Ahnung hatte; unsere Begegnung war daher völlig unbefangen.

Marietta Blau kam in Begleitung (ich weiß nicht mehr, mit wem) zu meinem Arbeitsplatz. Ich war überrascht von der Fragilität dieser kleinen Person, die trotz ihrer leisen, ja schüchternen Stimme in gewisser Weise Autorität ausstrahlte. Ihre Bewegungen waren vorsichtig, langsam, so als wollte sie sich hüten, irgendeine Unachtsamkeit zu begehen. Sie setzte sich zu mir an den Schreibtisch und begann ihre Fragen zu stellen, wobei sie scheinbar Mühe hatte, die Worte zu formulieren. Mir fiel sofort auf, dass sie alle Fachausdrücke aus dem Englischen nahm, was damals noch weniger üblich war als heute. Dabei ergaben sich oft ungewöhnliche Sprachkombinationen, wie etwa „x divided bei zwei" oder Ähnliches.

Ihre ersten Fragen waren so einfach, dass ich zunächst an ihrer Kompetenz zweifeln wollte; aber schnell ging sie in die Tiefe, sodass ich bald Mühe hatte, ihre Fragen zu beantworten. Bald darauf hatte ich ein ganz ähnliches Erlebnis, als ich 1963 von Werner Heisenberg eingeladen wurde, in seinem Institut über meine damaligen Arbeiten zur Strom-Algebra vorzutragen. Heisenbergs erste Frage war die eines Anfängers, aber bald darauf setzte er mit seinen Fragen genau in den Schwachstellen meiner Ableitungen ein und zeigte eine Schnelligkeit in der Auffassung, die ich vorher noch nirgends beobachtet hatte.

Offenbar ist dies die Art und Weise, wie sich Marietta Blau (und Werner Heisenberg) eines Problems bemächtigte; um es in seiner Tiefe zu verstehen, soll auch jede Kleinigkeit, die andere für nebensächlich halten, geklärt werden.

Eine weitere Ähnlichkeit kommt mir in den Sinn, wenn ich an Marietta Blau denke; etwa zur selben Zeit stattete Lise Meitner unserem Institut einen Besuch ab. (Zu dieser Gelegenheit wurde schnell neues Tee-Geschirr bestellt, das alte war wirklich nicht mehr vorzuzeigen!) Lise Meitner – ebenfalls eine alte Dame – war zwar nicht so fragil und schüchtern wie Marietta Blau, es gab aber doch unübersehbare Ähnlichkeiten. Heute – im Rückblick – erscheinen mir diese äußerlichen Ähnlichkeiten als Ausdruck eines gewiss analogen Schicksals der beiden Großen Damen österreichischer Physik. Beide waren leidenschaftlich ihrer Wissenschaft ergeben und beiden wurde die letzte Anerkennung ihrer Leistungen vorenthalten.

Mit Marietta Blau im Labor und auf einer Reise in die Schweiz 1961

Hannelore Sexl, Kommission für Geschichte der Naturwissenschaften, Mathematik und Medizin der Österreichischen Akademie der Wissenschaften, Wien[11]

Ich bemühte mich 1960 um eine Dissertation im Radiuminstitut. Berta Karlik schlug Gerda Haider und mir vor, gemeinsam mit Marietta an der photographischen Methode zu arbeiten, kombiniert mit der Auswertung von Blasenkammeraufnahmen. Ich habe sofort Zutrauen zu Marietta Blau gewonnen.

Marietta Blau kam täglich ins Institut und hat sich sehr intensiv um uns gekümmert. Ich glaube, sie war etwas einsam und ganz froh, dass sie eine Beschäftigung hatte. Wir lernten das Auswerten von Blasenkammeraufnahmen von Marietta Blau und auch von Gästen, die mit Marietta in enger Verbindung waren. Das waren Professor Winzeler aus Bern und Professor Morrison vom CERN.

So kam es zu einer Reise nach Genf zum CERN. Wir waren neun Tage lang unterwegs und haben uns gemeinsam mit ihr viel angesehen, z. B. auch das Mont-Blanc-Massiv. Wir waren sehr vertraut mit ihr. Wenn man sie etwas gefragt hat, auch aus ihrem Privatleben, hat sie immer Antwort gegeben, auch wenn wir nach ihren Verehrern in ihrer Jugend gefragt haben, aber Konkreteres hat sie uns nicht erzählt. Sie hat uns auch nichts darüber erzählt, warum sie nach Göttingen gegangen ist. Sie hat uns aber erzählt, dass es in Göttingen nicht so war wie in Wien. Stefan Meyer war so lieb gewesen, gar nicht patriarchalisch. In Göttingen, bei Pohl, war das anders, da war eine richtige Hierarchie. An ihrer Spitze stand gottähnlich Pohl. Das war im Wiener Radiuminstitut ganz anders. Stefan Meyer war nach ihren Worten hinreißend in seiner Art. Sie schätzte ihn sehr. Von ihm hat sie uns immer wieder erzählt.

Sie erzählte uns niemals über ihre Emigration, aber oft darüber, wie sie in Mexiko und Miami unterrichtet hat. Niemals sprach sie darüber, wie es zur Emigration kam und wie sie das empfand. Vielleicht haben wir sie auch zu wenig dezidiert danach gefragt.

Es war eine wunderschöne Reise. Die Reise war erfüllt von einem positiven Gefühl des Zusammenarbeitens und Vertrauens, das ich eigentlich selten dann in meinem Leben gehabt habe. Wir machten z. B. im Laufe dieser Reise in Innsbruck Station. Da wollte Marietta Blau in die Kirche, um die „Mander“ in der Hofkirche zu sehen, weil sie ja lange Jahre nicht in Innsbruck gewesen war. Sie sagte aber immer wieder: „Wenn es Ihnen nicht recht ist, gehen wir dort eben nicht hin.“

Wir waren in Bern auf Einladung von Professor Houtermans. Dort hielt Marietta Blau zwei Vorträge, einen historischen über die Blau-Wambacher-Sterne und einen über Hyperfragmente. Auch in Genf hat sie mehrere Vorträge gehalten. Wir haben im CERN eine lange Führung mitgemacht. Ich hatte das Gefühl, dass Marietta Blau das Zusammensein mit anderen Physikern sehr genossen hat. Den letzten Abend dieser Reise haben wir am Mondsee verbracht, wo mein Großvater ein kleines Landhaus hatte, das ihr gut gefallen hat. Sie schickte daraufhin meinem Großvater ein Buch als Geschenk. Mein Großvater war über das großzügige Geschenk gerührt. Sie war überhaupt äußerst großzügig.

Sie hatte ein winziges Zimmer im Radiuminstitut, jenes Zimmer übrigens, das später Berta Karlik nach ihrer Emeritierung hatte. Berta Karlik hatte damals die Leitung und ich hatte nicht den Eindruck, dass die beiden eng miteinander befreundet waren.

Marietta Blau hat immer wieder kleine Seminare abgehalten; da waren bis zu 15 Leute anwesend. Das war meistens unten (Erdgeschoß des Hauses Boltzmanngasse 5, Anm. Hrsg.) in einem großen Raum, manchmal auch in einem kleinen Hörsaal im ersten Stock. Sie hat auch im Rahmen der Physikalischen Gesellschaft Vorträge gehalten, wie ich mich erinnern kann. Sie wurde immer wieder aufgefordert, Vorträge anzukündigen, aber sagte oft: „Nein, es geht mir nicht so gut.“ Bei den Vorträgen im Ausland war sie besonders stolz und glücklich.

Meine Doktorarbeit bei Marietta Blau in Wien 1960–1964

Gerda Petkov, Wien[12]

Ich war von Marietta Blau sehr beeindruckt. Ich glaube, Frau Professor Karlik ist mit ihr gekommen und hat mich ihr vorgestellt und wir hatten von Anfang an einen guten Kontakt.

Wir haben Zusammenstöße von Mesonen und Protonen gemessen, insbesondere die Winkel zwischen den Bahnspuren, und daraus Rückschlüsse auf Energien der Mesonen gezogen. Sie war auch auf der Suche nach neuen Teilchen. Die Arbeit war sehr spannend. Beim Auswerten der Photoplatten hatten wir Helfer, Leute, die uns bei diesen vielen Auswertungen zur Seite standen; man musste ja monatelang nach Events in diesen Platten suchen.

Da Hannelore Sexl und ich auf dem Gebiet der Auswertung der Photoplatten arbeiteten und diese Platten mit hochenergetischen Protonen beim CERN bestrahlt wurden, wollte sie, dass wir uns alles an Ort und Stelle anschauen. So kam es zu der Reise Wien – Bern – Genf. Wir waren lange Zeit auf engstem Raum beisammen, in einen kleinen VW hineingepresst.

Ich erinnere mich noch gut an ihr Aussehen: Sie war sehr klein und zart und hatte riesige dunkle Augen und sehr starke Brillen, die die Augen noch größer erscheinen ließen. Sie machte oft einen hilflosen Eindruck auf mich. Sie war zwar jene Professorin, bei der ich dissertiert hatte, aber wir hatten mehr persönlichen als wissenschaftlichen Kontakt zueinander, sie war so etwas wie eine Ersatzmutter für mich. Ich erinnere mich, wie ich gemeinsam mit meinem damaligen Verlobten bei ihr eingeladen war und wie sie mir privat geholfen hat.

Sie hatte Probleme mit Verbrennungen auf der Hand, das sah manchmal sehr schlimm aus, und sie erzählte mir, dass sie oft starke Schmerzen hatte, dann würde sie sich in ein Zimmer einsperren, um niemanden zu belästigen. Sie wollte nie jemanden belästigen und stören. Es gab einen Ausspruch von ihr, der mich damals erschütterte. Sie hat sehr schlecht gesehen und brauchte starke Brillen. Sie ist manchmal wie blind über die Straße gegangen. Das machte mir immer Angst. Da sagte sie: „Wenn mich jemand zusammenführt, dann hat er mehr Scherereien als ich."

Literaturzitate/Quellenangaben

1 Hanne Ellis-Lauda im Gespräch mit Reinhard Schlögl, Wien, Februar 1999.
2 Schreiben von Pierre Radvanyi an Robert Rosner, 20. Oktober 1999.
3 Schreiben von Martin M. Block an Robert Rosner, 13. Dezember 1999.
4 Schreiben von Seymour J. Lindenbaum an Robert Rosner, 21. Februar 2000.
5 G. Bernardini, E. T. Booth, S. J. Lindenbaum, Phys. Rev. **80**, 905 (1950), Phys. Rev. **83**, 669 (1951), Phys. Rev. **82**, 307 (1951), Phys. Rev. **85**, 826 (1952), Phys. Rev. **88**, 1017 (1952).
6 Schreiben von Arnold Perlmutter an Robert Rosner, März 2000.
7 Schreiben von Sylvan C. Bloch an Robert Rosner, 3. April 2000.
8 Leopold Halpern im Gespräch mit Reinhard Schlögl, Wien, September 1998.
9 Brigitte Buschbeck im Gespräch mit Reinhard Schlögl, Wien, Februar 1999.
10 Schreiben von Herbert Pietschmann an Brigitte Strohmaier, 11. Januar 2001.
11 Hannelore Sexl im Gespräch mit Reinhard Schlögl, Wien, Februar 1999.
12 Gerda Petkov im Gespräch mit Reinhard Schlögl, Wien, Februar 1999.

Zur photographischen Methode in der Kernphysik: Marietta Blaus bedeutende Wiener Forschungsergebnisse (1925–1938)

Thomas Schönfeld

Der photographische Nachweis von Kernstrahlungen spielte in der Erforschung der Radioaktivität und Kernphysik eine wesentliche Rolle: 1896 entdeckte Henri Becquerel die Radioaktivität, als er feststellte, dass Uran und seine Verbindungen Strahlungen aussenden, welche photographische Platten schwärzen.[A1] Der Begriff „Radioaktivität" wurde von Marie Curie wenig später eingeführt. In den folgenden Jahrzehnten hatten die photographischen Wirkungen der Kernstrahlungen aber keine große Bedeutung bei der Erforschung der Radioaktivität. Andere Methoden der Strahlungsmessung erwiesen sich als empfindlicher und für quantitative Beobachtungen besser geeignet, insbesondere die Beobachtung der Ionisation von Luft durch diese Strahlungen (Registrierung durch Elektroskope) und die Szintillationszählung.

In den Zwanziger- und Dreißigerjahren beschäftigten sich aber einige Forscher mit der photographischen Methode, insbesondere im Hinblick auf die Detektion einzelner Teilchen durch ihre Bahnspuren in photographischen Emulsionen.[A2, 1–3] Die von Marietta Blau ab 1925 vor allem am Wiener Institut für Radiumforschung durchgeführten Untersuchungen sind als wichtige Beiträge zur Einleitung und Entwicklung der dann folgenden Blütezeit der photographischen Methode in der Kern- und Teilchenphysik anzusehen. Ende der Dreißiger- und insbesondere Anfang der Vierzigerjahre zeigte sich, dass diese Detektionsmethode, für die nun auch spezielle Emulsionsarten entwickelt wurden, große Möglichkeiten für das Auffinden bis dahin unbekannter Kernreaktionen und Elementarteilchen, wie der π- und K-Mesonen (Pionen, Kaonen), bietet. In dieser „Blütezeit" von Ende der Dreißiger- bis Mitte der Sechzigerjahre wurde durch Einsatz der photographischen Methode ein ganz neuer Abschnitt der Teilchenphysik eingeleitet.[A3, 3, 4]

Der Beginn von Marietta Blaus Untersuchungen

Marietta Blaus intensive Beschäftigung mit der photographischen Wirkung von Kernstrahlungen, zunächst vor allem der von schnellen Protonen, begann mit Versuchen, über die sie 1925 berichtete.[B5, B6]

Zur Vorgeschichte: Die erste Beobachtung einer Kernreaktion war Ernest Rutherford 1919 gelungen, als er Alphateilchen auf Stickstoffgas einwirken ließ und dabei die Freisetzung schneller Protonen feststellte.[5, 6] In heutiger Schreibweise lautet die Reaktion:

$$^{14}_{7}\mathrm{N}\,(^{4}_{2}\alpha,\ ^{1}_{1}\mathrm{p})\,^{17}_{8}\mathrm{O}.$$

Die freigesetzten schnellen Protonen, deren Reichweite im Gas die der auslösenden Alphateilchen deutlich übertraf, wurden dabei durch Zählung der Szintillationen nachgewiesen, die sie beim Auftreffen auf einen Zinksulfidschirm erzeugten. Die Szintillationen (kleine Lichtblitze) wurden dabei mit einer Art Mikroskop visuell beobachtet, eine mühevolle und mit der Möglichkeit von Irrtümern behaftete Methode. Von dieser erstmaligen Beobachtung einer Kernreaktion ausgehend, die Rutherford 1919, gegen Ende seiner Tätigkeit in Manchester gelang, wurden die Untersuchungen dann von ihm in Cambridge, insbesondere unter Mitarbeit von James Chadwick, auf andere leichte Elemente ausgedehnt.[7, 8] Dabei wurde vor allem auf das Auftreten von (α, p)-Reaktionen geprüft und neben der Szintillationszählung wurde in Cambridge dann auch die Wilson'sche Nebelkammer zum Studium von Kernreaktionen eingesetzt. Pionier dieser Anwendung war Patrick Blackett,[9] der damals in Cambridge tätig war. Am Wiener Institut für Radiumforschung nahmen Gerhard Kirsch[A4] und Hans Pettersson[A5] ähnliche Untersuchungen mit der Szintillationsmethode in Angriff.[10–12]

Eine Erweiterung der Beobachtungsmethoden für schnelle Protonen erschien wünschenswert, da die genannten Methoden Mängel aufwiesen. Die visuelle Beobachtung von Szintillationen wurde durch subjektive Faktoren beeinflusst und Versuche mit der Wilson'schen Nebelkammer, die in Wien zunächst auch gar nicht zur Verfügung stand,[A6] waren experimentell schwierig und zeitraubend. Daher regte Pettersson an, zu untersuchen, „ob H-Strahlen[A7] durch ihre photographische Wirkung einer objektiven Beobachtung zugänglich gemacht werden können".[B6]

Marietta Blau dürfte diese Fragestellung wohl auch deshalb gerne aufgegriffen haben, da sie sich bereits früher mit der photographischen Wirkung ionisierender Strahlen befasst hatte. In einer 1922 gemeinsam mit Kamillo Altenburger verfassten Arbeit[B2] hatte sie die Gesetzmäßigkeiten der photographischen Wirkung von Röntgenstrahlen behandelt und dabei vor allem die wesentlichen Unterschiede zwischen den photographischen Wirkungen von Röntgenstrahlen und von sichtbarem Licht erörtert. Es wurde festgestellt, „dass ein einziger Einschlag (eines Röntgenphotons) in das Bromsilberkörnchen genügt, damit es bei der darauf folgenden Entwicklung geschwärzt wird, … man jedoch den Schwellenwert (bei den Schwärzungskurven für sichtbares Licht) aus der Annahme erklären kann, dass ein Silberbromidkorn bzw. ein Molekülkomplex von Lichtstrahlen öfter als einmal getroffen werden muss, um wirksam beeinflusst zu werden, etwa so, dass es durch den ersten Stoß in einen Zustand A, dann durch den zweiten in einen Zustand B und schließlich durch einen i-ten in einen durch die Schwärzbarkeit charakterisierten Endzustand gebracht wird. Die Zustände A, B, usw., die wir uns als eine Lockerung im Molekülverband vorstellen können, sind makroskopisch nicht wahrnehmbar."[B2]

Blau war damals Gast am Institut für physikalische Grundlagen der Medizin der Universität Frankfurt, an dem großes Interesse für die Wirkung und die Registrierung von Röntgenstrahlen, u. a. auf photographischem Weg, bestand. So ist verständlich, dass sie in einer zweiten mit Altenburger verfassten Veröffentlichung[B3] auf die Möglichkeit hinwies, die photographische Methode, d. h. die quantitative Auswertung der

Schwärzung von Filmen, für die Ermittlung der azimutalen Streuverteilung von Röntgenstrahlen heranzuziehen.

Die erste photographische Beobachtung von „H-Strahlen"

Blau bediente sich bei ihren photographischen Untersuchungen[B5, B6] vor allem schneller Protonen,[A7] die beim Auftreffen von Alpha-Teilchen auf wasserstoffhaltige Substanzen durch Kernstöße herausgeschleudert werden. Diese Freisetzung von schnellen Protonen war von Ernest Marsden schon 1914 beobachtet worden,[13] also vor der Entdeckung von Kernreaktionen durch Rutherford.

Der photographische Nachweis von schnellen Protonen erwies sich als schwierig, insbesondere weil selbst starke Quellen von Alpha-Strahlen nur eine geringe Zahl von Protonen erzeugen und weil auch die Beta- und Gamma-Strahlungen der radioaktiven Präparate Schwärzung der photographischen Emulsionen bewirken.

Bei den ersten Versuchen, bei denen Blau die photographische Registrierung von schnellen Protonen in Form gerichteter Punktfolgen, also Bahnspuren, erreichte,[B5, B6] (siehe S. 179ff) löste sie insbesondere folgende Aufgaben:

- Herstellung von Quellen schneller Protonen: Diese bestanden meistens aus alphastrahlendem Polonium (^{210}Po), das auf Gold- oder Platinstreifen aus RaD-Lösungen (^{210}Pb) elektrolytisch (kathodisch) abgeschieden wurde. Auf diese kleinen Metallbleche (typische Fläche 5 bis 10 mm^2) wurden dünne (~30 μm) Schichten von Paraffin gelegt, in denen die Freisetzung von Protonen durch Stöße der Alphateilchen auf Wasserstoffkerne erfolgte. Zur Totalabsorption von Alphateilchen, d. h. zur Verhinderung eines Auftreffens solcher Teilchen auf die Photoplatten, wurde dann eine Absorptionsschicht aufgelegt, die meistens aus Kupferfolie oder aus Glimmer- und Kupferfolien bestand.
- Streifender Einfall auf die photographischen Platten: Hierzu wurden Anordnungen gewählt, in denen die Protonen aus der Quelle mittels

eines Spaltes ausgeblendet wurden und dann streifend auf die Platten auftreffen konnten. Bei einer Anordnung, die zu guten Ergebnissen bei der Registrierung von Protonenspuren in den Emulsionen führte, betrug der Einfallswinkel ungefähr 30°.

- Auswahl des Plattenmaterials: Blau verwendete verschiedene Plattensorten, insbesondere Material, mit dem Wilhelm Michl[14] erfolgreich Spuren von Alphateilchen registriert hatte („photomechanische Platten von Jahr") sowie „Brillant Diapositivplatten von Lainer". Blau hat dabei bereits auf verschiedene Faktoren hingewiesen, die für die Eignung von Platten für Spurenregistrierung wesentlich sein können (feines Korn, geringe Empfindlichkeit gegen rotes Licht sowie gegen Beta- und Gammastrahlung, u. a.).
- Kontrollversuche: Mit diesen sollte sichergestellt werden, dass die in den Platten auftretenden Schwärzungen nicht durch „sekundäre Betastrahlungen", z. B. ausgelöst durch primäre Beta- und Gammastrahlungen, hervorgerufen werden. Hierzu wurden die Paraffinschichten der Quellen durch Rußschichten, d. h. durch Schichten aus möglichst reinem Kohlenstoff, ersetzt. Diese Kontrollversuche ergaben eine deutlich geringere Schwärzung der Photoplatten. Daraus konnte Blau den Schluss ziehen, dass die Schwärzungseffekte bei H-Strahlenquellen in der Hauptsache auf diese Strahlen zurückzuführen sind.

Die Versuchsergebnisse waren noch zu spärlich, um aus dem Verhältnis „Punktezahl zu Länge der Bahn" die Ionisationswirkung von Alphateilchen und Protonen zu vergleichen. Doch hat Blau angegeben, dass die Schwärzungskörner in Alphastrahlenbahnen dichter als in Protonenbahnen liegen, letztere Teilchenart also geringeres Ionisationsvermögen haben dürfte.[B5, B6]

Sie führte auch Versuche durch, um Protonen aus der bereits aufgefundenen Kernreaktion $^{27}Al(\alpha, p)^{30}Si$ photographisch nachzuweisen. Dazu wurden die Poloniumpräparate (Alphastrahlen-Quellen) statt mit Paraffin nun mit Aluminiumfolien bedeckt.

Zur Absorption der aus Aluminium austretenden Strahlungen wurden wieder dünne, aufeinandergelegte Glimmer- und Kupferschichten eingesetzt. Blau fand Reihen von Schwärzungspunkten in den Emulsionen mit der zu erwartenden Richtung, woraus sie auf die „Zertrümmerbarkeit des Aluminiumkerns durch Alphastrahlen von weniger als 4 cm Reichweite (in Luft)“ schloss.[B6]

Über eine erste Weiterführung der Untersuchungen berichtete Blau in Veröffentlichungen, die 1928 erschienen sind.[B8, B9] Durch starke Verringerung der Fläche der Poloniumquellen (das Po wurde auf der Schnittfläche eines Palladiumdrahtes mit 0,8 mm Durchmesser durch Destillation abgeschieden), eine Veränderung der Anordnung von Quelle, ausblendendem Spalt und Emulsion (Einfallswinkel der Strahlen auf die Emulsion 10–17°) und Verwendung von neuem photographischem Material (Agfa-Röntgenzahnfilm, von Prof. I. Eggert empfohlen) wurden wichtige Verbesserungen erzielt. (Abb. 18 zeigt eine von Blau veröffentlichte Protonenbahnspur.) Dadurch konnten quantitative Angaben über die Abstände zwischen den Schwärzungskörnern in den Bahnspuren erhalten und die Werte für Alphateilchen und Protonen verglichen werden. Die Abstände in Alphateilchenspuren erwiesen sich als deutlich geringer als die in Protonenspuren. Für Protonen größerer Energie wurden weiter vergrößerte Abstände zwischen den Schwärzungskörnern gefunden.

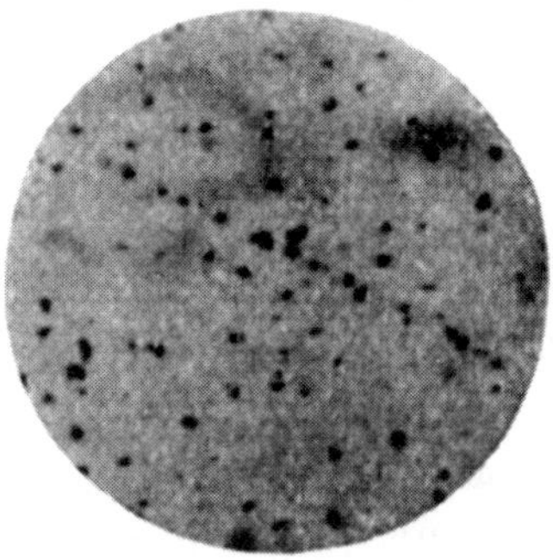

Abb. 18: Bahnspur eines durch Stoß von Polonium-Alphateilchen auf Wasserstoff erzeugten Protons (1927, B9); Agfa-Röntgenzahnfilm, 15 Punkte, 84 µm. Abgedruckt aus Z. Phys. **48**, 751 (1928) mit Genehmigung des Springer-Verlags, Heidelberg.

Zur Feststellung von Protonen aus (α, p)-Reaktionen an einigen leichten Elementen entwickelte Blau eine Anordnung zur photographischen Registrierung rückwärts (retrograd) ausgesendeter Teilchen (Winkel zwischen einfallenden und ausgesendeten Teilchen etwa 120°).[B8, B9] Für quantitative Aussagen über Kernreaktionen war die Methode aber wegen mehrerer erschwerender Faktoren nicht geeignet, wie sie in ihrer Zusammenfassung einschätzte.

Weitere Versuche, bei denen die experimentelle Technik verfeinert und auch neues photographisches Material eingesetzt wurde, führten zu quantitativen Daten über die photographische Wirkung von Alphastrahlen (aus ThC+ThC', d. h. ^{212}Bi+^{212}Po) und von Protonen aus Einwirkung von Alphateilchen auf Paraffin.[B13] Im Rahmen dieser Untersuchungen hat Blau etwa 10 000 Bahnspuren mit dem Mikroskop ausgewertet (Ermittlung der Bahnlänge und der Zahl der Schwärzungskörner), sodass umfangreiches Material vorlag, welches gesicherte Folgerungen ermöglichte. (Abb. 19 zeigt ein ermitteltes Protonenspektrum.) Für die Protonenregistrierung erwies sich eine feinkörnige Emulsion („Imperialprozessplatte neue Serie") als sehr leistungsfähig. Beim Vergleich der photographischen Detektion mit der durch eine Ionisationskammer (Impulszählung mit einem Röhrenelektrometer) ergab sich, dass mit der feinkörnigen Emulsion eine nahezu quantitative Registrierung der Protonen gelingt. Bei dem bis dahin vorwiegend verwendeten Agfa-Röntgenzahnfilm wurden hingegen photographische Messausbeuten von nur etwa 50 % gefunden.

Die Anzahl der Schwärzungspunkte in den Bahnspuren war in der feinkörnigen Emulsion ungefähr doppelt so groß wie im Agfa-Röntgenzahnfilm. Die viel geringere Zahl von Schwärzungskörnern im Röntgenzahnfilm kann, wie Blau ausführte, für ein häufiges Übersehen kurzer Protonenspuren in diesem photographischen Material verantwortlich gemacht werden.

Blau berechnete die mittleren Abstände zwischen aufeinanderfolgenden Schwärzungskörnern. Für Protonen waren diese Abstände im Röntgenzahnfilm ungefähr doppelt so groß wie für Alphateilchen. Im Rah-

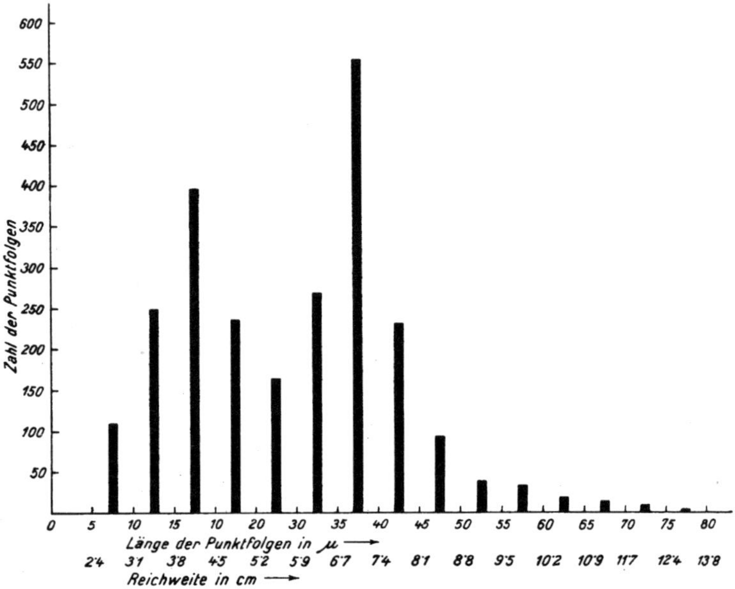

Abb. 19: Ermittlung des Bahnspuren-Längenspektrums von Protonen, die durch Stoß von Polonium-Alphateilchen auf Wasserstoff erzeugt werden (1930, B13); Agfa-Röntgenzahnfilm.

men dieser Untersuchungen wurden auch Emulsionen größerer Dicke eingesetzt. Blau fand für die Arbeit mit diesen Emulsionen Entwicklungsbedingungen (Dauer der Entwicklung, Temperatur, Zusammensetzung des Entwicklers), die eine möglichst gleichmäßige Entwicklung der ganzen Emulsionsschicht ermöglichten. Die Auswahl solcher Bedingungen war auch in späteren Arbeiten zur kernphysikalischen Anwendung der photographischen Methode ein wichtiges Problem, das für einen erfolgreichen Einsatz solcher Emulsionen gelöst werden musste.[B55, 15]

Von Blau untersuchte Aspekte der photographischen Methode, insbesondere Protonenregistrierung und Kernreaktionen mit Protonenemission betreffend, wurden nach 1934 im Rahmen von Dissertationen und Forschungsprojekten am Wiener Institut für Radiumforschung eingehender studiert.[A8]

Zum Mechanismus der photographischen Prozesse, chemische Anwendungen

Ausgehend von ihrer Erfahrung mit der Anwendung der photographischen Methode zur Protonenregistrierung hat Blau dann auch andere Anwendungsmöglichkeiten untersucht. In ihrem Bericht über Versuche zur photographischen Intensitätsbestimmung von Poloniumpräparaten,[B10] bei denen die Schwärzung einer photographischen Platte mit einem Mikrophotometer gemessen wurde, standen praktische Fragestellungen im Vordergrund: die Anordnung für derartige Messungen und die erreichbare Genauigkeit. Doch erörterte sie auch allgemeine Fragen der photographischen Prozesse. Das bereits von anderen Forschern gefundene „Schwärzungsgesetz für Alphastrahlen" wurde von ihr bestätigt, d. h. dass die Schwärzung proportional der Zahl der auftreffenden Teilchen ist und dass im Gegensatz zu sichtbarem Licht kein Schwellenwert auftritt. Anknüpfend an ihre früheren Betrachtungen photographischer Prozesse[B2] wies sie darauf hin, dass bei der photographischen Wirkung von radioaktiven und Röntgenstrahlen der Treffer durch ein Partikel ein Korn entwicklungsfähig macht, dass also nicht ein Einwirken mehrerer Partikel erforderlich ist. Diese Tatsache heranziehend, diskutierte sie damals veröffentlichte Vorschläge, die den photographischen Prozess mit den Vorgängen in lichtelektrischen Substanzen vergleichen und dabei auch elektrolytische Stromanteile postulieren. Auch in einigen ihrer späteren Veröffentlichungen stellte Blau Überlegungen über die Mechanismen photographischer Prozesse an. Waren diese auch höchst ideenreich und interessant, so entwickelte sich das heutige Verständnis der photographischen Prozesse erst auf Grund experimenteller und theoretischer Arbeiten auf dem Gebiet der Festkörperforschung, die Ende der Dreißigerjahre einsetzten und Mitte der Fünfzigerjahre in wesentlichen Punkten abgerundet wurden. Besonders auf die Arbeiten von Ronald Gurney, Nevill Mott und John Mitchell ist hier hinzuweisen.[16–19]

Mit Hilfe der photographischen Registrierung der Verteilung von Polonium hat Blau das chemische Verhalten dieses Elements untersucht. Bei der zuerst von Catherine Chamié benützten Methode[20, 21] werden photographische Platten oder Filme auf Oberflächen gelegt, auf denen sich radioaktive Substanzen befinden. Bei der folgenden Betrachtung der entwickelten Emulsionen unter dem Mikroskop kann dann festgestellt werden, ob die radioaktiven Substanzen gleichmäßig verteilt sind oder sich zu Komplexen oder Niederschlägen zusammengeballt haben bzw. von Adsorptionszentren aufgenommen wurden. In Zusammenarbeit mit Elisabeth Rona[A9] hat Blau auf diesem Weg die chemischen Eigenschaften des Poloniums, das ja nur in extrem kleinen Mengen vorliegt, untersucht.[B12] Für Lösungen verschiedener Zusammensetzungen (Säuren unterschiedlicher Art und Konzentration, Zugaben von Glyzerin, Weinsäure, Schwefeldioxid, Schwefelwasserstoff, Hydrazin u. a.) wurde geprüft, ob Polonium gleichmäßig verteilt oder zusammengeballt vorliegt. Abb. 20 zeigt einige der Beobachtungen. Insbesondere ist die Aufhebung der Aggregatbildung bei Erhöhung der Konzentration von Salpetersäure zu erkennen. Da das Polonium in nur sehr geringen Mengen vorliegt, handelt es sich bei den beobachteten Aggregaten nicht um Niederschläge von Verbindungen des Poloniums, sondern um die Adsorption von chemischen Formen des Poloniums an den in Lösungen immer vorhandenen kolloidalen Verunreinigungen. Die beobachteten Aggregate wurden daher von Blau und Rona als Folge einer Hydrolyse bzw. anderer Reaktionen des Poloniums unter Bildung gut sorbierbarer Formen interpretiert. Weiter wurde untersucht, unter welchen Bedingungen bei der Elektrolyse poloniumhaltiger Lösungen das Polonium an den Elektroden in Aggregatform oder andererseits sehr gleichmäßig verteilt abgeschieden wird.

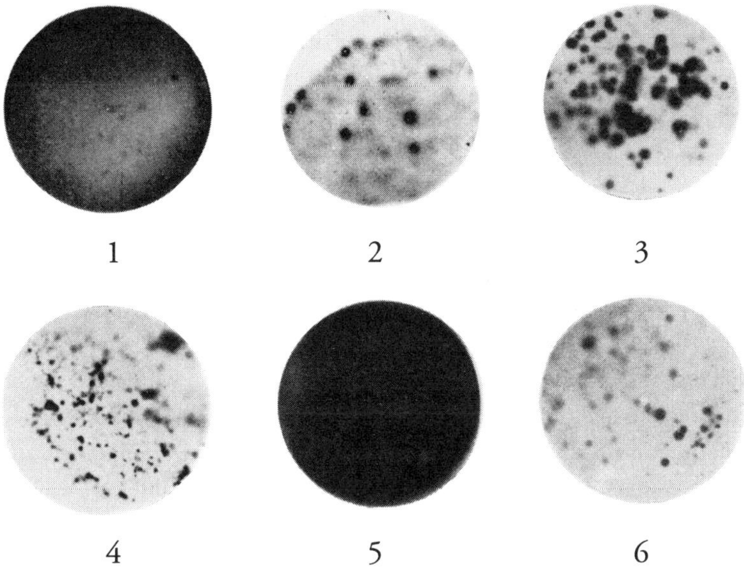

Abb. 20: Versuche über die Aggregatbildung von Polonium (1930, B12). Tropfen poloniumhaltiger Lösungen wurden auf ein Glimmerplättchen (0,8 bis 1,0 cm Luftäquivalent) gebracht und zur Verhinderung von Verdunstung mit einem dickeren Glimmerplättchen abgedeckt. Die in einem Messingring fixierten Plättchen wurden auf die photographische Platte (Imperial-Prozess-Platte) gelegt und mit einem Bleiring beschwert.

1 .... 0,1 M HNO_3
2 .... 0,01 M HNO_3
3 .... SO_2 in H_2SO_4 eingeleitet
4....... H_2S in 1 M HCl eingeleitet
5 .... H_2S in 4 M HCl eingeleitet
6....... Hydrazin zu HCl zugegeben

Neutronennachweis, Spektroskopie von Protonen aus Kernreaktionen

Die Entdeckung des Neutrons durch Chadwick[22, 23] gab der kernphysikalischen Forschung unmittelbar vielfältige Impulse. Marietta Blau unternahm gemeinsam mit Hertha Wambacher[A10] Versuche, durch Stöße von Neutronen auf Wasserstoffkerne freigesetzte schnelle Protonen photographisch nachzuweisen. Darüber berichtete sie erstmals Anfang Juli 1932,[B18] also nur einige Monate, nachdem Chadwick eine kurze Mitteilung über die Entdeckung des Neutrons[22] publiziert hatte. Während bei den ersten Versuchen keine Protonenspuren gefunden wurden,[B18] traten gut erkennbare Spuren (siehe Abb. 21) bei Verwendung von Emulsionen auf, die mit Lösungen des Farbstoffs Pinakryptolgelb vorbehandelt und dadurch gegen Licht, Beta- und Gammastrahlen desensibilisiert worden waren.[B19]

Die desensibilisierende Wirkung dieses Farbstoffs war von Wambacher in einer früheren, unter Anleitung von Blau durchgeführten Untersuchung aufgefunden worden.[24]

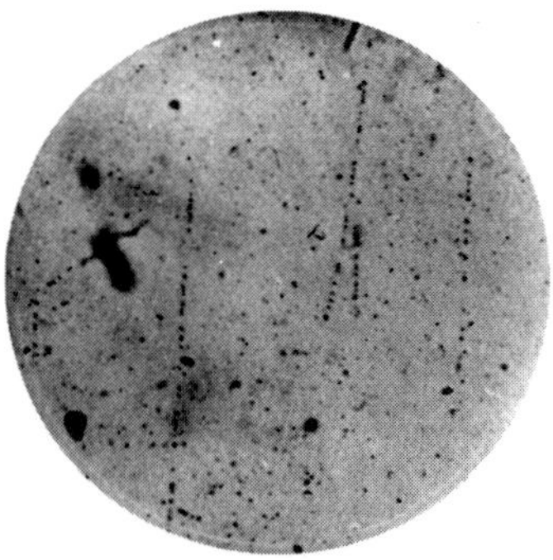

Abb. 21: Bahnspuren von Protonen, die durch Neutronen ausgelöst wurden (1932, B19), Imperial-Prozess-Platte, nach Vorbad in Pinakryptolgelblösung, Bahnspuren 70–100 μm. Zu beachten ist die annähernd gleiche Richtung der Bahnspuren.

Eine Polonium-Beryllium-Neutronenquelle wurde eingesetzt, d. h. die Neutronen wurden durch die Kernreaktion $^{9}Be(\alpha, n)^{12}C$ erzeugt. Die Freisetzung der Protonen erfolgte in der Emulsion selbst oder in Paraffinschichten zwischen Quelle und Emulsion. Die Protonenspuren waren zum Teil sehr lang. Mehrere Spuren mit Längen über 350 μm wurden gefunden. Die längste Spur (600 μm) bestand aus 117 Schwärzungskörnern. Daraus ergab sich die Abschätzung, dass manche der erzeugten Neutronen Energien von mehr als 9 MeV aufweisen, d. h. höhere Energie, als man auf Grund anderer Untersuchungen bis dahin angenommen hatte.[B19] Blau setzte die Versuche über den Nachweis schneller Neutronen durch photographische Registrierung von Rückstoßprotonen bei einem mehrmonatigen Aufenthalt am Pariser Radium-Institut auf Einladung von Marie Curie fort. Sie konnte dort sehr starke Poloniumquellen einsetzen. Die Auswertung von rund 3000 Protonen-Bahnspuren zeigte, dass die von der Po-Be-Quelle emittierten Neutronen zu Gruppen bestimmter Energie gehören. Auch wurde das Auftreten sehr energiereicher Neutronen (entsprechend Protonenreichweiten von mehr als 70 cm Luft) nachgewiesen.[B22]

Da die Versuche über Spuren schneller Protonen in Emulsionen gezeigt hatten, dass durch Messung der Spurenlängen die Reichweiten in Luft und somit die Energien der Teilchen[A11] mit befriedigender Genauigkeit erhalten werden können, setzte Blau die photographische Methode ein, um das Energiespektrum der Protonen zu ermitteln, die bei der Kernreaktion $^{27}Al(\alpha, p)^{30}Si$ ausgesendet werden. Erste Versuche führte sie während ihres Aufenthaltes in Paris durch[B22] und setzte diese dann gemeinsam mit Wambacher in Wien fort.[B24] Wie bei den früheren Untersuchungen dieser Reaktion diente Polonium als Quelle der Alphateilchen. Die Anordnung der Photoplatte wurde so gewählt, dass die Protonen unter sehr kleinem Winkel, d. h. beinahe streifend, auf die Emulsion auftrafen (Abb. 22), wodurch auch lange Protonenbahnen meistens zur Gänze in der Emulsion registriert wurden. Versuche wurden mit Aluminiumschichten unterschiedlicher Dicke durchgeführt. Je Versuch wurden einige hundert Protonenspuren in den Emulsionen mit dem Mikroskop ausgemessen und daraus die Verteilungen der Spurenlängen ermittelt. Es wurden klare Maxima und Minima, also eine Gruppenstruktur der Energien gefunden (Abb. 22), deren Auftreten insbesondere als Folge der unterschiedlichen Energien der einwirkenden Alphateilchen interpretiert wurde. Die Hauptmaxima stimmten mit den Ergebnissen von Untersuchungen dieser Kernreaktion befriedigend überein, in denen andere Methoden eingesetzt worden waren.[25]

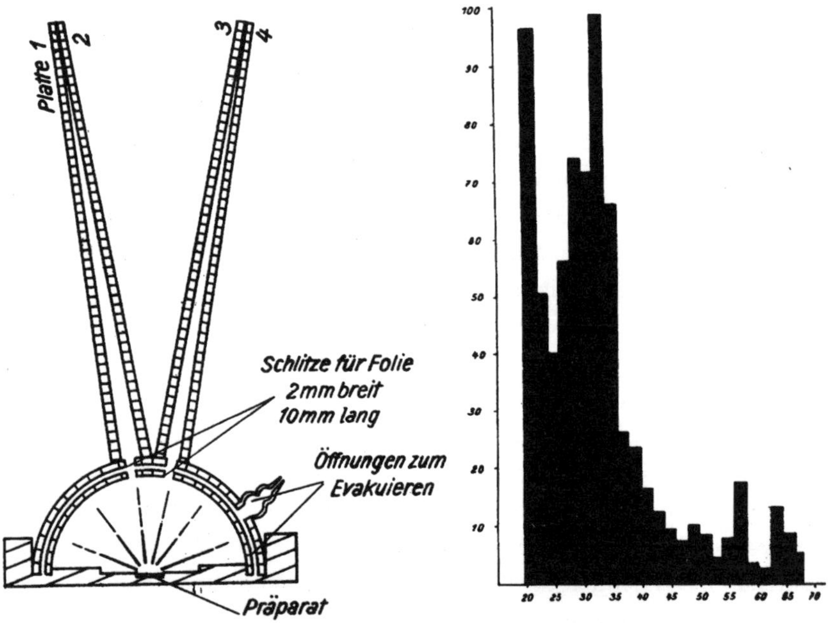

Versuchsanordnung

Protonenspektrum

Abb. 22: Längenspektrum von Bahnspuren von Protonen aus der Kernreaktion $^{27}Al(\alpha, p)^{30}Si$ (1934, B24). Winkel zwischen Alphateilchen und erzeugten Protonen <20°.

Schnelle Protonen, die durch Neutronen (aus einer Polonium-Beryllium-Quelle) freigesetzt werden, wurden von Blau und Wambacher für die Untersuchung des Zusammenhangs zwischen Korndichte (Zahl der geschwärzten Körner pro Zentimeter Bahnspur) und der Protonenenergie herangezogen.[B23] Für 122 Protonenbahnspuren wurde die Korndichte von Spuranfang bis Spurende ermittelt. Dabei wurde eine deutliche Zunahme der Korndichte mit abnehmender Restreichweite (Energie) der Protonen festgestellt, während bei den Bahnspuren von Alphateilchen keine ähnliche Energieabhängigkeit beobachtet wurde. Diese Zusammenhänge sind nach 1945 in einigen Laboratorien genauer untersucht worden. Auf Grundlage der experimentellen Ergebnisse konnten dabei die Mechanismen aufgeklärt werden, die bei der Ausbildung der Entwicklungsfähigkeit von Silberbromidkörnern der Emulsionen durch Einwirken schwerer Teilchen eine Rolle spielen, insbesondere wurde die wichtige Rolle von δ-Strahlen erkannt,[26] das sind Elektronen mit Energien von etwa 100 bis 10 000 Elektronenvolt, die beim Durchgang der geladenen Primärteilchen durch Materie aus dieser durch Ionisation freigesetzt werden.

Mit der Auswertung von Protonenbahnspuren beschäftigten sich Blau und Wambacher auch weiter intensiv. In einer 1937 erschienenen Veröffentlichung[B34] gingen sie auf die Anwendung der Methode auf die Neutronenspektroskopie, auf die Beobachtung der Neutron-Proton-Streuung, auf die Genauigkeit der Messung der Bahnspurenlängen und auf die Auswahl des Plattenmaterials ein. Sie erinnerten daran, dass die ersten Daten über das Auftreten hochenergetischer Neutronen aus Polonium-Beryllium-Quellen aus der photographischen Neutronenregistrierung durch die Rückstoßprotonen kamen und sie legten weitere Ergebnisse zur Bestätigung des Auftretens solcher energiereicher Teilchen (Energien größer als 7,9 MeV) vor. Aus der Beobachtung der Bewegungsrichtung von Rückstoßprotonen konnten sie die Protonenintensität als Funktion des Streuwinkels berechnen und zeigen, dass sich – auch wenn die Ergebnisse als vorläufige bezeichnet wurden – zwischen der experimentell erhaltenen und der theoretisch vorhergesagten Winkelverteilung kein Widerspruch ergibt.

Sehr eingehend und überzeugend argumentierten Blau und Wambacher gegen die kurz davor veröffentlichte Behauptung, mit der photographischen Methode sei eine genaue Reichweiten- bzw. Energiebestimmung von Protonen unmöglich.[27] Auch wenn sich eine Verminderung der gemessenen gegenüber der wahren Länge stets dadurch ergibt, dass der gemessene Abstand zwischen dem ersten und dem letzten geschwärzten Korn der Bahnspur nicht die wahre Spurenlänge ist, wurde durch die experimentell ermittelte Statistik der Kornabstände in Protonenbahnspuren gezeigt, dass größere Fehler der Längenmessung sehr unwahrscheinlich sind, weil entsprechend große Kornabstände nur sehr selten auftreten.

Abb. 23: Bahnspur eines durch Neutronenstoß in Bewegung gesetzten Protons (1938, B40). Neue Halftone-Emulsion von Ilford, 70 μm dick; Länge der Bahnspur 400 μm, entspricht 56 cm in Luft. Abgedruckt aus Photogr. Korresp. 74, 23 (1938) mit Genehmigung des Verlags.

In dieser Veröffentlichung[B34] berichteten Blau und Wambacher auch, dass sie mit der Halftone-Emulsion der britischen Firma Ilford sehr gute Protonenbahnspuren erhalten hatten. In der „Neuen Halftone-Emulsion" wurden dichte Punktfolgen erzielt, die bei anderen Plattenmaterialien nur nach Vorbad mit Pinakryptolgelb und bei Exposition der Emulsionen im Vakuum erreicht wurden. Bei der „Neuen Halftone-Emulsion" werden alle die Platte treffenden Protonen in der Emulsion abgebildet, so wie das bei Alphateilchen der Fall ist. Für die Versuche zur Protonenregistrierung war sehr vorteilhaft, dass die Firma Ilford Platten mit dickeren Emulsionsschichten als Sonderanfertigung zur Verfügung stellte. Es standen nun Emulsionen mit Dicken bis zu 70 μm zur Verfügung, während die sonst üblichen Emulsionen nur 14 bis 20 μm dick waren.

Bei Emulsionen von 70 μm und einem Einfallswinkel von 5° verlaufen auch noch Protonenbahnspuren bis ca. 113 cm Luftreichweite zur Gänze in der Emulsion (Abb. 23). Um die dickeren Emulsionen einsetzen zu können, mussten einige Probleme gelöst werden: Die Entwicklungsbedingungen wurden durch Einsatz eines konzentrierteren Entwicklers modifiziert, und für die Feststellung der Bahnlängen musste ihre Neigung in der Emulsion gemessen werden.[B34, B40]

Zusammensetzung und Vorbehandlung der Emulsionen: Einfluss verschiedener Faktoren auf die photographischen Effekte

Zwischen 1931 und 1936 führte Marietta Blau viele Versuche durch, um den Einfluss der Zusammensetzung der Emulsionen, ihrer Vorbehandlung und der Arbeitsbedingungen bei ihrer Verwendung auf die photographischen Effekte zu erforschen. Es sollte sowohl eine Verbesserung der kernphysikalischen Anwendungsmöglichkeiten als auch ein vertiefter Einblick in die photographischen Prozesse erreicht werden. Ab 1932 wurden die meisten dieser Untersuchungen in Zusammenarbeit mit Hertha Wambacher[A10] durchgeführt.

Um photographische Platten für quantitative Radioaktivitätsmessungen verlässlich einsetzen zu können, untersuchte Blau das Abklingen des latenten Bildes nach Einwirken von Alphateilchen.[B16] Die Zeit zwischen Exposition der Platten und ihrer Entwicklung wurde zwischen einigen Stunden und 84 Tagen variiert. Die erzeugten Schwärzungen wurden photometrisch bestimmt. Für kurze Zeitabstände (von etwa ein oder zwei Tagen) wurde ein „Akkumulationseffekt" beobachtet, d. h. eine Verstärkung der Schwärzung (bis zu etwa 7 %) gegenüber sofort entwickelten Platten. Nach zwei bis drei Tagen trat aber Abklingen des latenten Bildes ein, das sich dann fortsetzte und nach 60 Tagen Werte von etwa -20 % gegenüber der Schwärzung der sofort entwickelten Platten erreichte. Der beobachtete Abklingeffekt wurde von Blau als Folge von Rekristallisationsvorgängen in den Silberbromidkristallen gedeutet, in denen durch die Strahlenwirkung Gitterstörungen erzeugt worden waren. Durch Ausheilen des Gitters würde ein Rückgang der Entwicklungsfähigkeit eintreten. Als Ursache für den Akkumulationseffekt nahm Blau an, dass Wanderungsprozesse im gestörten Gitter zunächst zu weiteren Störungen und somit zu einer Erhöhung der Empfindlichkeit führen.

Da es Hinweise gab, dass die Größe der Silberbromidkristalle ein wichtiger Faktor für die Eigenschaften der Emulsionen ist, untersuchten Blau und Wambacher auch eine Emulsion mit extrem kleinen Kristallen („kornlose Emulsion nach Lüppo-Cramer") und verglichen diese mit ihrer damaligen „Standard-Emulsion", der Imperial-Prozessplatte.[B17, B21] Die „kornlose Emulsion" zeigte bei Einwirken von Alphastrahlung viel geringere Empfindlichkeit, nämlich größenordnungsmäßig nur ein Tausendstel bis ein Millionstel. Daraus ergab sich die Folgerung, dass ein einmal von einem Alphateilchen getroffenes sehr kleines Korn dieser Emulsion auf Grund von Rückbildungsvorgängen („Regression") nicht immer entwickelbar ist. Überraschende und nicht in allen Punkten erklärbare Effekte traten auf, als die Wirkung verschiedener chemischer Vorbehandlungen der Emulsionen untersucht wurde. Da Nitrit als Bromakzeptor (Reaktion mit elementarem Brom) wirkt, wurde erwartet, dass eine Vorbehandlung der Platten mit Nitrit photolytisch gebildetes Brom aus den Silberbromidkristallen herauslöst, so die Rückbildungsvorgänge unterbindet und daher eine Empfindlichkeitssteigerung bewirken würde. Tatsächlich trat aber eine bedeutende Empfindlichkeitsminderung als Folge der Nitritvorbehandlung ein. Als mögliche Ursache dieses Effektes schlugen Blau und Wambacher vor: Beim Einwirken der Alphateilchen auf die Emulsion erfolgt eine strahlenchemische Zersetzung des Nitrits unter Bildung oxidativ wirkender Spezies, die durch Reaktion mit abgeschiedenem Silber einen Abbau des latenten Bildes bewirken und so die nach Entwicklung vorliegende Schwärzung wesentlich verringern können. Eine Abhängigkeit der Empfindlichkeit vom Reifungsgrad der photographischen Emulsionen wurde in dieser Untersuchung allerdings nicht beobachtet.

Ausgehend von der bereits erwähnten Beobachtung, dass eine Vorbehandlung der Photoplatten mit Lösungen von Pinakryptolgelb zu gut erkennbaren Protonenbahnspuren führt,[B19] untersuchten Blau und Wambacher die Wirkung von Vorbädern mit einer größeren Zahl von Stoffen.[B23] Dabei wurden auch verschiedene Konzentrationen der gelösten Stoffe und unterschiedliche Lösungsmittel eingesetzt. Die meisten anorganischen und einfachen organischen Stoffe zeigten keine oder nur sehr geringe Wirkung auf die Bahnspuren schneller Protonen. Bei der Untersuchung von Farbstofflösungen wurden sowohl Sensibilisatoren wie Desensibilisatoren (hinsichtlich der photographischen Registrierung sichtbaren Lichtes) eingesetzt. Für die Steigerung der photographischen Wirksamkeit schneller Protonen waren die stärksten Desensibilisatoren am wirksamsten. Allerdings zeigte die Auswertung der verschiedenen Befunde, dass die Wirkung dieser Farbstoffe nicht in direktem Zusammenhang mit ihrem Desensibilisierungsvermögen für sichtbares Licht steht, sondern dass sie Veränderungen an den Silberbromidkörnern herbeiführen, durch die die Ausbildung entwicklungsfähiger Keime (latentes Bild) bei Strahleneinwirkung begünstigt wird. Dabei dürfte es sich, so die Interpretation von Blau und Wambacher,[B23, B25] um Änderungen der Oberflächenbeschaffenheit der Silberbromidkörner durch adsorbierte Farbstoffmoleküle handeln oder um eine „Keimisolierung“, d. h. eine Umwandlung größerer Aggregate in kleinere isolierte Körner.

Im Rahmen dieser Untersuchungen[B23] zeigte sich auch, dass die Ausbildung von Protonenbahnspuren durch Verringerung des Luftdrucks oder durch Bestrahlung in einer Stickstoffatmosphäre begünstigt wird. Die Anwesenheit von Sauerstoff stört also die Ausbildung von Protonenbahnspuren, möglicherweise indem adsorbierte Farbstoffe das oxidierende Einwirken von Sauerstoff auf Silberkeime katalysieren.

Die Wirkung von Vorbädern mit dem Farbstoff Pinakryptolgelb auf die Ausbildung von Protonenbahnspuren und insbesondere die Beobachtung des Einflusses von Luftsauerstoff veranlassten Blau und Wambacher, auch den Mechanismus der desensibilisierenden Rolle dieses Farbstoffes und einiger anderer Stoffe hinsichtlich der photographischen Wirkung von sichtbarem Licht näher zu untersuchen.[B25, B27–B30, B32, B33] Bei diesen Versuchen über die Lichteinwirkung auf photographische Platten wurde die Schwärzung der entwickelten Emulsionen photometrisch bestimmt. Es zeigte sich, dass das Desensibilisierungsvermögen mit abnehmendem Luftdruck abnimmt. Ein solcher Effekt trat auch auf, wenn die Luft durch Wasserstoff oder Kohlendioxid ersetzt wurde. Hingegen trat bei Emulsionen ohne Pynakryptolgelb-Vorbad kein Einfluss des Luftdrucks auf. Aus diesen und weiteren Befunden, u. a. aus Versuchen, bei denen die Farbstoffkonzentration variiert wurde, zogen Blau und Wambacher den Schluss, dass der Desensibilisator Pinakryptolgelb eine das latente Bild (Silberkeime) abbauende oxidative Wirkung des Sauerstoffs katalysiert. Auch für Ausbleicheffekte, die bei Nachbelichtung mit rotem Licht auftreten, konnte ein Oxidationsmechanismus nachgewiesen werden.[B30]

Kosmische Strahlung: Schnelle Protonen und Spallations-Sterne

In der kosmischen Strahlung[A12] vorkommende schwere Teilchen waren zunächst nur in wenigen Fällen mit Ionisationskammern bzw. mit Wilson-Nebelkammern nachgewiesen worden. Blau und Wambacher erkannten aber, dass photographische Emulsionen gut geeignet sind, solche Teilchen nachzuweisen, auch wenn sie nur selten auftreten. In ihrer ersten Mitteilung über photographische Beobachtungen schwerer Teilchen in der Höhenstrahlung[B35] schrieben Blau und Wambacher, dass sie entsprechende Versuche mit Photoplatten seit 1932 durchgeführt hatten, diese aber zu keinen Nachweisen führten. Das sei auf wenig geeignetes Plattenmaterial zurückzuführen gewesen. Bei Emulsionen, die mit Pinakryptolgelb-Lösungen vorbehandelt wurden und die sich in früheren Untersuchungen für den Protonennachweis gut bewährt hatten, trat bei den erforderlichen langen Expositionszeiten zu starke Schleierbildung auf.

1937 wurden dann die Neuen Halftone-Platten der Firma Ilford (mit 70 μm dicken Emulsionen) eingesetzt. Mit diesen Platten wurde auch ohne Pinakryptolgelb-Vorbad eine gute Protonenregistrierung erzielt. In den auf dem Hafelekar bei Innsbruck (2300 m Seehöhe) für vier Monate exponierten Platten fanden Blau und Wambacher viele lange Bahnspuren, die vor allem als Protonenspuren gedeutet wurden. Zahlreiche Bahnspuren entsprachen Reichweiten in Luft von mehr als ein Meter und es wurden auch einige Spuren mit bis zu 12 Meter Luftreichweite gefunden.[B35, B38] Da die meisten Bahnen wegen ihrer großen Reichweite nicht in der Emulsion enden, geben die beobachteten Bahnlängen nicht die Reichweiten bzw. die Energien der Teilchen an. Diese wurden daher aus den Kornabständen in den Bahnspuren ermittelt. Um eine solche Auswertung zu ermöglichen, arbeiteten Blau und Wambacher unter Heranziehung zahlreicher Bahnspuren, darunter von Teilchen, deren Energie zunächst nicht bekannt war, eine Beziehung zwischen Kornabstand und Teilchenenergie aus, die sie allerdings als ein nur vorläufiges Ergebnis bezeichneten.

Das bedeutendste Ergebnis war aber das Auffinden von „Zertrümmerungssternen" (Spallationsprozessen), in denen drei bis 12 Teilchenbahnspuren von einem Punkt ausgingen[B36, B38] (siehe S. 191ff). Blau und Wambacher beobachteten zunächst 60 derartige Sterne. Die Resultate der genauen Ausmessung von 31 Sternen wurden in einer Tabelle ihrer Veröffentlichung dargestellt.[B38] Einige davon waren in Platten gefunden worden, die in größerer Höhe, nämlich auf dem schweizerischen Jungfraujoch (3400 m), exponiert worden waren. Aus der oft großen Zahl ausgesendeter Teilchen wurde gefolgert, dass bei diesen Untersuchungen insbesondere Kerne von Silber und Brom in den Emulsionen zertrümmert werden.[B40]

Die in Wien gelagerten Kontrollplatten zeigten im Vergleich zu den Hafelekar-Platten nur ein Zehntel so viele Protonenbahnspuren, woraus sich die Verursachung durch die Höhenstrahlung eindeutig ergab. Für die beobachteten Einzelbahnen wurde angenommen, dass es sich vor allem um Protonen hoher Energie handelt (häufig mit Energien um 12 MeV), insbesondere um Rückstoßprotonen, die von Neutronen ausgelöst werden, welche aus Zertrümmerungsprozessen außerhalb der jeweils ausgewerteten photographischen Emulsionen stammen. Blau und Wambacher gingen dabei von der Annahme aus, dass bei den Zertrümmerungsprozessen (Spallationen) neben den Spuren erzeugenden geladenen Teilchen (insbesondere Protonen) auch ungeladene und daher keine Bahnspuren erzeugende Neutronen freigesetzt werden. Diese Deutung wurde durch die Tatsache gestützt, dass für die Protonenbahnen keine starke Bevorzugung einer bestimmten Raumrichtung gefunden wurde.

Auch andere Forscher, insbesondere Erwin Schopper,[28, 29] setzten dann Ende der Dreißigerjahre die photographische Methode zur Registrierung schwerer Teilchen in der Höhenstrahlung ein.

Marietta Blaus Ergebnisse: Ausgangspunkt für neue physikalische Forschungsrichtungen

In der „Blütezeit“ der photographischen Methode hat die von Cecil Powell begründete Arbeitsgruppe an der Universität Bristol einen führenden Platz eingenommen. Powell[A13] hat in seinen autobiographischen Notizen beschrieben, wie er von den Arbeiten von Blau und Wambacher erfuhr und durch diese zur Befassung mit der photographischen Methode angeregt wurde, oder – um ein sportliches Bild zu verwenden – wie Bristol den „Stafettenstab“ von Wien übernahm:

„1935 beschloss ich, einen Cockcroft-Walton-Beschleuniger mit 750 kV zu bauen, um auf dem Gebiet der Kernphysik zu arbeiten … Der ursprüngliche Plan war, die Streuung schneller Neutronen an Protonen unter Verwendung einer mit Wasserstoff gefüllten Wilson-Kammer zu studieren. Die Neutronen sollten durch Beschuss leichter Elemente, wie Lithium, Beryllium und Bor, mit schnellen Deuteronen aus dem Beschleuniger erzeugt werden. Aber ungefähr zu dieser Zeit machte W[alter] Heitler,[A14] der seit einigen Jahren in Bristol war, uns darauf aufmerksam, dass Blau und Wambacher photographische Emulsionen mit Erfolg zum Nachweis von Teilchen in der Höhenstrahlung verwendet hatten, und da die Methode den Vorzug großer Einfachheit besaß, dachte er, wir könnten ähnliche Photoplatten auf einen hohen Berg schicken, um zu sehen, ob wir die Wiener Ergebnisse wiederholen können … Die ersten Ergebnisse waren sehr ermutigend für uns. Wir fanden ‚Sterne', die gewiss auf der Zertrümmerung von Kernen beruhten, wobei manchmal bis zu zehn geladene Teilchen, Protonen und Alphateilchen, ausgesendet wurden … Die bescheidenen Erfolge ermutigten uns, die Möglichkeit des Einsatzes photographischer Emulsionen in unseren Versuchen mit dem 750-kV-Beschleuniger in Erwägung zu ziehen, also um die Neutronen und ihre Streuung auf diesem Weg zu beobachten, statt wie ursprünglich geplant mit der wasserstoffgefüllten Wilson-Kammer. Die Neutronen in einer wasserstoffgefüllten Wilson-Kammer zu registrieren war mühevoll und bei einem typischen Versuch waren 30 000 photographische Aufnahmen zu machen, um ein bestimmtes Neutronenspektrum zu erhalten, so dass der ganze Versuch 6 Monate in Anspruch nehmen würde … Wir haben dann einige Quadratzentimeter Emulsion nahe dem Beryllium angeordnet, das mit 700-kV-Deuteronen aus unserem Cockcroft-Beschleuniger beschossen wurde. Mit dieser Emulsion haben wir tausende Rückstoßprotonen registriert, konnten so das Neutronen-Spektrum mit größerer Genauigkeit als mit der Wilson-Kammer ermitteln, und die Messungen wurden in nur ein oder zwei Tagen abgeschlossen."[30]

Die Entdeckung der „Zertrümmerungssterne", also der Auslösung von Spallationsprozessen durch die Höhenstrahlung, war nicht nur für die experimentell orientierten Kernphysiker, sondern auch für Theoretiker von großem Interesse. Unter Bezugnahme auf die erste kurze Mitteilung von Blau und Wambacher[B36] (siehe S. 190) erörterte Werner Heisenberg Vorgänge beim Eindringen von Protonen oder Neutronen hoher Energie in Atomkerne.[31–33] Heisenbergs großes Interesse an der Beobachtung der Spallationsprozesse ergab sich aus einer von ihm 1936, also im Jahr davor, mitgeteilten Überlegung, dass beim Auftreffen eines energiereichen Höhenstrahlungsteilchens auf einen Atomkern explosionsartig viele Teilchen auf einmal entstehen können.[34] Auch der wissenschaftliche Briefwechsel Wolfgang Paulis[35] gibt Hinweise auf Diskussionen bedeutender theoretischer Physiker, die von der Beobachtung der „Zertrümmerungssterne" ausgelöst wurden.[A15]

„Der Anschluss": Das jähe Ende von Marietta Blaus Wiener Schaffensperiode

Durch den Einmarsch nazideutscher Truppen in Österreich im März 1938 fanden die wissenschaftlichen Arbeiten Marietta Blaus, die mit ihren Veröffentlichungen 1937 einen Höhepunkt erreicht und sie in der wissenschaftlichen Welt sehr bekannt gemacht hatten, eine jähe Unterbrechung. Ein Aufenthalt in Oslo zu Forschungsarbeiten war schon länger geplant. Sie reiste von Wien am 12. März 1938 ab, einen Tag nach der Kapitulation der österreichischen Regierung, und kehrte dann in das Österreich unter Nazi-Herrschaft nicht mehr zurück. Hertha Wambacher, ihre langjährige Mitarbeiterin,[A10] veröffentlichte 1938 und 1939 weitere Ergebnisse über die „Mehrfachzertrümmerung von Atomkernen durch kosmische Strahlung". In zwei dieser Berichte[36, 37] ist zwar knapp von einer Mitwirkung Blaus an den Vorläuferarbeiten die Rede, ihre entscheidende Rolle bei der Entwicklung der photographischen Methode in Wien wurde aber nicht erwähnt. In einer weiteren Veröffentlichung Wambachers, mit G. Stetter,[38] und in einer Vortragszusammenfassung[39] wurde Blau nicht einmal genannt. Die Arbeiten von Blau und Wambacher über Spallationssterne wurden auch mit einer Untersuchung von A. Widhalm fortgesetzt.[40]

Marietta Blaus bis 1938 erzielte Ergebnisse und ihre großen Erfahrungen mit der kernphysikalischen Anwendung der photographischen Methode waren aber für sie ein Ausgangspunkt für eine zweite Schaffensperiode auf diesem Gebiet, in den USA ab 1948, auf die im folgenden Beitrag eingegangen wird.

Anmerkungen

A1 Zur Entdeckung der Radioaktivität: Konrad Röntgen entdeckte 1895 die später nach ihm benannten sehr durchdringenden Strahlen. Sie entstehen, wenn schnelle Elektronen (Kathodenstrahlen) in einem Gasentladungsrohr auf die positive Elektrode (Antikathode) auftreffen. Die ersten von ihm beobachteten Wirkungen der neuen Strahlenart waren die Erzeugung von Fluoreszenz beim Auftreffen auf verschiedene Materialien und die Schwärzung photographischer Platten. Henri Poincaré und andere französische Wissenschaftler vermuteten daher einen Zusammenhang zwischen den Röntgenstrahlen und der Erscheinung der Lumineszenz. Diese Vermutungen waren der Ausgangspunkt für Untersuchungen Henri Becquerels. Er setzte lumineszierende bzw. phosphoreszierende Stoffe, insbesondere Uransalze, Licht großer Intensität aus und legte sie dann auf photographische Platten, die er zum Schutz gegen Licht in schwarzes Papier einwickelte. Die auftretende Schwärzung der photographischen Emulsionen bei Untersuchung von Uranverbindungen stand aber, wie er dann feststellte, in keinem Zusammenhang mit der Lumineszenz eingesetzter Stoffe, sondern war eine Folge einer von allen Uranverbindungen ausgesendeten durchdringenden Strahlung.

A2 Über die in den Zwanziger- und insbesondere in den Dreißigerjahren veröffentlichten Arbeiten betreffend die Registrierung radioaktiver Strahlen mittels photographischer Emulsionen, die von Forschern in mehreren Ländern (Großbritannien, Japan, Österreich, Sowjetunion, USA) durchgeführt wurden, ist zusammenfassend berichtet worden.[1–3]

A3 Über die Methoden und Ergebnisse der „Blütezeit" der photographischen Methode liegen zusammenfassende Berichte vor,[3, 4] und hier ist auch auf die Beiträge Marietta Blaus zu einem Sammelwerk über Methoden der Physik hinzuweisen, in denen sie die Anwendung dieser Technik in der Kern- und Teilchenphysik im Detail behandelt hat.[B78]

Eine wesentliche Grundlage für die Erfolge der photographischen Methode war die Entwicklung von Emulsionen mit hoher Empfindlichkeit für die Registrierung von Teilchen. Diese Emulsionen besitzen einen sehr hohen Gehalt an Silberbromid; das Verhältnis von Silberbromid zu Gelatine ist acht bis zehn Mal so groß wie in gewöhnlichen Emulsionen. Derartige Emulsionen wurden bereits 1935 vorgeschlagen,[41] aber damalige Versuche brachten keinen Erfolg. Die Herstellung leistungsfähiger Kernspuremulsionen gelang ab 1945 durch unabhängige Entwicklungsarbeiten in einigen Forschungs- und Industrielaboratorien (P. Demers, National Research Council, Kanada; Ilford, Ltd., Kodak, Ltd., Großbritannien; Eastman Kodak, USA).[2–4, 42]

A4 Gerhard Kirsch (geb. 1890, Wien, gest. 1956, Bischofshofen): Studium der Chemie und dann der Physik an der Universität Wien, Unterbrechung durch Militärdienst im Ersten Weltkrieg, Dr. phil. 1920, 1921 Assistent am II. Physikalischen Institut, 1925 Dozent, 1932 tit. a. o. Prof.; Arbeiten über radioaktive Zerfallsreihen und Altersbestimmung von Mineralien, ab 1922 Zusammenarbeit mit Hans Pettersson über Kernreaktionen bei Einwirken von Alphateilchen; 1923 Teilnahme an der schwedischen hydrographischen Expedition in der Ostsee; ab 1928 vor allem Arbeiten im Grenzgebiet Geologie–Radioaktivität, Beiträge zu Sammelwerken; nach dem Anschluss 1938: Leiter des III. Physikalischen Instituts, 1941 Vorstand des I. Physikalischen Instituts und Leiter des Forschungsinstituts Gastein, Arbeiten über die Analyse der radioaktiven Quellwässer; 1945 Entlassung von der Universität wegen seines Engagements (seit 1933) für den Nationalsozialismus und 1947 Versetzung in den Ruhestand.

A5 Hans Pettersson (geb. 1888, Forshälla, Schweden, gest. 1966, Göteborg, Schweden): Studium der Physik an der Universität Uppsala, Lizentiat 1911; 1911/12 bei William Ramsay am University College, London; 1914 Doktorat und Dozent für Ozeanographie an der Hochschule Göteborg, 1912 Bestimmungen des Radiumgehaltes von Tiefseesedimentproben der „Challenger"-Expedition; 1922–1936 enge Zusammenarbeit mit dem Wiener Institut für Radiumforschung und dem II. Physikalischen Institut der Universität Wien, insbesondere 1922–1930 mit langen Aufenthalten in Wien,

Initiierung der Forschungen in Wien über Kernreaktionen, Anregungen für die Entwicklung verschiedener kernphysikalischer Arbeitsmethoden an den Wiener Instituten; 1930 Professor für Ozeanographie in Göteborg; Initiative zur Errichtung des neuen Ozeanographischen Instituts in Göteborg; Forschungen über die Radioaktivität des Meerwassers und Untersuchungen auf vielen Gebieten der Ozeanographie; Organisierung und Leitung der schwedischen Tiefseeexpedition „Albatros" 1947/48; Entnahme von Sedimentproben mit Längen bis 16 m mittels speziell entwickelter Geräte; Erforschung des auf die Erde gelangenden kosmischen Staubes.

A6 Aufbau einer Wilson'schen Nebelkammer in Wien: Eine solche Kammer wurde dann 1926/27 geschaffen und für Untersuchungen über Kernreaktionen eingesetzt.[43,44]

A7 H-Strahlen: Schnelle Protonen wurden in den Zwanzigerjahren vor allem als H-Strahlen, H-Partikel oder H-Kerne bezeichnet. Statt dem später üblichen Begriff „Kernreaktion" wurde damals am Wiener Institut für Radiumforschung meistens von „Atomzertrümmerung" gesprochen.

A8 Untersuchungen, vor allem im Rahmen von Dissertationen, über Aspekte der photographischen Methode am Wiener Institut für Radiumforschung, mit denen Arbeiten von Marietta Blau fortgesetzt wurden (1935–1938):
Johanna Riedl, Reichweitengruppen natürlicher H-Strahlen[45]
(an B5, B13 anknüpfend);
Johanna Lauda, Abklingen des latenten Bildes[46]
(an B16 anknüpfend);
Stefanie Zila, Untersuchung mit Protonenstrahlen[47]
(an B23 anknüpfend);
Elvira Steppan, Zertrümmerung von Aluminium[48]
(an B24 anknüpfend);
Otto Merhaut, Das Problem der Resonanzeindringung von α-Teilchen in den Aluminiumkern, behandelt mit der photographischen Methode[49]
(an B24 und die Arbeit von E. Steppan[48] anknüpfend).

A9 Elisabeth Rona (geb. 1890, Budapest, Ungarn, gest. 1982, Miami, Florida, USA): Studium der Physik und Chemie in Budapest, Promotion 1911. Dann Zusammenarbeit mit führenden Forschern auf dem Gebiet der Radiochemie, mit Kasimir Fajans in Karlsruhe, Georg von Hevesy in Budapest und Otto Hahn in Berlin. 1926–1938 wissenschaftliche Mitarbeiterin am Wiener Institut für Radiumforschung; Herstellung starker Poloniumquellen für „Atomzertrümmerungs"-Experimente, Untersuchung der Verfärbung und Lumineszenz des Fluorits (mit Karl Przibram). Elisabeth

Rona, einer jüdischen Familie entstammend, verließ Wien nach dem Anschluss und emigrierte 1941 von Budapest in die USA. 1947–1965 am Argonne National Laboratory und am Oak Ridge National Laboratory. 1965–1976 Professor für Chemie an der Universität Miami; Arbeiten über Datierung mariner Sedimente im Hinblick auf ozeanographische Fragestellungen.

A10 Hertha Wambacher (geb. 1903, Wien, gest. 1950, Wien): siehe Biographischer Abriss, S. 34f.

A11 Die Reichweite von Alphastrahlen in Luft, die mit verschiedenen Methoden genau bestimmt werden konnte, war zunächst die übliche Größe zur Charakterisierung dieser Strahlen, wobei diese Reichweite als eine der Teilchenenergie entsprechende Größe angesehen werden konnte. Unabhängige Energiebestimmungen, insbesondere durch Beobachtung der Ablenkung der Alphastrahlen in Magnetfeldern, führten dann zu einer allgemein anwendbaren, für Umrechnungen geeigneten Reichweite-Energie-Beziehung. Für Protonen wurde später die Beziehung zwischen Reichweite in Luft und Energie in analoger Weise ermittelt. Dabei wurden dann auch Protonen aus Beschleunigern eingesetzt, deren Energien sich aus den in den Beschleunigern wirkenden Spannungen ergaben. Auf Grund des Befundes, dass die Längen der Bahnspuren in Emulsionen den Reichweiten in Luft proportional sind, konnte Blau nun die Messung von Protonen-Bahnspurlängen zur Energiebestimmung heranziehen.

A12 Kosmische Strahlung (früher Höhenstrahlung genannt): Die ständige geringe elektrische Leitfähigkeit der Luft der Atmosphäre wurde schon seit Anfang des 20. Jahrhunderts als Folge einer Ionisation durch Einwirken energiereicher Strahlung angesehen. Doch erst die Ballonaufstiege von Viktor Hess (damals Assistent am Wiener Institut für Radiumforschung, später Professor der Physik in Graz und Innsbruck und – nach seiner Emigration nach der Okkupation Österreichs 1938 in die USA – an der Fordham University, New York) im Jahr 1912, bei denen die Ionisation in Abhängigkeit von der Höhe gemessen wurde, zeigten eindeutig, dass es sich um eine aus dem Weltraum kommende Strahlung handelt. Die Messungen von Hess, dessen Pionierleistung mit dem Nobelpreis für Physik 1936 ausgezeichnet wurde, ergaben, dass die Ionisation in fünf Kilometer Höhe ungefähr viermal so groß ist wie auf dem Boden. Spätere Forschungen führten zur Erkenntnis, dass die primäre Höhenstrahlung aus energiereichen (positiv geladenen) Atomkernen besteht. Protonen (Atomkerne des Wasserstoffs) bilden die Hauptkomponente der primären Höhenstrahlung, es treten aber auch Atomkerne aller Elemente bis zu den schwersten auf, allerdings mit geringer Häufigkeit. Beim Auftreffen auf die Luft löst die primäre Höhenstrahlung Kernreaktionen aus. Es werden kurzlebige Teilchen (Mesonen, Hyperonen) sowie Gammastrahlen, Elektronen und Positronen erzeugt. Dabei entstehen Teilchenkaskaden und -schauer. Da von der Primärstrahlung erzeugte μ-Mesonen (Myonen) mit den Kernen der Luftmoleküle nur in geringe Wechselwirkung treten, bilden sie einen wesentlichen Teil der durchdringenden (harten) Höhenstrahlung. Die Wechselwirkung von Elektronen, Positronen und Gammastrahlen mit der Luft ist hingegen verhältnismäßig stark, sodass sie die „weiche" Komponente der in der Atmosphäre beobachteten Höhenstrahlung darstellen.

A13 Cecil Frank Powell (geb. 1903, Tonbridge, Großbritannien, gest. 1969, Bellano, Italien): Studium an der Universität Cambridge, unter E. Rutherford und C. T. R. Wilson, Dr. phil. 1927, ab 1928 an der Universität Bristol, zunächst als Assistent von A. M. Tyndall, Untersuchung von Kondensationsphänomenen, Teilnahme an der Expedition zur Erforschung des Montserrat-Vulkanausbruchs; 1938 Beginn der kernphysikalischen Untersuchungen, insbesondere mit der photographischen Methode; 1948 Professor, 1949 Fellow of the Royal Society, 1950 Nobelpreis für Physik für die Entwicklung der photographischen Methode in der Teilchenphysik, insbesondere die Auffindung des π-Mesons; Vorsitzender des Continuing Committee der Pugwash-Konferenzen, Vorsitzender des Scientific Policy Committee bei CERN, Genf (3-Jahres-Periode), Präsident der „World Federation of Scientific Workers".

A14 Walter Heitler (geb. 1904, Karlsruhe, Deutschland, gest. 1981, Zürich, Schweiz): theoretischer Physiker, Arbeitsgebiete insbesondere: Theorie der chemischen Bindung, Strahlungstheorie, Kernkräfte, Höhenstrahlung, Quantenfeldtheorie. Studium in Karlsruhe, Berlin und München, Promotion 1926. Dann Forschungsaufenthalte in Kopenhagen und Zürich. Erste Erklärung der homöopolaren Bindung auf wellenmechanischer Grundlage (1927, mit Fritz London). 1927–1933 in Göttingen, Privatdozent, theoretische Analyse von Molekülspektren. Nach der nationalsozialistischen Machtergreifung 1933 Emigration nach England. 1933–1941 Research Fellow am Physiklaboratorium der Universität Bristol, Arbeiten zur Theorie der Paarbildung im Coulombfeld von Atomkernen, über Kernkräfte und über das Auftreten von Kaskaden und Schauern in der Höhenstrahlung. 1941–1949 Professor am Institute for Advanced Studies in Dublin, Beiträge zur Mesonentheorie der Kernkräfte. Ab 1949 Professor für theoretische Physik an der Universität Zürich, Arbeiten über die natürliche Breite von Spektrallinien und zur Quantenelektrodynamik.

A15 Beiträge zur Diskussion der Zertrümmerungssterne von Markus Fierz, Hans Bethe, Wolfgang Pauli und Erich Bagge[50] werden hier genannt.

Literaturzitate/Quellenangaben

1 M. M. Shapiro, Rev. Mod. Physics **13**, 58 (1941).

2 J. Rotblat, Progr. Nucl. Physics **1**, 37 (1950).

3 C. F. Powell, P. H. Fowler, D. H. Perkins, The Study of Elementary Particles by the Photographic Method, Pergamon Press, London 1959.

4 M. M. Shapiro, Nuclear Emulsions, in: Handbuch der Physik, Bd. 45 (S. Flügge, Hrsg.), Springer-Verlag, Berlin 1958, S. 342.

5 E. Rutherford, Phil. Mag. (Ser. 6) **37**, 581 (1919).

6 E. Rutherford, Proc. Roy. Soc. A **97**, 374 (1920).

7 E. Rutherford, J. Chadwick, Phil. Mag. (Ser. 6) **42**, 809 (1921), **44**, 417 (1922).

8 E. Rutherford, J. Chadwick, Proc. Phys. Soc. **36**, 417 (1924).

9 P. M. S. Blackett, Proc. Roy. Soc. A **107**, 349 (1925).

10 G. Kirsch, H. Pettersson, Sitzungsber. Akad. Wiss. Wien IIa **132**, 299 (1923); **133**, 235 (1924); G. Kirsch, Sitzungsber. Akad. Wiss. Wien IIa **133**, 461 (1924).

11 G. Kirsch, H. Pettersson, Phil. Mag. (Ser. 6) **47**, 500 (1924).

12 H. Pettersson, G. Kirsch, Atomzertrümmerung, Verwandlung der Elemente durch Bestrahlung mit α-Teilchen, Akademische Verlagsgesellschaft, Leipzig 1926.

13 E. Marsden, Phil. Mag. (Ser. 6) **27**, 824 (1914).

14 W. Michl, Sitzungsber. Kaiserl. Akad. Wiss. Wien IIa **121**, 1431 (1912).

15 C. F. Powell, P. H. Fowler, D. H. Perkins, The Study of Elementary Particles by the Photographic Method, Pergamon Press, London 1959, S. 35, 50–52.

16 R. W. Gurney, N. F. Mott, Proc. Roy. Soc. A **164**, 151 (1938).

17 W. F. Berg, Rep. Progr. Physics **11**, 248 (1948).

18 J. W. Mitchell, Z. Elektrochem. **60**, 557 (1956).

19 J. W. Mitchell, N. F. Mott, Phil. Mag. (Ser. 8) **2**, 1149 (1957).

20 C. Chamié, C. R. Acad. Sci. Paris **184**, 1243 (1927); **185**, 770, 1277 (1927); **186**, 1838 (1928).

21 C. Chamié, J. Phys. Radium **10**, 44 (1929).

22 J. Chadwick, Nature **129**, 312 (1932).

23 J. Chadwick, Proc. Roy. Soc. A **136**, 692 (1932).
24 H. Wambacher, Sitzungsber. Akad. Wiss. Wien IIa **140**, 271 (1931).
25 J. Chadwick, J. E. R. Constable, Proc. Roy. Soc. A **135**, 48 (1932).
26 C. F. Powell, P. H. Fowler, D. H. Perkins, The Study of Elementary Particles by the Photographic Method, Pergamon Press, London 1959, S. 43–49.
27 H. J. Taylor, Proc. Roy. Soc. A **150**, 382 (1935).
28 E. Schopper, Naturwissenschaften **25**, 557 (1937).
29 E. M. Schopper, E. Schopper, Physikal. Z. **40**, 22 (1939).
30 C. F. Powell, Fragments of autobiography, in: E. H. S. Burhop, W. O. Lock, M. G. K. Menon (Eds.), Selected Papers of Cecil Frank Powell, North Holland Publishing Co., Amsterdam 1972, S. 23.
31 W. Heisenberg, Naturwissenschaften **25**, 749 (1937).
32 W. Heisenberg, Ber. Sächs. Akad. Wiss., math.-phys. Kl. **89**, 369 (1937).
33 H. Euler, W. Heisenberg, Ergebn. exakt. Naturwiss. **17**, 1 (1938).
34 W. Heisenberg, Z. Physik **101**, 533 (1936).
35 K. von Meyenn (Hrsg.), Wolfgang Pauli – Wissenschaftlicher Briefwechsel mit Bohr, Einstein, Heisenberg, u. a., Springer-Verlag, Berlin 1985, Band II, S. 495, Band III, S. 7, 9, 29, 31.
36 H. Wambacher, Physikal. Z. **39**, 883 (1938); Z. techn. Physik **19**, 569 (1938).
37 H. Wambacher, Sitzungsber. Akad. Wiss. Wien IIa **149**, 157 (1940).
38 G. Stetter, H. Wambacher, Physikal. Z. **40**, 702 (1939).
39 H. Wambacher, Angew. Chemie **52**, 117 (1939).
40 A. Widhalm, Z. Physik **115**, 481 (1940).
41 A. Jdanov (Shdanow), J. Phys. Radium **6**, 233 (1935).
42 P. Demers, Canad. J. Res. **A25**, 223 (1947).
43 R. Holoubek, Sitzungsber. Akad. Wiss. Wien IIa **136**, 321 (1927).
44 R. Holoubek, Z. Physik **42**, 705 (1927).
45 J. Riedl, Sitzungsber. Akad. Wiss. Wien IIa **147**, 181 (1938).
46 J. Lauda, Sitzungsber. Akad. Wiss. Wien IIa **145**, 707 (1936).
47 S. Zila, Sitzungsber. Akad. Wiss. Wien IIa **145**, 503 (1936).
48 E. Steppan, Sitzungsber. Akad. Wiss. Wien IIa **144**, 455 (1935).
49 O. Merhaut, Dissertation Universität Wien (1938).
50 E. Bagge, Ann. Physik **33**, 359, 389 (1938); **35**, 118 (1939); **39**, 512, 535 (1941).

Marietta Blaus wissenschaftliche Arbeiten nach dem Zweiten Weltkrieg

Arnold Perlmutter

Von 1938 bis 1944 war Marietta Blau vom Hauptstrom der physikalischen Forschung abgeschnitten. Unter den Arbeits- und Lebensbedingungen in Mexiko hatte sie praktisch keine Möglichkeit zu schöpferischer wissenschaftlicher Tätigkeit. Als sie 1944 nach New York kam, bewegte sie sich zuerst wohl nur an der Peripherie der amerikanischen Forschungswelt. Sie arbeitete zunächst bei der International Rare Metals Refinery und später bei der Canadian Radium and Uranium Corporation. Man hat aber den Eindruck, dass es nun – nach der langen Isolierung von der Wissenschaft in Mexiko und der dadurch entstandenen Frustration – zu einer explosionsartigen Steigerung ihrer kreativen Aktivität kam.

Meine Darstellung von Marietta Blaus Forschungen nach dem Krieg stützt sich insbesondere auf ihre Veröffentlichungen, aber auch auf meine persönlichen Kontakte mit ihr zwischen 1956 und 1963 in Miami und Wien (siehe S. 96f), auf Kontakte mit einigen ihrer früheren Kollegen und auf Veröffentlichungen zu ihrer Biographie[1–4] bzw. über die Entwicklung der photographischen Methode in der Kernphysik.[1, 5, 6]

Verwendung von Photoelektronenvervielfachern für die Szintillationsregistrierung

Schon im Mai 1945 reichte sie (gemeinsam mit B. Dreyfus) ein Manuskript bei der führenden amerikanischen Zeitschrift „Review of Scientific Instruments“ ein, in dem sie über einen Einsatz eines Photoelektronenvervielfachers für Radioaktivitätsmessungen berichtete.[B48] Mit der Vervielfacherröhre wurde die Lichtintensität der Szintillationen gemessen, die radioaktive Strahlen (insbesondere von alphaaktiven Polonium- und Radiumpräparaten ausgesendet) bei Auftreffen auf eine Zinksulfidschicht erzeugen. In der Diskussion wird auf verschiedene Anwendungsmöglichkeiten von Photoelektronenvervielfachern für Radioaktivitätsmessungen hingewiesen.

Die von Blau aufgebaute Vorrichtung kann als ein erster rudimentärer elektrischer (elektronischer) Szintillationszähler angesehen werden. Sie zeigte damit, dass gegenüber dem visuellen Zählen von Lichtblitzen durch menschliche Beobachter, wie es insbesondere von Rutherford und Mitarbeitern bei ihren epochemachenden Entdeckungen verwendet worden war, durch Einsatz moderner Lichtdetektoren große Fortschritte möglich sind. Die elektronischen Geräte zur Verstärkung und Zählung von Impulsen aus Radioaktivitätsdetektoren standen allerdings im Laboratorium von Blau noch nicht zur Verfügung. Daher berichtete sie in ihrer Publikation über den Einsatz konventioneller Geräte (Milliamperemeter, Mikroamperemeter, Galvanometer) zur Messung des Stromes aus dem Photoelektronenvervielfacher, fügte jedoch hinzu, dass es mit geeigneten Verstärkern möglich sein würde, noch wesentlich geringere Lichtintensitäten (Aktivitäten) als bei ihren eigenen Experimenten zu messen.

Die erste Anwendung eines Photomultipliers (Sekundärelektronenvervielfachers) zum Zählen von Szintillationen erfolgte allerdings schon etwas früher, nämlich im Rahmen des (geheimen) amerikanischen Atomenergieprojektes (Manhattan Project). Darüber berichteten Curran und Baker in einem damals geheimen Forschungsbericht im Jahr 1944,[7] der erst 1948 veröffentlicht wurde.

Durch intensive Entwicklungsarbeiten mit flüssigen, Plastik- und Kristallszintillatoren[A1] wurde der Szintillationszähler in den folgenden Jahren zum wichtigsten Detektor in der Kern- und Teilchenphysik. Die auf Szintillationszählung beruhenden Techniken werden heute auf den verschiedensten Gebieten – in der Biologie, Chemie, Medizin, der Geologie, den Atmosphärenwissenschaften und in der Industrie – eingesetzt. Die von Marietta Blau aufgebaute Apparatur kann jedenfalls als einer der

Ausgangspunkte für die Entwicklung der modernen Szintillationszähler und ihrer vielseitigen Anwendungen angesehen werden.

Es ist bedauerlich, dass Marietta Blau nicht weiter an der Entwicklung der Szintillationszähler gearbeitet hat. Die Erklärung dafür dürfte sein, dass sie damals bei Firmen angestellt war, die schnell bestimmte Strahlungsquellen auf Grundlage natürlicher Radioelemente entwickeln und verkaufen wollten, sodass Blau nicht nach ihren eigenen Ideen vorgehen konnte, sondern den Direktiven des Managements folgen musste.

Beiträge zur Messung und Anwendung von natürlichen Radioelementen

Die Arbeiten Marietta Blaus in den Jahren 1944 bis 1948[B48–B54] betrafen die Anwendung von natürlichen Radioelementen, insbesondere als Strahlenquellen. Das ergab sich aus den schon erwähnten Interessen der Firmen, für die sie damals tätig war. So sollte ihre Anordnung zur Szintillationsmessung mittels Photomultipliers[B48] vor allem zur Ermittlung der Aktivität starker Poloniumquellen dienen, und Blau verwies auf die Möglichkeit, verschiedene Lichtquellen mit Hilfe von radioaktiven Präparaten und ihrer Messanordnung zu eichen.

Herstellung und Anwendung von Lichtquellen, die auf alphastrahlenden radioaktiven Präparaten, insbesondere von Polonium und Radium, und lumineszierenden Schichten beruhen, waren Gegenstand einer 1946 erschienenen Veröffentlichung Marietta Blaus[B49] (mit I. Feuer). Da vor allem an Anwendung für Eichungen gedacht wurde, sollte die Lichtintensität konstant gehalten werden. Um das Absinken der Stärke der Lichtquellen durch fortdauernde Strahleneinwirkung auf die lumineszierenden Schichten, ein Effekt, der schon früher – insbesondere bei radioaktiven Leuchtfarben, z. B. in Uhren und Instrumenten – beobachtet worden war, zu verhindern, wurden die radioaktiven Materialien von den lumineszierenden Schichten räumlich getrennt und geeignete Verschlüsse (Abschirmungen) vorgesehen, durch die die Strahleneinwirkung auf die kurzen Zeiträume der tatsächlichen Verwendung der Lichtquelle beschränkt wurde. In der Veröffentlichung wurden Methoden beschrieben, um die Stärke der Lichtquellen zu verändern. Das erfolgte durch Änderung des Abstandes zwischen radioaktivem Präparat und lumineszierender Schicht, durch Zwischenschaltung absorbierender Folien oder durch Änderung des Gasdruckes, d. h. durch Veränderung der Strahlenabsorption im Raum zwischen Präparat und lumineszierender Schicht.

Die höchsten Lichtintensitäten (Energieausbeuten) wurden mit kupferaktivierten Zinksulfidschichten erzielt. Mit höheren Aktivitäten der Radioelemente wurden zunächst proportional größere Lichtintensitäten erreicht, jedoch nur bis zu einem bestimmten Sättigungswert.

Die radioaktiven Lichtquellen wurden als Standards für Verwendung bei kolorimetrischen Messungen, vor allem aber für Prüfung von Kathodenstrahl-Leuchtschichten und den Leuchtschichten von Fernsehröhren empfohlen. Dabei würde es von Vorteil sein, dass das Spektrum des bei Alphastrahleneinwirkung emittierten Lichtes mit dem bei Kathodenstrahleinwirkung weitgehend oder sogar genau übereinstimmt. Die beschriebenen Vorrichtungen könnten auch zur Prüfung der Konstanz der Lichtausbeute von Materialien für Leuchtschichten eingesetzt werden.

Die große Erfahrung Marietta Blaus bei Handhabung und Anwendung natürlicher Radioelemente war die Grundlage einer Zusammenarbeit mit dem Forschungsdirektor des Heilbades in Saratoga Springs, O. Baudisch. Eine 1946 erschienene Veröffentlichung[B50] von Blau, Sinason und Baudisch beschrieb eine Methode zum Einbau der Folgeprodukte von Radon in kolloidales Gamma-Eisenoxid (Fe_2O_3). Folgende Anwendung des so aktivierten Materials sollte dabei ermöglicht werden: Bekannt war, dass in die Blutbahn injiziertes kolloidales Gamma-Eisenoxid von den Zellen des retikulo-endothelialen Systems[A2] phagozytiert, d. h. von Fresszellen aufgenommen wird. Diese Zellen verteilen sich im Körper, werden aber vor allem in Leber, Milz und Knochenmark angereichert. Nun sollte untersucht werden, ob eine Stimulierung der Antikörper-Wirkung der retikulo-endothelialen Zellen durch die lokale Wirkung der von den eingebauten Radioelementen ausgesendeten

Alphastrahlen, die in den Zellen eine hohe örtliche Strahlungsdosis hervorrufen, erreicht werden kann. Es wurde auch an Leukämie- oder Tumorbekämpfung durch gezielte innere Strahlenwirkung mittels des aktivierten Eisenoxids gedacht.

Radon, Radium und Polonium kamen für Einbau in das Gamma-Eisenoxid aus verschiedenen Gründen nicht in Frage, Radium und Polonium insbesondere wegen der langen Halbwertszeit. Daher wurde eine Methode entwickelt, mit der die Radon-Folgeprodukte RaA (^{218}Po), RaB (^{214}Pb) und RaC (^{214}Bi) in das Eisenoxid eingeführt werden können. In einer besonders konstruierten, aber ziemlich einfachen Glasapparatur wird Radon auf dem Eisenoxid kondensiert, das mit flüssiger Luft gekühlt wird, wobei das Radon auch in Kanäle des Gamma-Eisenoxids eintritt. Nach 3½ bis 4 Stunden – ein für die Einstellung des radioaktiven Gleichgewichtes ausreichender Zeitraum – haben sich die Radon-Folgeprodukte gebildet. RaB und RaC werden durch zwei Alphazerfälle aus Radon gebildet, und durch den Rückstoß, den sie dabei erhalten, dringen sie in das Eisenoxidgitter ein und werden dort fest gebunden. Im Pulver noch vorhandenes Radon wird durch Erhitzen ausgetrieben. Durch Messung der Aktivität des Eisenoxids und ihres Abklingens wurde überprüft, dass es sich bei der eingebrachten Aktivität wirklich um RaB und RaC handelt und dass kein Radon zurückgeblieben ist. Beim Einbringen der Radonfolgeprodukte wurden jedenfalls Ausbeuten von 90 % erreicht.

Großflächige Poloniumquellen mit sehr konstanter Aktivitätsverteilung waren ein wesentlicher Teil eines Gerätes zur Flächenmessung, über das Blau 1947 berichtete[B51] (mit J. Carlin). Das Gerät beruhte auf einer speziellen Ionisationskammer, bei der der von einer Poloniumquelle erzeugte Ionisationsstrom durch eingeschobene, die Strahlung absorbierende Körper verringert wird, und zwar so, dass diese Reduktion der Fläche des Körpers proportional ist. Eine Ausführung des Gerätes ermöglichte die Messung von Flächen bis etwa 175 cm^2 mit einer Genauigkeit von ungefähr ein Prozent. Die von Blau gemeinsam mit J. Carlin verfasste Veröffentlichung[B51] „Ionization currents from extended alpha-sources" beschrieb eingehende Experimente zur Ermittlung der Abhängigkeit des Ionisationsstromes in einer Ionisationskammer mit 20 cm Plattendurchmesser von verschiedenen Parametern, insbesondere von der angelegten Spannung, von der Fläche und der Aktivität der Quellen (Polonium auf Nickel- oder Messingscheiben) und von den Abmessungen der Ionisationskammer. Das entwickelte Instrument wurde für verschiedene Flächenmessungen und auch für die Ermittlung des freien Raumes bei Netzen oder Bohrungen vorgeschlagen.

Eine weitere Veröffentlichung von Blau aus dieser Periode[B52] (gemeinsam mit B. Sinason) behandelt die Verwendung von Ionisationskammern für die Messung der Aktivität von α-aktivem Protactinium (Pa) in verschiedenen Proben. Dabei wurde gezeigt, dass Routineanalysen durch Messungen an sehr dicken Proben möglich sind, d. h. an Proben, die dicker als die Reichweite der Alphastrahlung des Protactiniums sind. Um aus den an solchen Proben gemessenen Ionisationsströmen den Pa-Gehalt, z. B. ausgedrückt in Gramm Pa pro Gramm Probe, berechnen zu können, muss die Absorption der Alpha-Teilchen in den Probeschichten bekannt sein. In der Veröffentlichung wird gezeigt, wie diese Absorptionseffekte bestimmt werden können, nämlich entweder durch Vergleich der Ionisationsströme von dicken, aus Zirkoniumdiphosphat (ZrP_2O_7) bestehenden Proben und von sehr dünnen Proben gleicher Aktivität, oder durch Herstellung von dicken (α-satten) Proben unter Zugabe einer bekannten Poloniumaktivität. Bei dieser zweiten Methode wird die Tatsache ausgenützt, dass Alphastrahlen von Protactinium und von Polonium sehr ähnliche Reichweiten (Energien) besitzen.

Einen Überblick über Anwendungsmöglichkeiten von natürlichen Radioelementen als Strahlenquellen, insbesondere für messtechnische Aufgaben, hat Marietta Blau in einer 1948 in der Zeitschrift „Electronics" erschienenen Arbeit[B53] „Industrial applications of radioactivity" gegeben (gemeinsam mit J. Carlin). Die diskutierten Anwendungen betrafen vor allem: Abbau elektrostatischer Aufladungen durch Ionisation der umgebenden Luft mittels radioaktiver Quellen; Herstellung von Widerständen, die auf der Ionisation von Gasen mittels radioaktiver Quellen beruhen; Messung elektrostatischer Aufladungen mittels ähnlicher Anordnungen, insbesondere im Hinblick auf Anzeige unzulässig hoher Aufladungen; radioaktive Lichtquellen, wobei auch auf die Möglichkeit einer Temperaturanzeige hingewiesen wird, die den Effekt ausnützt, dass die durch radioaktive Strahlung erzeugte Lumineszenz gewisser Substanzen bei erhöhter Temperatur stark absinkt; berührungslose Dickenmessung von Folien, z. B. in Produktionsanlagen, durch Messung der Schwächung durchtretender Betastrahlen. (Als mögliche Betastrahlenquelle wird Radium genannt, wobei der Austritt von Radon und von Alphastrahlen durch dünne Metallfolien unterdrückt wird.)

Weitere messtechnische Anwendungen betrafen die Anzeige von Flüssigkeitsniveaus, z. B. durch Anordnung einer Strahlenquelle auf einem Schwimmer, und die Registrierung der Bewegung von Geräteteilen durch Anbringen radioaktiver Quellen, deren Verschiebung eine Änderung des Signals in einem nahe liegenden Strahlungsdetektor (Ionisationskammer) bewirkt. Die konkreten Vorschläge betrafen u. a. Galvanometer und Waagenarme, z. B. von Mikrowaagen. In dieser Veröffentlichung wurde auch angegeben, für welche Anwendungen Blau und Mitarbeiter Patente angemeldet hatten. Abschließend betonten Blau und Carlin, dass die von ihnen diskutierten Anwendungen als Beispiele anzusehen und viele weitere industrielle Anwendungen von Quellen radioaktiver Strahlungen zu erwarten seien.

Die letzte Veröffentlichung Marietta Blaus über Ergebnisse ihrer Tätigkeit für Industriefirmen[B54] beschreibt eine Methode zur Messung der von betaaktiven Quellen gelieferten Strahlungsdosen (mit J. E. Smith). Die Arbeit beginnt mit einer Diskussion vorgeschlagener Dosiseinheiten und ihrer Zweckmäßigkeit und regt an, die von betastrahlenden Quellen gelieferten Dosen in besonderer Weise, nämlich in einer Einheit auszudrücken, welche der Gesamtzahl der erzeugten Ionen proportional ist. Die vorgeschlagene Messanordnung benützt die von Blau 1945 entwickelte Detektionsmethode[B48] mittels Szintillators und Photoelektronenvervielfachers. Da für die Dosisbestimmung auch die Kenntnis der optimalen Dicke des Szintillatorschirmes erforderlich ist, d. h. die zu maximaler Lichtausbeute führende Schichtdicke, ist es notwendig, an den zu untersuchenden Quellen Messungen bei verschiedenen Szintillatordicken vorzunehmen. Um solche Messungen routinemäßig durchzuführen, wurde ein Gerät konstruiert, in dem sich zehn Szintillatorschichten unterschiedlicher Dicke auf einer Drehscheibe befinden, sodass diese Schirme durch Drehen eines Knopfes nacheinander zwischen Quelle und Photoelektronenvervielfacher eingeschoben werden können. Mit Hilfe von Eichkurven, die in der Veröffentlichung angegeben wurden, kann dann aus der optimalen Szintillatorschichtdicke die Energie der Betastrahlung erhalten werden. Auf Grund eines Vergleichs mit einer Alphaquelle bekannter Aktivität wird schließlich die Dosisleistung, d. h. die gesamte von der Quelle pro Zeiteinheit gelieferte Ionisationsenergie, das Produkt aus Aktivität und Energie, erhalten.

Rückkehr Marietta Blaus zur photographischen Methode 1948

Die genauen Umstände, die 1948 zur Anstellung Marietta Blaus als Forschungsphysikerin an der Columbia University führten, sind mir nicht bekannt. Jedoch ist offensichtlich, dass hierbei die Übereinstimmung von zwei Interessen wesentlich war. Blau hatte natürlich die wichtigen neuen Entdeckungen, die insbesondere ab 1947 mit der photographischen Methode erzielt wurden, nicht zuletzt die Auffindung des π-Mesons (Pions)[A3] und die daran anschließenden Arbeiten, mit größtem Interesse verfolgt und eine Möglichkeit gesucht, wieder auf diesem Gebiet zu arbeiten. Gleichzeitig haben die Pläne für den Bau von Hochenergiebeschleunigern in den USA, die auf Grund des Forschungsprogramms der amerikanischen Atomenergiekommission in diesem Jahr in Angriff genommen wurden,[A4] auch leistungsfähige Arbeitsgruppen für alle Methoden des Nachweises hochenergetischer Teilchen und ihrer Reaktionen erforderlich gemacht. Das betraf sowohl die photographische Methode, deren Bedeutung nun so deutlich geworden war, aber auch den Aufbau von Nebelkammern, Blasenkammern und Anordnungen von Szintillationszählern. Für die photographische Methode gab es an den amerikanischen Universitäten und auch an den im Rahmen des Manhattan-Projekts geschaffenen Forschungslaboratorien keine Fachleute.

Ihre nun folgenden Veröffentlichungen zeigen die große Hingabe und den außerordentlichen Einsatz Marietta Blaus an ihrer neuen Arbeitsstätte, an der sie sich nun – nach einer Unterbrechung von zehn Jahren – wieder „ihrem Gebiet", der Forschung über photographische Emulsionen, widmen konnte. Schon in kurzer Zeit erzielte sie zahlreiche sehr wichtige Ergebnisse, obwohl sie zunächst doch noch eine Außenseiterin in Bezug auf den Forschungsbetrieb in den USA war.

Methoden für die Arbeit mit Emulsionen und Fragen der Bahnspureigenschaften waren Themen, die Blau beim Aufbau der neuen Arbeitsgruppe an der Columbia University untersuchte. Schon 1948 veröffentlichte sie eine kurze Mitteilung[B55] über „Development of thick emulsions by a two-bath method" (gemeinsam mit J. A. De Felice, vom Laboratorium in Brookhaven), die ein genaues Rezept enthält, mit dem die besten Ergebnisse bei der Entwicklung von Ilford C2 Platten, 200 µm dick, erzielt wurden und das auch für dickere Emulsionen als geeignet angesehen werden konnte. Das erste Bad enthielt Entwickler, Natriumsulfit und Kaliumbromid, das zweite Bad auch Natriumkarbonat, um die Lösung alkalisch zu machen und so den Entwicklungsvorgang (Reduktion) zu beschleunigen. Die Behandlung der Emulsionen in den verschiedenen Bädern erfolgte bei derselben Temperatur (68°F = 20°C), wodurch Risse und Verwerfungen der Emulsionen vermieden werden konnten. Die Emulsionen zeigten gleichmäßige Entwicklung und nur geringe Hintergrundschwärzung.

Mit dieser ersten Arbeit, seit sie wieder begonnen hatte, sich mit photographischen Emulsionen zu befassen, leistete Blau einen wertvollen Beitrag zur Entwicklung der Arbeitsmethodik. Die Arbeit, die später in Übersichtsartikeln angeführt wurde, zeigt Blaus umfassenden Einblick und ihre große Sorgfalt.

Für die Auswertung von Bahnspuren ist die Kenntnis des Zusammenhangs zwischen der Korndichte der Spuren und der Energie der Teilchen von sehr großer Bedeutung, denn sie ermöglicht es, aus beobachteten Korndichten auf die Teilchenenergien zu schließen. Blau hat eine theoretische Ableitung dieser Beziehung gegeben und gezeigt, dass ihre Formel, die nur wenige empirische Parameter enthält, die bis dahin vorliegenden experimentellen Ergebnisse (für Alphateilchen, Protonen, Tritiumkerne, π- und μ-Mesonen) sehr gut wiedergibt.[B56, B57] Für ihre Ableitung hat Blau die Korndichte (Zahl der entwickelten Silberbromidkörner pro Längeneinheit der Bahnspur) als Funktion der von den Teilchen jeweils abgegebenen Energie betrachtet und einen Vergleich mit den Ionenwechselwirkungen in starken Elektrolytlösungen herangezogen, die von Debye und Hückel 1923 behandelt worden waren.[8]

Wenn auch Marietta Blaus Tätigkeit an der Columbia University vor allem auf den Einsatz von Emulsionen bei Versuchen an Teilchenbeschleunigern ausgerichtet war, nutzte sie doch die Möglichkeit, Emulsionen bei Ballonflügen in großer Höhe zu exponieren und so auch neue Erfahrungen bei der Auswertung von Emulsionen zu sammeln. Ein eigenartiges, von hochenergetischer kosmischer Strahlung bewirktes Ereignis, das in einer solchen Emulsion gefunden wurde, war Gegenstand einer kurzen Mitteilung[B58] (gemeinsam mit M. M. Block und J. E. Nafe). In diesen Jahren, in denen der „Elementarteilchen-Zoo“ gerade zusammengestellt wurde,[A5] fand jedes derartige Ereignis große Aufmerksamkeit. Der in der Mitteilung beschriebene Stern wurde als Einfang eines τ-Mesons (jetzt als K-Meson oder Kaon bezeichnet) durch einen Brom- oder Silberkern in der Emulsion interpretiert.

Über eine weitere Untersuchung betreffend Emulsionen, die mit einem Ballon in 28 km Höhe und mit Abschirmungen aus Blei und Kupfer exponiert worden waren, berichtete Blau in einer kurzen Mitteilung[B62] (gemeinsam mit J. Nafe und H. Bramson): „The dependance of high altitude star and meson production rates on absorbers“. Ein Vergleich der Bildungshäufigkeit von Sternen und Mesonen in den verschiedenen Anordnungen ergab deutliche Übergangseffekte.

In einer methodischen Untersuchung befasste sich Blau[B59] (gemeinsam mit I. W. Ruderman und J. Czechowski) mit der Messung langsamer

Neutronen mittels Emulsionen. Dabei wurden sowohl unbehandelte Emulsionen (insbesondere mit guter Betaempfindlichkeit) wie Emulsionen mit eingebrachten Elementen (insbesondere Bor) und Kombinationen von Metallfolien (insbesondere Indium) mit Emulsionen geprüft. Da die Nachweiswahrscheinlichkeit von der Neutronenenergie abhängt, wurden Experimente mit epithermischen (0,3–10 000 eV), mit thermischen (0,01–0,3 eV) und mit kalten (<0,01 eV) Neutronen durchgeführt. Die betaempfindlichen Emulsionen und die Röntgenfilm-Indium-Kombinationen waren für die Registrierung von epithermischen Neutronen etwa gleich gut brauchbar. Mit Bor (insbesondere mit ^{10}B) beladene Photoplatten sind zum Nachweis von thermischen und kalten Neutronen am besten geeignet. Sie haben den Vorteil, dass schon sehr geringe Neutronenintensitäten durch Zählen von Alpha-Spuren bestimmt werden können und zwar auch in Gegenwart starker Beta- und Gamma-Strahlung. Eine einzige Platte kann für die Bestimmung sehr unterschiedlicher Neutronenintensitäten eingesetzt werden.

Mit der Konstruktion eines halbautomatischen Gerätes zur Auswertung der Teilchenspuren in Emulsionen leistete Marietta Blau einen höchst bemerkenswerten Beitrag zur photographischen Arbeitsmethodik[B61, B64] (gemeinsam mit R. Rudin und S. Lindenbaum). Dieses Gerät kann als ein Ausgangspunkt für spätere Fortschritte nicht nur bei der Auswertung von Bahnspuren in Emulsionen, sondern auch von Bildern aus Blasenkammern, Funkenkammern und Streamerkammern (Detektoren mit kurzen Entladungskanälen) angesehen werden. (Ich gestehe, dass ich mir nicht die Mühe gemacht habe, in der Literatur nachzusuchen, bei welchen späteren Entwicklungen von automatischen Vorrichtungen zum Scannen und Messen von Teilchenbahnen in verschiedenen Arten von Detektoren auf die Anordnung von Blau und Mitarbeitern Bezug genommen wurde.) Wenn man das rudimentäre Niveau der Computer und der optischen Geräte von damals in Betracht zieht, dann erscheinen die Leistungen dieser Vorrichtung jedenfalls als sehr beachtlich und verdienen große Bewunderung.

Abb. 24: Gerät für die halbautomatische Auswertung von Bahnspuren in Emulsionen.[B64] Abgedruckt aus Rev. Sci. Instrum. **21**, 978 (1950) mit Genehmigung des American Institute of Physics.

Kernstück des Gerätes (siehe Abb. 24) war ein Mikroskop mit einem Tisch, der durch synchronisierte Motoren in zwei Richtungen bewegt werden konnte. Die Übersetzungen, Getriebe usw. gestatteten Messungen mit einer Genauigkeit von 0,2 μm. Die zu untersuchenden Photoplatten konnten in beliebige Richtung mit Geschwindigkeiten bis zu 25 μm pro Sekunde bewegt werden. Die Vorrichtung wurde mit einer Art Lenkrad und die Geschwindigkeit des Abtastens mit einem Pedal gesteuert. Ein Registrierstreifen bewegte sich 2000-mal so schnell wie der Mikroskoptisch. Die Emulsion wurde durch das Okular beobachtet und gleichzeitig wurde der Lichtdurchfall auf einen engen Spalt vor einer Photomultiplierröhre projiziert.

Die Messungen erfolgten recht schnell und leicht. Zum Beispiel benötigte die Aufzeichnung der Korndichte einer 2000 μm langen Bahn etwa 10 Minuten. Das System konnte für die Messung von Bahnen von Teilchen mit hoher Ordnungszahl ($3 \leq Z \leq 26$) adaptiert werden, insbesondere durch Vermessung von δ-Strahlen (von der Hauptbahn ausgehende Elektronenbahnen).

Marietta Blau am Brookhaven National Laboratory

Die Ergebnisse, die Marietta Blau nach ihrer Übersiedlung an das Brookhaven National Laboratory veröffentlichte, betrafen vor allem Experimente mit Beschleunigern.

Für das Verständnis der Wechselwirkungsprozesse hochenergetischer Teilchen mit Emulsionen wie für die Interpretation von Experimenten mit Emulsionen ist von großem Interesse, ob die in einer Emulsion auftretenden Reaktionen in den (schweren) Elementen des Silberbromids oder in den (leichten) Elementen der Gelatine stattfinden. Blau und Mitarbeiter setzten zur Untersuchung dieser Frage Emulsionen mit sandwichartig dazwischenliegenden dünnen Schichten aus reiner Gelatine (7–8 µm) ein[B65, B67] (gemeinsam mit A. R. Oliver und J. E. Smith). Einwirkende Teilchen – erzeugt im Nevis-Zyklotron der Columbia University – waren 300-MeV-Neutronen und 50-80-MeV-π^+-Mesonen. Dabei wurden Zahl und Eigenschaften der in den Gelatine-Schichten und in den Emulsionen (des Typs G5) erzeugten Sterne verglichen. Bei Einwirken von Neutronen war das Ergebnis, dass – je nach Auswertemethode – 18±2 Prozent bzw. 21±3 Prozent der Sterne in den leichten Elementen erzeugt wurden. Auf Grund einer Abschätzung der Unsicherheiten der Auswertemethoden wurde der Schluss gezogen, dass der richtige Wert zwischen den beiden genannten Ergebnissen liegen dürfte. Das experimentelle Ergebnis wurde mit einem Wert von 27 Prozent verglichen, der unter der Annahme berechnet wurde, dass der Reaktionsquerschnitt proportional $A^{2/3}$ ist (A = Massenzahl der Kerne). Aus der Tatsache, dass der experimentell gefundene Wert geringer als der vorhergesagte ist, wurde geschlossen, dass die leichten Kerne eine relativ höhere Durchlässigkeit (Transparenz) für die einwirkenden Neutronen aufweisen. Weiter wurde ermittelt, dass die (mittlere) Zahl von Teilchen pro Stern bei Einwirken auf leichte Atomkerne größer ist als bei Einwirken auf schwere Kerne. Auch Daten für das Verhältnis der Anzahl der in Sternen erzeugten Alphateilchen zur Anzahl erzeugter Protonen wurden ermittelt. Für die durch Einwirken von π^+-Mesonen mit 50 bis 80 MeV auf die Emulsions-Sandwiches erzeugten Sterne (siehe Abb. 25 als Beispiel für einen derartigen Stern) wurde gefunden, dass 24–30 Prozent der Sterne ihren Ursprung in Atomkernen leichter Elemente haben. Die einwirkenden Neutronen werden meistens von den Atomkernen absorbiert, wobei Wechselwirkung mit Nukleonenpaaren am häufigsten ist.

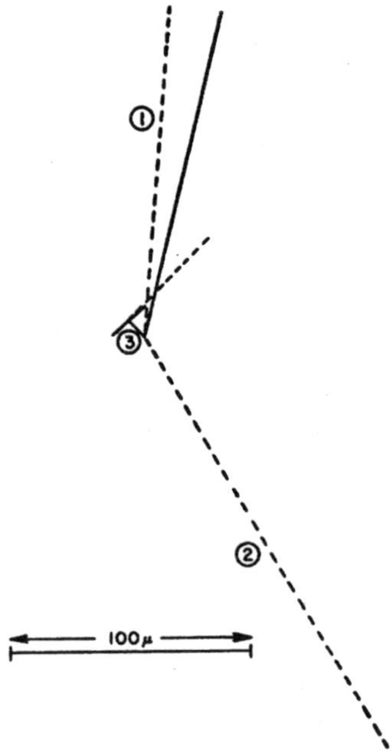

Abb. 25: Kernreaktion, ausgelöst durch ein Pion (π^+). (Aus Versuchen am Columbia-Nevis-Zyklotron.[B67])

Bahnspuren:
1. auftreffendes π^+ (58–72 MeV)
2. ausgesendetes Proton (63–73 MeV)
3. wahrscheinlich ausgesendeter ^{8}Be-Kern
4. nicht sicher identifiziertes Teilchen (p, d oder α).

Die Reaktion fand an einem Kohlenstoff- oder Stickstoffkern statt.
Abgedruckt aus Phys. Rev. **91**, 949 (1953) mit Genehmigung der American Physical Society.

Auch nach Inbetriebnahme der neuen Beschleuniger, die Protonen mit mehreren GeV[A6] erzeugten, waren die Teilchenphysiker an Ballonflügen in großer Höhe interessiert, um Vorgänge in mitgeführten Emulsionen zu studieren, die durch sehr hochenergetische Teilchen der kosmischen Strahlung ausgelöst werden. Ein Bericht Marietta Blaus[B66] (gemeinsam mit E. O. Salant) über so genannte „T-Bahnen" erschien 1952 als kurze Mitteilung in „Physical Review". In exponierten Emulsionen beobachteten sie elf Ereignisse, die sie als neuartig und rätselhaft bezeichneten. Ob es sich bei diesen T-Bahnen um neue Teilchen oder um zufällige Bildung bestimmter Bahnenmuster handelte, konnte nicht eindeutig entschieden werden. Da ich keine weiteren Berichte über dieses Phänomen gesehen habe, vermute ich, dass keine neuen Teilchen oder Ereignisse vorlagen.

In ihren nächsten Veröffentlichungen berichtete Blau über Untersuchungen des Beschusses mit negativen 500-MeV-Pionen am Cosmotron in Brookhaven. In einer kurzen Mitteilung[B68] an „Physical Review" (gemeinsam mit M. Caulton und J. E. Smith) wurden sechs Ereignisse beschrieben, bei denen durch Einwirken von Mesonen auf Kerne in Emulsionen weitere Mesonen erzeugt wurden (siehe Abb. 26). Acht weitere Ereignisse ergaben ebenfalls Hinweise auf Mesonenerzeugung, wegen zu

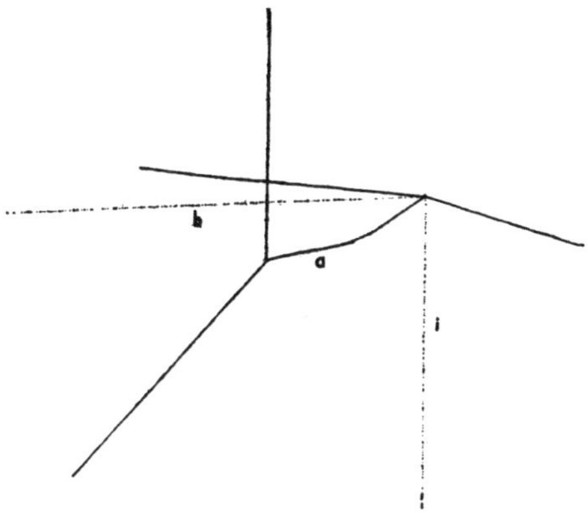

Abb. 26: Erzeugung von Mesonen bei Einwirkung von Mesonen (π^-, 500 MeV).
(Versuch am Brookhaven-Cosmotron.[B68])

Bahnspuren:
i auftreffendes π^--Meson,
a, b ausgesendete Mesonen.
Abgedruckt aus Phys. Rev. **92**, 516 (1953) mit Genehmigung der American Physical Society.

kurzer Bahnspuren war jedoch keine eindeutige Identifizierung der Teilchen möglich. In der Einleitung zu ihrem Bericht verwiesen die Verfasser darauf, dass einzelne Ereignisse einer Mesonenerzeugung durch Mesonen schon von anderen Forschern beobachtet worden waren. Man kann aber mit großer Berechtigung sagen, dass erst durch Blaus Arbeit ein wirklich eindeutiger Beweis für solche Reaktionen erbracht worden ist. In der Veröffentlichung wird die beobachtete Häufigkeit der Bildung von zwei Mesonen mit theoretischen Überlegungen von C. N. Yang und E. Fermi verglichen. Diese gelangten zu einer etwa doppelt so großen Häufigkeit wie die nun experimentell beobachtete. Wegen der dürftigen statistischen Absicherung und den vereinfachenden Annahmen sollte dies aber nach Einschätzung von Blau und ihren Mitarbeitern nicht als ernste Diskrepanz gewertet werden.

Ich glaube, diese Arbeit zeigt, dass Marietta Blau ihre Versuchsergebnisse mit großer Vorsicht interpretierte und ungeklärte Aspekte benannte. Das lässt ihre Seriosität und Ehrlichkeit bei ihren wissenschaftlichen Unternehmungen erkennen.

Über die Einwirkung von negativen 500-MeV-Pionen aus dem Cosmotron in Brookhaven auf Emulsionen hat Blau 1954 ausführlicher berichtet (gemeinsam mit M. Caulton).[B70] Analoge Studien mit Mesonen geringerer Energie (30–210 MeV) lagen bereits vor und man erwartete, dass bei höheren Energien die quasielastische Streuung an einzelnen Nukleonen der Kerne der vorherrschende Wechselwirkungsprozess sein würde. Die Versuche von Blau zeigten aber eine komplexe Vielfalt der Prozesse. Die inelastische Streuung von Mesonen, d. h. die Erzeugung von Sternen mit Emission eines oder mehrerer Mesonen, war bei den nun untersuchten höheren Mesonenenergien deutlich häufiger. Blau und Caulton berichteten über die Analyse von 1700 durch Mesonen ausgelösten Ereignissen, wobei folgende Ereignisklassen berücksichtigt wurden: Sterne ohne Mesonenemission, Sterne mit einem Meson und solche mit zwei Mesonen, also mit Bildung zusätzlicher Mesonen.

Die Analyse von Sternen ohne Mesonenemission ergab, dass Ladungsaustausch bei 29 Prozent dieser Sterne auftritt, d. h. bei 18 Prozent aller registrierten Wechselwirkungen der Mesonen. Bei 44 Prozent der Wechselwirkungen erfolgt keine Mesonenemission, d. h. es kommt zur Absorption der einwirkenden Mesonen. Für diesen unerwartet hohen Anteil konnte keine befriedigende Erklärung gegeben werden. Aus den Ereignissen mit Emission *eines* Mesons, insbesondere der Energie- und Winkelverteilung der gestreuten Mesonen, wurde gefolgert, dass die emittierten Mesonen nicht durch primäre Streuung des einwirkenden Mesons an einem Nukleon des Kerns erzeugt werden, sondern dass ein modifizierender Prozess im Spiel sein muss, bei dem die Mesonenenergie in größeren Schritten, d. h. in einer oder in einigen wenigen Kollisionen abgebaut wird. Ein Zusammenwirken von Erzeugung, Streuung und Absorption von Mesonen wurde als möglicher Mechanismus genannt.

Bei 20 Ereignissen wurde Emission von zwei Mesonen gefunden, für 24 weitere Ereignisse wurde derartige Mesonenerzeugung als wahrscheinlich angegeben. Daraus wurde abgeleitet, dass die Wahrscheinlichkeit für die Erzeugung geladener Mesonen 1 bis 3 Prozent beträgt, und es wurde auch ein (ungefährer) Wert für den Reaktionsquerschnitt der Mesonenerzeugung an freien Nukleonen abgeleitet. Sechs Ereignisse mit Bildung ungeladener Pionen an freien Protonen oder Randnukleonen wurden beobachtet. Ein Vergleich mit Ergebnissen für Mesonen, die durch kosmische Strahlung in Form von Mesonenschauern gebildet werden (mittlere Energie 640 MeV), ergab eine beträchtliche Diskrepanz, die nicht erklärt werden konnte.

Die Untersuchung der Wechselwirkung von negativen Pionen mit den Atomkernen von Emulsionen wurde von Blau dann auf Teilchen mit 750 MeV erweitert. Sie berichtete darüber in einer 1956 erschienenen Veröffentlichung[B71] (mit A. R. Oliver). Die Beobachtung von Mesonen-Bahnspuren mit einer Länge von insgesamt 133 Metern zeigte eine Vielfalt von Wechselwirkungsprozessen, insbesondere elastische Streuung an Protonen und inelastische Streuung mit Mesonenerzeugung, hauptsächlich an freien Protonen oder Randprotonen. Ungefähr 40 Prozent der einwirkenden Mesonen wurden allerdings absorbiert. Als Mechanismus wurde ein Zusammenspiel von Mehrfachstreuung, Mesonenerzeugung und folgender Mesonenabsorption vorgeschlagen. Bei inelastischer Streuung ergaben sich Hinweise auf einen Zusammenhang zwischen der Emissionsrichtung des Nukleons und der des langsameren Mesons. Blau und Oliver führten das auf einen Anregungszustand eines Nukleons zurück, aus dem dann der Grundzustand des Nukleons und ein energiearmes Meson gebildet werden. Für die Anregungsenergie dieses Zustands fanden sie Werte zwischen 30 und 170 MeV. Bei weiteren Ereignissen spielte Ladungstransfer eine Rolle, z. B.

$$\pi^- + p \rightarrow \pi^- + \pi^+ + n \quad \text{bzw.} \quad \pi^- + p \rightarrow \pi^0 + \pi^0 + n.$$

Sterne ohne Mesonenemission zeigten eine unerwartet geringe Zahl von weggehenden Bahnspuren. Daraus wurde geschlossen, dass emittierte Neutralteilchen viel Energie abtransportieren. Für schnelle Teilchen dieser Art ist die Kernmaterie ziemlich durchlässig. Aus der Winkelverteilung der Bahnspuren in Sternen wurde auch gefolgert, dass Teilchenkaskaden aus angeregten Nukleonenkomplexen entstehen, die dann im Flug zerfallen.

In ihrer nächsten Veröffentlichung (1956 erschienen) behandelte Blau Bildung und Zerfall von Hyperfragmenten[A7] und von langsamen K-Mesonen bei Einwirken von Protonen mit 3 GeV auf einen Emulsionsstapel.[B72] Der Stapel bestand aus 24 Emulsionsschichten (Dicke je 400 μm) und wurde mit 30 000 Protonen pro Quadratzentimeter parallel zu den Emulsionsschichten beschossen. Bei 14 von 14 480 beobachteten Sternen wurde spontaner Zerfall von Hyperfragmenten gefunden, die in der Emulsion zur Ruhe gekommen waren. (Bei einem Ereignis könnte der Zerfall des Hyperfragments jedoch im Flug stattgefunden haben.) Diese Zerfälle führten zur Bildung sekundärer Sterne. Ferner wurden zwei Sterne mit Doppelzentrum gefunden, bei denen Zerfall von langsamen, wahrscheinlich schweren Hyperfragmenten aufgetreten sein dürfte. Eine vollständige Analyse war nur bei einigen der 14 Ereignisse möglich, aber es gab keine Befunde, die gegen den Zerfall eines Hyperfragments (Λ^0-Hyperon an einen Kern bzw. Kernbruchstück gebunden) sprachen. Die

Analyse der beobachteten Sterne ergab, dass verschiedene Kernbruchstücke als Hyperonträger fungieren. Die in den folgenden Formeln hochgestellten Zahlen geben die Anzahl der Nukleonen plus eins – für das Hyperon – an: H^4 (oder H^3), He^5 und He^6, Li^6, Li^7, Li^8 und Li^9, Be^8 und Be^9, B^9 und B^{10}, $C^{10...13}$, $O^{16...}$. Bei manchen der 14 Sterne war allerdings keine eindeutige Entscheidung über die Natur des Hyperfragments möglich, d. h. es wurden zwei oder mehrere mögliche Fragmente angegeben.

Blau fand eine Häufigkeit der Hyperfragmente bezogen auf die Zahl der erzeugten Sterne von $14/14\,480 \approx 1 \times 10^{-3}$, in guter Übereinstimmung mit den Ergebnissen anderer Forscher. Da Hyperfragmente aus den Kernen schwerer Elemente stammen, die nur für 75 Prozent aller Sterne verantwortlich sind, ist die Häufigkeit der Hyperfragmentbildung tatsächlich etwas höher, nämlich etwa $1{,}3 \times 10^{-3}$.

Vier Sterne mit Emission von K^+-Mesonen wurden gefunden. Diese Teilchen hatten verhältnismäßig geringe Energie, was auf die geringe Wahrscheinlichkeit der Registrierung höherenergetischer Teilchen – wegen der Abmessung des Emulsionsstapels – zurückgeführt wurde. Bei den beobachteten K-Mesonen konnte keine assoziierte Erzeugung von Hyperonen festgestellt werden. (Dieser Befund war von Interesse, da in anderen Untersuchungen, vor allem 1955, assoziierte Bildung, wie $\pi^- + p \rightarrow \Lambda^0 + K^0$, festgestellt worden war, und nun die Häufigkeit derartiger Bildungsreaktionen zur Diskussion stand. Weitere Untersuchungen bestätigten dann, dass bei der Erzeugung von K^- keine Assoziierung mit Hyperonenbildung auftritt.)

Die Veröffentlichungen Marietta Blaus aus den Jahren ihres Wirkens am Brookhaven National Laboratory zeigen, dass sie sich mit großer Kompetenz in die Forschungen zu aktuellen Themen der Teilchenphysik eingeschaltet hat und beachtliche Ergebnisse erzielte, obwohl sie keine große Forschungsgruppe leitete. Hervorzuheben sind ihre Beiträge zur Kenntnis der Wechselwirkung von (nach damaligem Stand) hochenergetischen Pionen und die ersten Beispiele zusätzlicher Pionenerzeugung. Auch ihre Beobachtungen von Hyperfragmenten waren ein wichtiger früher Beitrag zur Erforschung dieser Aggregate. Später sind wichtige

Fortschritte mit Hilfe von Blasenkammern erzielt worden, aber man kann sagen, dass die mit Emulsionen erhaltenen Ergebnisse für die Hyperfragment-Forschung wegbereitend waren.

Marietta Blaus Forschungen an der Universität Miami

Nach der Einrichtung des Laboratoriums in Miami initiierte Blau die Auswertung eines Emulsionsstapels (30 G5-Emulsionsschichten, je 100 μm dick), der am Brookhaven-Cosmotron einem π^--Strahl ausgesetzt worden war. Ich wirkte an dieser Studie mit. Die Ergebnisse wurden in „Nuovo Cimento" 1959 unter dem Titel „Negative pion interactions at 1.3 GeV/c"[B74] (M. Blau, C. F. Carter, A. Perlmutter) veröffentlicht.[A8] Die Gesamtlänge der ausgewerteten Bahnspuren betrug 381 Meter und es wurden 811 Pionenwechselwirkungen gefunden. In einer Tabelle wurde ein Überblick über die beobachteten Wechselwirkungsprozesse zusammengestellt. Es ergaben sich folgende Hauptpunkte:

Typ I: $\pi^- + p \rightarrow \pi^- + p$, elastische Streuung, 10 Ereignisse an freien Protonen, 7 an Randprotonen (wobei Fermi-Impulsübertragung mit im Spiel war).

Typ II: $\pi^- + p \rightarrow \pi^- + p + \pi^0$, inelastische Streuung, 11 Ereignisse an freien Protonen, 15 an Randprotonen.

Typ III: $\pi^- + p \rightarrow \pi^- + \pi^+ + n$, inelastische Streuung, 5 Ereignisse an freien Protonen, 1 Ereignis an einem Randproton.

Für 38 weitere Ereignisse bei Wechselwirkung mit Randprotonen konnte keine vollständige Analyse vorgenommen werden. Weiters wurden Wechselwirkungen mit Randneutronen gefunden, insbesondere wurden acht Ereignisse mit quasielastischer Streuung beobachtet:

Typ VIII: $\pi^- + n \rightarrow \pi^- + n$.

Bei 29 weiteren Wechselwirkungsereignissen mit Randneutronen, bei denen es sich u. a. um $\pi^- + n \rightarrow \pi^- + n + \pi^0$ oder um $\pi^- + n \rightarrow p + \pi^- + \pi^-$ gehandelt haben kann, war keine umfassende Analyse möglich.

Um sicherzustellen, welche Ereignisse der Typen I, II und III an freien Protonen abgelaufen sind, wurden auch Daten anderer Forschergruppen aus Versuchen mit Nebel- und Blasenkammern herangezogen. Ebenfalls unter Berücksichtigung von Untersuchungen mit der Nebelkammer wurden Werte für die mittlere freie Weglänge der Pionen bzw. für den Querschnitt der Pion-Proton-Kollisionen und Querschnitte von Pion-Wechselwirkungen mit Ladungsübertragung berechnet.

Obwohl die Zahl der ausgewerteten Ereignisse gering war, wurden Hinweise auf Regelmäßigkeiten gefunden. Die zusammengefassten Ereignisse der Typen II und III wurden gegen den Impuls der Nukleonen (im Schwerpunktsystem) aufgetragen, wobei sich ein Häufigkeitsmaximum bei 550 MeV/c zeigte. Eine solche Impulsverteilung steht in qualitativer Übereinstimmung sowohl mit dem statistischen wie dem Isobaren-Modell der Pionenerzeugung. Die Winkelverteilung der ausgestoßenen Nukleonen zeigte eine deutliche Häufung in der Rückwärtsrichtung, was ebenfalls mit dem Isobaren-Modell übereinstimmt. Auf Grund dieser Befunde wurde darauf hingewiesen, dass weitere Untersuchungen dieser Zusammenhänge durch Beobachtung einer größeren Zahl von Ereignissen gerechtfertigt sein würden.

Insgesamt wurden 725 Wechselwirkungsereignisse mit Atomkernen, d. h. Kollisionen mit freien Protonen nicht mitgezählt, beobachtet. Die Auswertung ergab, dass bei 41 Prozent keine Mesonen emittiert werden. Für das Verhältnis von Einmeson- zu Zweimeson- zu Dreimeson-Sternen wurde 917 : 94 : 14 gefunden. Zehn Ereignisse mit der Bildung von K-Mesonen, Hyperonen und Hyperfragmenten wurden beobachtet. Diese Bildungen waren nicht Vorgängen an freien Protonen, sondern solchen an gebundenen Protonen bzw. Neutronen zuzuordnen.

Das Problem der Ionisierung von Kernemulsionen beim Durchgang geladener Teilchen hatte Blau schon früher behandelt[B56] und sie verfolgte diese Frage nun in Miami energisch weiter. Die Ergebnisse veröffentlichte sie 1960 in einem Artikel in „Review of Scientific Instruments“[B75] (mit S. C. Bloch, C. F. Carter und A. Perlmutter). Die mit einem halbautomatischen Gerät an Emulsions-Bahnspuren von Protonen, Pionen und Antiprotonen gewonnenen Daten zeigten, dass ein neu konzipierter Parameter, nämlich die integrale Klümpchendichteverteilung, in einem großen Energiebereich zur Ionisationswahrscheinlichkeit in Beziehung gesetzt werden kann. Die Klümpchendichte ist die Zahl einzelner AgBr-Körner oder Korngruppen pro Einheit der Bahnspurlänge. Diese Größe kann die Zählung der Silberbromidkörner ersetzen, wodurch Unsicherheiten bei der Berücksichtigung eng benachbarter Körner vermieden werden. Das verwendete Gerät wurde ausgehend von dem bereits früher von Blau und Mitarbeitern beschriebenen Gerät zur Auswertung von Bahnspuren in Emulsionen[B64] entwickelt.

Bei den folgenden Untersuchungen Blaus, an denen ich mitwirkte, ging es um die Auswertung von Emulsionen, die beim Berkeley-Bevatron exponiert worden waren. Wegen Schleierbildung konnten Emulsionen, die im Juli 1957 dem K^+-Mesonenstrahl mit 620 MeV/c ausgesetzt wurden, nicht genutzt werden. Im Januar 1958 wurden Emulsionen dem Antiprotonenstrahl mit 670 MeV/c ausgesetzt. Die Ergebnisse wurden in einem nicht veröffentlichten Bericht TN 60-461 mitgeteilt, der mir nicht zur Verfügung steht. Schließlich wurden im Januar 1959 Emulsionen dem K^--Mesonenstrahl mit 450 MeV/c ausgesetzt. Die Ergebnisse haben wir in einem AFOSR (Air Force Office of Scientific Research)-Bericht[B77] und in „Nuovo Cimento“[B79] beschrieben. Da die europäische K^--Kollaboration bereits viele Daten veröffentlicht hatte, beschränkten wir uns in dieser Veröffentlichung[B79] auf Mitteilung einiger ungewöhnlicher Hyperonen-Wechselwirkungen, d. h. auf Reaktionen von Hyperonen und Hyperfragmenten, die bei Absorption abgebremster K^--Mesonen durch Kerne in den Emulsionen gebildet werden.

Ein beobachtetes Ereignis war der Zerfall eines Hyperfragments mit Bildung eines π^+-Mesons statt des üblichen π^--Mesons (siehe Abb. 27). Als wahrscheinlichste Erklärung gaben wir an: ${}_{\Lambda}H^{3,4} \rightarrow \pi^+ + (3, 4)\ n$.

Dabei bezogen wir uns auf Veröffentlichungen anderer Forscher, die annahmen, dass durch einen Austausch $\Lambda^o \rightarrow \Sigma^+$ in einem Hyperfragment $_\Lambda H^{3,4}$ die Wahrscheinlichkeit für π^+-Bildung größenordnungsmäßig 1 Prozent der Wahrscheinlichkeit der π^--Bildung beträgt. Wir diskutierten auch andere mögliche Mechanismen für dieses beobachtete Ereignis. Eine andere ungewöhnliche Erscheinung war die mögliche Bildung und der Zerfall eines (Σ^+p)-Hyperfragments. Wir deuteten die Beobachtung, dass am Ende einer sehr kurzen Bahnspur π^+ und p gebildet werden, mit der Annahme der Reaktion eines durch K^--Einwirkung gebildeten Hyperfragments: $(\Sigma^+p) \rightarrow \pi^+ + p + n$.

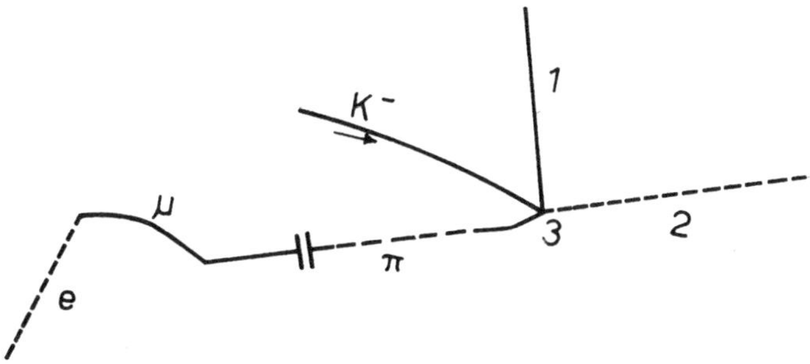

Abb. 27: Zerfall eines Hyperfragments unter Bildung eines π^+-Mesons (bei Einstrahlung von K^--Mesonen auf einen Emulsionsstapel[B79]). Bahnspur 2 wurde einem Pion (π^+, 140 MeV) zugeordnet. Am Ende der kurzen Bahnspur 3, die einem Λ^o-Hyperfragment zugeschrieben wurde, erfolgt Bildung eines Pions (π^+); die anschließenden Spuren sind die der charakteristischen Zerfallssequenz $\pi \rightarrow \mu \rightarrow e$. Abgedruckt aus Nuovo Cimento **27**, 774 (1963) mit Genehmigung des Verlags.

Weitere Beobachtungen betrafen K^--Wechselwirkungen mit zwei Nukleonen, wie $K^- + (pn) \rightarrow \Sigma^+ + \pi^- + n$ und $K^- + (nn) \rightarrow \Sigma^- + \pi^- + p$, den exotischen Zerfall $\Sigma^+ \rightarrow p + \gamma$, und den Zerfall eines Hyperfragments $\Sigma^- + p \rightarrow \Lambda^o + n$. Wir beobachteten auch vier Streuprozesse durch Σ^-- oder Σ^+-Wechselwirkung. Unter Einbeziehung von Beobachtungen anderer Forschergruppen wurde die mittlere freie Weglänge von K^--Mesonen in der Emulsion berechnet. Ich denke, dass diese Beobachtungen ein wichtiger Beitrag zu den frühen Erkenntnissen über Hyperonenwechselwirkungen waren.

Übersichtsarbeiten und andere Schriften Marietta Blaus

Außer den bereits besprochenen Berichten über ihre eigenen Forschungsergebnisse hat Marietta Blau während ihres Aufenthaltes in den Vereinigten Staaten vier weitere Publikationen verfasst, die einen Teil ihres wissenschaftlichen Werkes bilden. Es sind dies Übersichtsreferate und ein Rückblick auf die Entdeckung der durch kosmische Strahlung erzeugten Sterne in photographischen Emulsionen. Diese Arbeiten sind nicht nur in Hinblick auf ihren wissenschaftlichen Inhalt von Interesse, sie sind auch Ausdruck von Marietta Blaus Bemühungen in zweierlei Hinsicht. Sie zeigen ihr schon in den Dreißigerjahren begonnenes Bemühen, einen möglichst breiten Kreis von Wissenschaftlern durch Überblicksreferate über die Fortschritte auf ihrem eigenen Arbeitsgebiet zu informieren, und sie zeigen ihren Wunsch, nach Kriegsende wieder die wissenschaftliche Verbindung mit dem Wiener Radiuminstitut herzustellen.

Blaus „Bericht über die Entdeckung der durch kosmische Strahlung erzeugten ‚Sterne' in photographischen Emulsionen"[B60] erschien im Sonderheft der Sitzungsberichte der Österreichischen Akademie der Wissenschaften, herausgegeben 1950 aus Anlass des 40. Jahrestages der Eröffnung des Radiuminstituts. Blau schilderte kurz ihre Arbeiten in den Zwanziger- und Dreißigerjahren und wie es 1936 – mit freundlicher Unterstützung der Innsbrucker Physiker V. Hess (Nobelpreis für Physik 1936; siehe S. 77f, Anm. 10, und S. 138, Anm. 12) und R. Steinmaurer – zur Exposition der Platten auf dem Hafelekar (in 2300 m Höhe) gekommen ist. Dann beschrieb sie die in der Emulsion gefundenen Sterne und warum diese als Folge der Einwirkung kosmischer Strahlung zu deuten waren. Und sie erwähnte auch die Pläne für weiterführende Experimente, die Exposition von Platten in verschiedenen Höhen und Breiten und bedeckt mit dünnen Folien verschiedener Materialien. Auf Vermittlung von Professor Stefan Meyer (siehe S. 75, Anm. 5) stellte die Akademie der Wissenschaften einen Beitrag zur Ermöglichung von Ballonflügen zur Verfügung. Die Gründe für das plötzliche Ende ihrer Forschungen in Österreich, die Annexion Österreichs durch Nazideutschland, nannte Blau nicht explizit, sie schrieb nur, dass „das durch die politischen Verhältnisse in Österreich unterbrochen" wurde. Zum Schluss ihres Artikels brachte sie in herzlichen Worten ihre Verbundenheit mit ihrer alten Wirkungsstätte zum Ausdruck: „Dieser Bericht wäre unvollständig, wenn ich nicht erwähnen könnte, wie sehr die ständige Ermutigung unseres verehrten Stefan Meyer und die wohltuend harmonische Atmosphäre des Wiener Instituts für Radiumforschung diese Arbeit gefördert haben."

Im selben Jahr veröffentlichte Blau einen Artikel in der Festschrift zum 70. Geburtstag von Karl Przibram,[A9] die als Sonderheft von Acta Physica Austriaca erschien:[B63] „Möglichkeiten und Grenzen der photographischen Methode in Kernphysik und kosmischer Strahlung". Hauptpunkte dieses Artikels seien hier schlagwortartig genannt: Entdeckung der von Alphateilchen hervorgerufenen Punktreihen in photographischen Platten Anfang des 20. Jahrhunderts, systematische Untersuchungen über die Registrierung von Protonen – zuerst am Wiener Institut für Radiumforschung, Einbringen verschiedener Elemente in die Emulsionen und dadurch erzielte Ergebnisse über die Urankernspaltung, insbesondere betreffend Emission von Alphateilchen bei der Spaltung sowie Beobachtung der Dreifach- und Vierfachspaltung, erste Erfolge bei der Anwendung der photographischen Methode zur Untersuchung der kosmischen Strahlung (Auftreten schwerer Teilchen, Sternbildung), Herstellung von speziellen Emulsionen für kernphysikalische Untersuchungen (insbesondere durch die Firmen Ilford und Eastman-Kodak), photographische Methode und Erforschung der Mesonen, Zertrümmerung von Atomkernen durch Mesonen, Zerfall (primärer) π-Mesonen in (sekundäre) μ-Mesonen und Ermittlung des Massenverhältnisses dieser Teilchen, Zerfall von K-Mesonen (nach damaliger Nomenklatur τ-Mesonen) in drei π-Mesonen, energiereiche Teilchen großer Masse und großer Ladung als Primärteilchen der Höhenstrahlung, Methoden zur Identifizierung von Partikeln durch Analyse von Bahnspuren (Energie-Reichweite-Beziehung, Korndichte und Teilchenenergie, photometrische Bestimmung von Korndichten, Bestimmung der Krümmung von Partikelbahnen).

1959 erschien Blaus Artikel „Ionisationsmessungen in photographischen Emulsionen",[B73] ebenfalls in Acta Physica Austriaca, nun Karl Przibram zum 80. Geburtstag gewidmet. Diese Arbeit lehnte sich an die bereits besprochene Veröffentlichung in „Review of Scientific Instruments"[B75] und an ihre Beiträge zur Monographie „Methods of Experimental Physics"[B78] an, die sie damals vorbereitete. Ich will daher den Inhalt dieses Artikels nicht näher ausführen, sondern verweise auf die genannten Publikationen Blaus.[B75, B78]

Für das von Luke C. L. Yuan und Chien-Shiung Wu herausgegebene mehrbändige Werk „Methods of Experimental Physics" verfasste Blau die Abschnitte über den Einsatz photographischer Emulsionen in der Kern- und Teilchenphysik.[B78] Sie sind in den 1961 und 1963 erschienenen Bänden 5A und 5B (Nuclear Physics) enthalten und umfassen insgesamt 103 Seiten. Verfasst von einer Forscherin, die Entscheidendes für die Entwicklung dieser Methoden geleistet hat, sind diese Abschnitte eine meisterhafte Besprechung der Technik photographischer Emulsionen. Blaus Beitrag besteht aus fünf Teilen. Eine eingehende Inhaltsangabe würde den Rahmen dieses Berichtes sprengen, doch sollen die behandelten Themen hier kurz genannt werden.

Der erste und längste Teil[B78(1)] beginnt mit einer historischen Einleitung, in der u. a. auf die Entdeckung mehrerer Mesonenarten eingegangen wird. Es folgt eine Erörterung von Fragen, die für die Praxis der Emulsionsanwendung wichtig sind: Empfindlichkeit der verschiedenen Emulsionen, Arbeitsweise (insbesondere Entwicklung) mit Emulsionen, Wassergehalt der Emulsionen, optische Einrichtungen und Mikroskope. Das nächste Kapitel behandelt die Reichweite von Teilchen in den Emulsionen, insbesondere die Reichweite-Energie-Beziehungen, die Ermittlung der Ionisation in Emulsionen und die verschiedenen Parameter zur Charakterisierung der erzeugten Ionisation. Hier wird auf viele Ergebnisse eingegangen, die wir in unserem 1960 erschienenen Artikel[B75] besprochen haben.

Der zweite Teil[B78(2)] behandelt die Bestimmung der Ladung von Teilchen in Emulsionen. Zuerst werden zwei magnetische Methoden besprochen, die „Sandwich-Methode“ und die magnetische Ablenkung in der Emulsion selbst. Bei der Anwendung der letztgenannten Methode gibt es erhebliche Schwierigkeiten, denn es sind verzerrungsfreie Emulsionen und sehr starke Magnetfelder erforderlich. Aus der Korndichte allein kann nicht auf die Ladung geschlossen werden, denn dieser Parameter ist dem Produkt aus Ladung (zum Quadrat) und der Geschwindigkeit der Teilchen proportional. Daher sind für eine Ermittlung der Ladung zusätzliche Daten über die Bahnspur, wie die Ablenkung durch Streuung, erforderlich.

Blau behandelt dann ausführlich die Ladungsbestimmung durch Beobachtung der δ-Strahlen, d. h. von kurzen Bahnen, die von der ursprünglichen Spur abgehen und auf freigesetzte Atomelektronen großer Energie zurückzuführen sind.

Im dritten Teil[B78(3)] bespricht Blau die Impulsmessung in Emulsionen, insbesondere durch Vielfachstreuung der Teilchen. Zuerst werden die theoretischen Grundlagen und dann die experimentelle Durchführung behandelt. Blau gibt hier die wohl beste Darstellung der komplizierten Zusammenhänge und ihrer Behandlung durch zahlreiche Autoren, die in der Literatur vorliegt. Sie zitiert alle wichtigen Literaturstellen und behandelt experimentelle Details.

Nachweis und Messung von Gammastrahlen mit Emulsionen sind Gegenstand des vierten Teiles.[B78(4)] Ermittlung oder jedenfalls Abschätzung der Energie von Gammastrahlen ist möglich, wenn die Energie für Elektronenpaarbildung groß genug ist. Blau legt in ihrem Überblick dar, wie die Energie von Elektronen aus der Paarbildung bestimmt werden kann: durch Beobachtung der Vielfachstreuung beider Partner (Elektron, Positron) der Paare, durch Ermittlung des Öffnungswinkels zwischen Positron und Elektron und durch die Ionisationsmethode. Diese beruht darauf, dass bei Paaren sehr hoher Energie und entsprechend kleinem

Öffnungswinkel die Korndichte nahe dem Punkt der Bildung geringer ist, als der Summe der Wirkung der beiden Teilchen entsprechen würde. Diese Schwächung, die auf einer Verringerung der Ionisation wegen der entgegengesetzten Ladung der beiden Teilchen beruht, nimmt mit zunehmender Entfernung vom Punkt der Bildung ab, wobei diese Abnahme von der Energie der Teilchen abhängig ist und daher durch Beobachtung dieser Abnahme eine Energiebestimmung vorgenommen werden kann. In einem eigenen Abschnitt geht Blau auf die Registrierung von Gammastrahlen aus dem Zerfall von π^0-Mesonen ein, die vor allem für das Auffinden von Ereignissen mit Bildung mehrerer Mesonen wichtig ist.

Im fünften Teil[B78(5)] wird die Bestimmung von Teilchenmassen behandelt. Eine Gruppe von Methoden beruht darauf, dass bei Teilchen nicht zu großer Geschwindigkeit (nichtrelativistische Teilchen) die Masse aus der Reichweite-Energie-Beziehung und dem mittleren Streuwinkel ermittelt werden kann. Die Bestimmung dieses Winkels ist dann das wesentliche Problem für eine Bestimmung von Teilchenmassen und die dafür entwickelten Methoden zur Auswertung von Bahnspuren werden von Blau dargestellt. Bei einer zweiten Gruppe von Methoden wird die Ionisation in der Bahnspur ermittelt und zwar wird meistens die „mittlere Bahnspurbreite" photometrisch gemessen. Die bereits genannten Methoden sind auf Bahnspuren anwendbar, die in der Emulsion enden. Blau behandelt dann auch kurz die kompliziertere Auswertung von Spuren, die nicht in der Emulsion enden.

Auch heute, nach rund vierzig Jahren, ist diese von Blau verfasste große Übersicht als ein wichtiger Beitrag zur experimentellen Teilchenphysik anzusehen. Wäre Blau bei guter Gesundheit geblieben, so hätte sie ihn wohl zu einem eigenen Buch über den Einsatz photographischer Emulsionen in der Hochenergiephysik ausgebaut.

Eine russische Übersetzung des ersten Teils dieses Beitrags von Blau zu „Methods of Experimental Physics" ist 1963 erschienen.[B80]

Marietta Blaus frühe Arbeiten über die photographische Methode und ihre Anwendungen haben einen wesentlichen Beitrag zu den späteren großen Entdeckungen geleistet, die mit dieser Methode gelangen. Ihre vieljährige Abwesenheit von der Forschung (1938–1944) und ihre Rolle zunächst nur am Rand des amerikanischen Forschungsbetriebes führten dann dazu, dass ihre weiteren Forschungen nicht zur Auffindung ganz neuer Phänomene führten, aber doch interessante und wertvolle Ergebnisse brachten. Es war dies eine Periode, in der die photographische Methode in vielen Laboratorien sehr erfolgreich eingesetzt wurde, bevor sie von den Sechzigerjahren an durch das Aufkommen anderer Methoden der Teilchendetektion, wie Blasen- und Funkenkammern und später durch weitere Detektoren, stark an Bedeutung verlor.

Die Leistungen Blaus in diesem Tätigkeitsabschnitt wurden im vorliegenden Artikel in knapper Form dargestellt. Ich denke, dass Blau, hätte sie 1938 ihre Versuche über die Einwirkung der Höhenstrahlung auf Emulsionen fortsetzen können, die Entdeckung neuer Teilchen, wie des π-Mesons, wahrscheinlich gelungen wäre. Wir sehen also hier ein trauriges Beispiel dafür, wie Bemühungen um Erkenntnisfortschritt durch soziale und politische Erschütterungen durchkreuzt werden können.

Anmerkungen

A1 Wichtige Etappen der Entwicklung der Szintillationsmesstechnik: In den Jahren 1947–1948 veröffentlichten Marshall, Coltman und Mitarbeiter eine Reihe von Arbeiten,[9] in denen sie die Bau- und Funktionsweise eines Szintillationsdetektors mit Photomultiplier beschrieben. Durch ein geschickt konstruiertes optisches System wurde das Szintillationslicht mit hoher Ausbeute auf die Photokathode reflektiert. Die Arbeiten erörterten, wie damit Alpha-Teilchen, Protonen, Gamma-Strahlen und Neutronen nachgewiesen und gemessen werden können.

Etwa zur selben Zeit berichteten Hartmut Kallmann und sein Schüler I. Broser in Deutschland[10] über Messung von Szintillationen, die von Alpha-, Beta- und Gamma-Strahlen beim Auftreffen auf Zinksulfid, Calciumwolframat, Zinksulfat und Naphthalin hervorgerufen wurden. Naphthalin war der erste organische Szintillator und der erste Szintillator von großem Volumen. In großen durchsichtigen Naphthalinblöcken erzeugte Szintillationen – hervorgerufen durch Beta- und Gamma-Strahlen – konnten mit Photomultipliern registriert werden. Im Jahr 1948 zeigte dann Bell, dass kristallines Anthrazen noch geeigneter ist, insbesondere weil die Szintillationspulse etwa fünfmal so groß sind wie bei Naphthalin.[11]

Robert Hofstadter entdeckte, dass Natriumiodid-Kristalle, die durch Zugabe kleiner Mengen Thallium aktiviert worden waren, größere Pulse als Anthrazen gaben. Da das Iod dieser Kristalle bewirkt, dass Gammastrahlung vor allem durch photoelektrischen Effekt stark absorbiert wird, sind diese Kristalle für die Gammastrahlen-Spektroskopie besonders gut geeignet.[12]

An persönliche Erinnerungen anknüpfend, möchte ich hier anmerken, dass die Entwicklung der Szintillationszähler durch Robert Hofstadter entscheidender Bestandteil seiner Experimente über die Streuung von (nach damaliger Auffassung) hochenergetischen Elektronen von 600 MeV an Protonen und schweren Kernen in den Fünfzigerjahren war, für die er 1961 den Nobelpreis für Physik erhielt. 1951 bis 1955 studierte ich an der New York University bei Hartmut Kallmann. Mehrere Kollegen und „post docs" beschäftigten sich mit den Eigenschaften organischer Phosphore (Leuchtstoffe) für das Zählen von Gamma- und Betastrahlen. (Ich arbeitete über das verwandte Problem der Photoleitfähigkeit von Zink- und Cadmiumsulfid.) Ich erinnere mich an mehrere Besuche von Robert Hofstadter, einem scheuen und höflichen jungen Mann, der von der Princeton University kam, um Hartmut Kallmann über Szintillationszähler zu konsultieren. Etwas später übersiedelte Hofstadter an die Stanford University, wo er seine Untersuchungen über die Kernstruktur mit Hilfe von Hochenergieelektronen fortsetzte. Später kreuzten sich unsere Wege wieder. Robert Hofstadter und ich wurden Freunde, als er in den Sechziger-, Siebziger- und Achtzigerjahren häufig zum „Center for Theoretical Studies" an der University of Miami kam, um meinen Kollegen Behram Kursunoglu und mich zu besuchen. Er nahm an mehreren Konferenzen unseres Zentrums in Coral Gables über „Symmetrieprinzipien und Hochenergiephysik" teil und beteiligte sich an einigen Projekten des Zentrums.

Ich erinnere mich auch, wie Hartmut Kallmann 1953 oder 1954, während meiner Jahre in seinem Labor, mitten in der Nacht zwei Anrufe von Journalisten in Stockholm erhielt mit der Nachricht, dass er mit zwei oder drei anderen Wissenschaftlern in die engere Auswahl für den Nobelpreis für Physik gekommen sei. Aber diese Anerkennung blieb ihm dann zu seiner Enttäuschung versagt, obwohl er besonders wichtige Beiträge zur Entwicklung des Szintillationszählers geleistet hatte. Es erging ihm also ähnlich wie Marietta Blau, wenn vielleicht auch aus anderen Gründen.

A2 Retikulo-endotheliales System, Retikuloendothel: eine Leistungsgemeinschaft von Zellen, die durch ihr Aufnahme- (Phagozyten) und Speicherungsvermögen sowie durch Bildung von Immunkörpern bei Abwehrvorgängen eine bedeutende Rolle spielen. Sie gehören dem netzförmigen (retikulären) Bindegewebe und dem Endothel (Innenwand der Blutgefäße) an und sind vor allem in Milz, Knochenmark, Lymphknoten und Leber vorhanden.

A3 Die Entdeckung des π-Mesons (Pions) kann als der wichtigste Schritt in der Entwicklung der Kern- und Teilchenphysik nach dem Zweiten Weltkrieg angesehen werden. Mit dieser Entdeckung wurde nicht nur der Weg zur Auffindung zahlreicher weiterer Teilchen[A5] eröffnet, sondern es wurden auch bis dahin bestehende Widersprüche aufgeklärt. Hideki Yukawa, der hervorragende japanische Theoretiker, hatte 1935 die Wechselwirkung zwischen den Kernbausteinen (Protonen und Neutronen), d. h. die Kernkräfte, als Austausch eines Feldquantes zwischen den Bausteinen gedeutet und abgeschätzt, dass dieses quantenhafte Teilchen eine Masse von etwa 300 Elektronenmassen haben sollte. Zwei Jahre später beobachtete C. D. Anderson mit einer Nebelkammer neuartige geladene Teilchen mit einer Masse von etwa 200 Elektronenmassen. Das neue, als μ-Meson bezeichnete Teilchen schien die Bestätigung der Yukawa-Vorhersage zu sein. Allerdings war die gefundene Masse nicht in guter Übereinstimmung mit der Vorhersage, und vor allem zeigte sich, dass das μ-Meson nur in schwache Wechselwirkung mit Atomkernen tritt, was der Theorie Yukawas völlig widersprach. Nach Auffindung des π-Mesons wurde hingegen gefunden, dass dieses Teilchen mit Atomkernen stark wechselwirkt, also der Vorhersage Yukawas gut entsprach und somit für die Deutung der Kernkräfte einen neuen fruchtbaren Ansatz darstellt.

Die Entdeckung der π-Mesonen beruhte auf der Auffindung von Emulsions-Bahnspuren, die den Zerfall abgebremster π-Mesonen zu μ-Mesonen registrierten.[13] (Die Emulsionen waren auf 5500 m Höhe in den bolivianischen Anden bzw. auf 2800 m Höhe in den Pyrenäen exponiert worden.) Bahnspurdichten und die Streuung der Teilchen zeigten, dass es sich bei primären und sekundären Teilchen um Mesonen handelte, sowie ihre Bewegungsrichtung. (Als zweites Produkt des Zerfalls des π-Mesons wurde ein neutrales Teilchen postuliert, das später als Neutrino erkannt wurde.) Als dann für Beta-Teilchen empfindliche Emulsionen zur Verfügung standen, wurde auch der Beta-Zerfall des μ-Mesons beobachtet, d. h. die Abfolge von drei Bahnspuren für die Zerfallsreihe $\pi \rightarrow \mu \rightarrow e$.

A4 Bau von Beschleunigern für die Hochenergiephysik in den USA in den Jahren nach dem Zweiten Weltkrieg: In einer ersten Ausbaustufe wurden an mehreren amerikanischen Universitäten Beschleuniger, insbesondere Zyklotrone, errichtet, die Teilchen mit Energien von einigen hundert MeV liefern sollten. Eines davon war das Nevis-Zyklotron der Columbia University, das allerdings nicht auf dem eigentlichen Universitätsgelände in New York City untergebracht werden konnte, sondern für das ein eigener Gebäudekomplex bei Irvington, N. Y., ungefähr 35 km nördlich von New York City, errichtet wurde. Zugleich wurden aber bereits Entwicklung und Bau von Hochenergiebeschleunigern, die Teilchen mit Energien von einigen GeV liefern sollten, in Angriff genommen. Es ging um zwei solche Beschleuniger, das „Cosmotron" am neu errichteten Brookhaven Laboratory auf Long Island, N. Y., für 3-GeV-Protonen, und das „Bevatron" an der Universität von Kalifornien in Berkeley, für 6-GeV-Protonen.

Das Cosmotron in Brookhaven war weltweit der erste Beschleuniger, der einen Protonenstrahl mit einer Energie von mehr als 1 GeV lieferte. Er ging 1952 in Betrieb, lieferte zunächst 2,3-GeV-Protonen und etwas später solche mit der geplanten Energie von 3 GeV. Das Laboratorium in Brookhaven wurde im Auftrag der Atomenergiekommission von AUI – Associated Universities Incorporated – geleitet und verwaltet. Dieser Gesellschaft gehörten neun Universitäten des amerikanischen Nordostens an: Columbia, Cornell, Harvard, John Hopkins, MIT, Pennsylvania, Princeton, Rutgers und Yale. Das so geschaffene enge Zusammenwirken von Columbia und Brookhaven macht auch verständlich, dass Blau zuerst Mitarbeiterin der Columbia University wurde und nach etwa zwei Jahren in den Mitarbeiterstab von Brookhaven eintrat.

A5 In den Jahren nach 1947 wurde ein neuer Abschnitt in der Erforschung der Teilchenphysik eröffnet. Die Fortschritte betrafen die Entdeckung neuer Teilchen – wegen der Vielzahl der in kurzer Zeit gefundenen und zuerst nicht systematisch einzuordnenden Teilchen sprach man von einem „Teilchen-Zoo" – und neue Arbeitsmethoden, insbesondere durch die Konstruktion von Hochenergiebeschleunigern und die Entwicklung der Messtechnik. Auf die wichtigsten Ergebnisse sei hier in knapper Form hingewiesen. Dabei werden der Einsatz photographischer Emulsionen (EM) und Beschuss mit Teilchen der Höhenstrahlung (HS) bzw. mit Teilchenbeschleunigern (TB) angemerkt und es werden die Massen der entdeckten Teilchen (im Verhältnis zur Masse des Elektrons, m(e)) angegeben:

> Entdeckung geladener π-Mesonen 1947 (EM, HS, $m(\pi^{\pm}) = 273$ m(e)).
>
> Entdeckung ungeladener (neutraler) π-Mesonen 1950 (TB, $m(\pi^{o})$ = 264 m(e)).
>
> Entdeckung schwerer Mesonen 1949 (EM, HS). Bevor genaue Massenbestimmungen vorlagen, wurden insbesondere die Umwandlungen dieser Teilchen charakterisiert und dementsprechend von τ-, K-, θ-, χ-Teilchen gesprochen. Die Massenbestimmungen ergaben dann den gleichen Wert für die Masse dieser Teilchen, woraus später (um 1953) geschlossen werden konnte, dass es sich nur um eine Teilchenart handelt (K-Meson, Kaon, $m(K^{\pm}) = 966$ m(e), $m(K^{o}) = 975$ m(e)), die viele verschiedene Umwandlungen erfahren kann.
>
> Entdeckung von Hyperonen, d. h. von Teilchen mit Massen zwischen 2180 m(e) und 2590 m(e), 1954–1955. Wichtige Hyperonen sind: Λ^{o} (HS), $\Sigma^{\pm}$ (HS), Σ^{o} (TB), Ξ^{-} (HS), Ξ^{o} (TB).
>
> Die Erzeugung von Mesonen- und Hyperonenströmen hoher Intensität mit Hilfe von Teilchenbeschleunigern ab 1948 eröffnete der Teilchenphysik entscheidende neue Möglichkeiten.

Das heute allgemein akzeptierte Ordnungsschema für die Elementarteilchen wurde 1961–1962 von M. Gell-Mann[14] und Y. Ne'eman[15] vorgeschlagen. Die Teilchen werden dabei durch mehrere Größen und Quantenzahlen charakterisiert (Masse, Ladung, Spin, Isospin, Seltsamkeit, Parität) und bilden in diesem Schema Oktette sowohl für Baryonen (schwere Teilchen mit Massen gleich der oder größer als die Masse des Protons) wie für Mesonen. Theoretisch untermauert wurde dieses Schema 1964 von M. Gell-Mann[16] und G. Zweig[17] durch die Annahme, dass alle Teilchen mit starker nuklearer Wechselwirkung aus „Quarks" bestehen. Zunächst wurde angenommen, dass es drei Arten von Quarks sowie deren Antiteilchen gibt. Später wurden drei weitere Arten von Quarks postuliert, um bestimmte Teilcheneigenschaften erklären zu können. Für die Quarks werden von der Theorie Ladungen von +2/3 bzw. -1/3 der Einheitsladung (des Elektrons) angegeben. Baryonen bestehen aus je drei Quarks, Mesonen aus je zwei Quarks. In den Elementarteilchen sind die Quarks durch „Gluonen" sehr fest aneinander gebunden, sodass sie in freier Form noch nicht beobachtet werden konnten. Obwohl also nur indirekte Beweise für die Existenz dieser Teilchenbausteine vorliegen, hat sich die Postulierung der Quarks als unverzichtbares Ordnungsprinzip für alle Elementarteilchen und ihre verschiedenen Zustände erwiesen.

Über Entwicklung und derzeitigen Stand der Teilchenphysik wird in neueren Büchern (in deutscher Sprache) ausführlich berichtet.[18–24]

A6 GeV = Gigaelektronenvolt (1 GeV = 10^9 eV). Vor 1960 wurde vielfach BeV (Billionen Elektronenvolt) verwendet, da im Amerikanischen 1 Billion = 10^9.

A7 Hyperfragmente bestehen aus Hyperonen (siehe Anm. 5), die an gewöhnliche Kerne bzw. Kernbruchstücke gebunden sind. Derartige Aggregate sind 1953 in Emulsionen entdeckt worden[25] und dann u. a. mit Hilfe des Brookhaven-Cosmotrons näher untersucht worden.[26]

A8 Der Impuls hochenergetischer Teilchen wird häufig in Einheiten „Energie/Lichtgeschwindigkeit (c)" angegeben, also z. B. in GeV/c.

A9 Karl Przibram (geb. 1878, Wien, gest. 1973, Wien): siehe Anm. 6 im „Biographischen Abriss", S. 75f.

Literaturzitate/Quellenangaben

1 P. Galison, Image and Logic, University of Chicago Press, Chicago 1997, S. 143.

2 P. Galison, Physics Today **50**, 42 (1997).

3 L. Halpern, in: Women in Chemistry and Physics, L. S. Grinstein, R. K. Rose and M. H. Rafailovich (Eds.), Greenwood Press, Westport, Conn. 1993, S. 57.

4 N. Byers, Contributions of 20th Century Women to Physics, http://www.physics.ucla.edu/~cwp/phase 2/Blau,_Marietta@843727247.html

5 C. F. Powell, P. H. Fowler and D. H. Perkins, The Study of Elementary Particles by the Photographic Method, Pergamon Press, London & New York 1959.

6 J. Rotblat, Progr. Nucl. Phys. **1**, 37 (1950).

7 S. C. Curran and W. R. Baker, US Atomic Energy Rept. MDDC 1296, Nov. 1944; Rev. Sci. Instr. **19**, 116 (1948).

8 P. Debye und E. Hückel, Physikal. Z. **24**, 185 (1923).
9 J. W. Coltman and F. H. Marshall, Nucleonics **1**, 358 (1947); F. H. Marshall and J. W. Coltman, Phys. Rev. **72**, 528 (1947); F. H. Marshall, J. W. Coltman and A. I. Bennett, Rev. Sci. Instr. **19**, 744 (1948); F. H. Marshall, J. W. Coltman and L. P. Hunter, Rev. Sci. Instr. **18**, 504 (1947).
10 I. Broser und H. Kallmann, Z. Naturforsch. **29**, 439, 642 (1947); H. Kallmann, Natur und Technik, Juli 1947; Phys. Rev. **78**, 621 (1950).
11 P. R. Bell, Phys. Rev. **73**, 1405 (1948).
12 R. Hofstadter, Phys. Rev. **74**, 100 (1948).
13 C. M. G. Lattes, G. P. S. Occhialini and C. F. Powell, Nature **160**, 453, 486 (1947).
14 M. Gell-Mann, California Institute of Technology Synchrotron Laboratory Report CTSL 20, 1961; Phys. Rev. **125**, 1067 (1962).
15 Y. Ne'eman, Nucl. Phys. **26**, 222 (1961).
16 M. Gell-Mann, Phys. Lett. **8**, 214 (1964).
17 G. Zweig, CERN Rept. 8419/Th 412, 1964.
18 C. Berger, Teilchenphysik – eine Einführung, Springer-Verlag, Berlin, Heidelberg, New York 1992.
19 D. Griffiths, Einführung in die Elementarteilchenphysik, Akademie Verlag, Berlin 1996.
20 F. Grotelüschen, Der Klang der Superstrings. Einführung in die Natur der Elementarteilchen, Deutscher Taschenbuchverlag, München 1999.
21 E. Lohrmann, Einführung in die Elementarteilchenphysik, 2. Aufl., B.G. Teubner, Stuttgart 1990.
22 W. Lucha und M. Regler, Elementarteilchenphysik in Theorie und Experiment, Paul Sappl Verlag, Kufstein 1997.
23 G. Musiol, J. Ranft, R. Reif und D. Seeliger, Kern- und Elementarteilchenphysik, Verlag Chemie, Weinheim 1988.
24 D. H. Perkins, Hochenergiephysik, 3. Aufl., Addison-Wesley Publishing Co., Bonn, München usw. 1990.
25 M. Danysz and J. Pniewski, Phil. Mag. (7th Ser.) **44**, 348 (1953).
26 W. F. Fry, J. Schneps and M. S. Swami, Phys. Rev. **99**, 1561 (1955).

Ausgewählte Originalarbeiten Marietta Blaus

B6 M. Blau, Die photographische Wirkung von H-Strahlen aus Paraffin und Aluminium, Z. Phys. **34**, 285–295 (1925); Copyright © 1925 Verlag von Julius Springer, Berlin, abgedruckt mit Genehmigung des Springer-Verlages, Heidelberg, Deutschland.

B36 M. Blau und H. Wambacher, Disintegration processes by cosmic rays with the simultaneous emission of several heavy particles, Nature (London) **140**, 585 (1937); Copyright © 1937 Macmillan and Co., Ltd., London, abgedruckt mit Genehmigung von Macmillan Magazines Ltd., London, U. K.

B38 M. Blau und H. Wambacher, II. Mitteilung über photographische Untersuchungen der schweren Teilchen in der kosmischen Strahlung. Einzelbahnen und Zertrümmerungssterne, Sitzungsber. Akad. Wiss. Wien, Math. Naturwiss. Kl. IIA **146**, 623–641 (1937); Mitt. Inst. Radiumforschung 409 (1937); Copyright © 1937 Akad. Wiss. Wien, abgedruckt mit Genehmigung der Österreichischen Akademie der Wissenschaften, Wien.

Die photographische Wirkung von H-Strahlen aus Paraffin und Aluminium.

Von **Marietta Blau** in Wien.

Mit einer Abbildung. (Eingegangen am 11. August 1925.)

Es wird nachgewiesen, daß H-Strahlen auf die photographische Platte einwirken. Die Untersuchungen werden mit H-Strahlen aus Paraffin und Aluminium durchgeführt, wobei als Primärstrahlenquelle die α-Strahlung von Poloniumpräparaten verwendet wird.

Im Jahre 1914 hat E. Marsden[1]) gefunden, daß in Wasserstoff, der von α-Strahlen durchquert wird, aus einigen der getroffenen Moleküle Wasserstoffkerne fortgestoßen werden, deren Geschwindigkeit größer ist als die der α-Strahlung. Die Untersuchungen über H-Strahlen wurden später von E. Rutherford[2]) und seinen Mitarbeitern fortgesetzt. Weitere Untersuchungen von E. Rutherford und J. Chadwick[3]) sowie in Wien von G. Kirsch und H. Pettersson[4]) ergaben, daß α-Teilchen auch aus den Atomen anderer Elemente H-Kerne großer Geschwindigkeit lostrennen können. Bei all diesen Versuchen wurden die H-Teilchen durch ihre typischen Szintillationen, die sie auf einem Zinksulfidschirm hervorbringen, nachgewiesen. Eine objektive Beobachtungsmethode solcher weitreichenden H-Teilchen lieferten die Untersuchungen von D. Bose[5]) und in jüngster Zeit von P. M. S. Blackett[6]), die mit einer etwas modifizierten Wilsonschen Kondensationsmethode arbeiteten. Da jedoch diese Methode experimentell außerordentlich schwierig und zeitraubend ist (Blackett findet bei seinen Versuchen mit Stickstoff unter etwa 270 000 aufgenommenen Bahnspuren von schnellen α-Teilchen aus ThC nur acht mit deutlich erkennbaren H-Strahlbahnen) und außerdem wenigstens vorläufig nur für H-Strahlen, die aus Substanzen im gasförmigen Zustand emittiert werden, mit sicherem Erfolg benutzt wurde, habe ich auf Anregung von Herrn Dr. H. Pettersson untersucht, ob H-Strahlen durch ihre photographische Wirkung einer objektiven Beobachtung zugänglich gemacht werden

---

[1]) E. Marsden, Phil. Mag. **27**, 824, 1914.

[2]) E. Marsden und W. C. Lautsberry, ebenda **30**, 240, 1915. E. Rutherford, ebenda **37**, 537, 1919.

[3]) E. Rutherford und J. Chadwick, ebenda **42**, 809, 1921; **44**, 417, 1922.

[4]) G. Kirsch und H. Pettersson Wien. Ber. **132** [2a]; Mitt. a. d. Rad.-Inst. Nr. 160, 1923; Phys. ZS. **25**, 588, 1924.

[5]) D. Bose, Phys. ZS. **17**, 388, 1916; ZS. f. Phys. **12**, 207, 1923.

[6]) P. M. S. Blackett, Proc. Roy. Soc. London **107**, 349, 1925.

können. Die Annahme, daß auch diese Korpuskularstrahlung photographisch wirksam ist, wird durch ihre Fähigkeit, Szintillations- und Ionisatonswirkungen hervorzurufen, nahegelegt. Mühlestein[1]) erwähnt bereits in seiner 1922 erschienenen Arbeit über „Les traces des particules α" die Möglichkeit eines photographischen Nachweises von H-Strahlen, doch haben seine Versuche, die ohne nähere Angabe der Versuchsanordnung mitgeteilt werden, zu keinem Erfolg geführt.

Die Schwierigkeit des photographischen Nachweises von H-Strahlen liegt vor allem in der geringen Anzahl der selbst durch verhältnismäßig starke α-Strahlenquellen ausgelösten H-Partikeln; bei den dadurch notwendigen langen Expositionszeiten macht sich nicht nur die Wirkung eventuell von der Strahlenquelle ausgehender β- und γ-Strahlen bemerkbar, sondern es werden auch die verschiedenen in der Literatur unter dem Namen Colson-Russel-Effekt[2]), Metallstrahlen, Photoaktivität usw., beschriebenen Erscheinungen von Einfluß. Außerdem zeigt bekanntlich auch jede nicht exponierte Platte bei noch so sorgfältiger Behandlung nach dem Entwicklungsprozeß eine gewisse Anzahl geschwärzter Körner, wodurch das Erkennen sehr schwacher, nur unter dem Mikroskop wahrnehmbarer Schwärzungen erschwert wird.

Plattenmaterial. Für die folgenden Versuche wurden verschiedene in der Literatur empfohlene Plattensorten verwendet. Am besten haben sich die zuerst von Michl[3]) für α-Strahlaufnahmen benutzten „photomechanischen Platten" von Jahr (Dresden) bewährt. In letzter Zeit wurden zu den Versuchen auch Lainer-Diapositivplatten (Brillant) herangezogen, die in mancher Hinsicht Vorteile gegenüber den Jahr-Platten bieten. Sie zeigen nämlich ein noch feineres Korn, sind gegen rotes Licht, das beim Manipulieren in der Dunkelkammer nicht immer zu vermeiden ist, noch unempfindlicher und lassen die Wirkung der β- und γ-Strahlen gegenüber der der α-Strahlen noch stärker zurücktreten. Ein Nachteil dieser Platten ist, daß das Korn bei Entwicklungszeiten, die bei solchen Versuchen notwendig kürzer gehalten werden müssen als bei Lichtaufnahmen üblich, bräunlich und durchscheinend ist, was ein Beobachten unter dem Mikroskop erschwert.

Präparate. Als Strahlungsquellen wurden bei den meisten Versuchen Poloniumpräparate verwendet, für deren Herstellung ich Frau Dr. E. Rona auch an dieser Stelle bestens danke. Sie wurden durch

---

1) E. Mühlestein, Arch. sc. phys. et nat. **127**, 38, 1922.
2) E. Rumpf, Jahrb. d. Radioakt. u. Elektr. **19**, 214, 1922.
3) W. Michl, Wien. Ber. **121**, 1431, 1912; **123**, 1955, 1914.

Elektrolyse aus radiumfreier RaD-Lösung gewonnen. Das Polonium wurde kathodisch auf Gold- oder Platinstreifen von 2 bis 2,5 mm Breite niedergeschlagen, die ungefähr 4 bis 6 mm tief in die Lösung tauchten. Die Stärke der Präparate variiert in den einzelnen Fällen zwischen 100 und 550 st. E. Die Strombedingungen bei der Elektrolyse waren so gewählt, daß nur Polonium, nicht aber RaD und RaE abgeschieden werden konnten. Trotzdem war es in den wenigsten Fällen zu vermeiden daß Spuren von RaE gleichzeitig mit Polonium an der Kathode auftraten. Es wurde dann das Abklingen des RaE durch vier bis fünf Halbwertszeiten abgewartet, bevor mit den Versuchen begonnen wurde. Alle verwendeten Präparate waren frei von RaD, wie sich aus dem Abklingen ihrer α- und β-Aktivität ergab. Das stärkste verwendete Präparat — etwa 550 st. E. pro 8 mm² — wurde durch Destillation im Wasserstoffstrom gewonnen; zur Vermeidung einer durch die Bildung von Poloniumwasserstoff eventuell möglichen Poloniumverseuchung wurde das Palladiumblech nach der Destillation im Sauerstoffstrom oxydiert. Alle Poloniumpräparate zeigten auch nach Abklingen von RaE eine schwache β- oder γ-Aktivität, die wegen der Kleinheit des Effektes auf ihr Durchdringungsvermögen nicht weiter untersucht werden konnte. Sie ist wahrscheinlich auf die von Russell und Chadwick[1]) entdeckte γ-Strahlung von Polonium und auf sekundäre γ-Strahlung, die von den α-Strahlen des Poloniums in ihrer Gold- bzw. Platin- und Palladiumunterlage ausgelöst wird, zurückzuführen. Am kleinsten ist dieser Effekt im Falle des Palladiums besonders im Hinblick auf die große α-Aktivität des Präparats. Der Strom betrug, in einer mit Wulfschem Elektrometer versehenen Topfanordnung (Zylinder von 10 cm Radius und 18 cm Höhe) gemessen, nur etwa $1 . 10^{-5}$ st. E. Schließlich wurden für eine Reihe von Versuchen dünnwandige Kapillaren, ausgekleidet mit Paraffin und gefüllt mit Radon von 10 bis 20 mC, verwendet, für deren Herstellung ich Herrn M. Kindinger zu Dank verpflichtet bin.

Versuche mit streifender Inzidenz. Es war zunächst geplant, die Versuche nach den von Michl[2]) zur Darstellung der photographischen Wirkung von α-Strahlen ausgearbeiteten Methoden durchzuführen.

Treffen nämlich α-Partikeln streifend auf die photographische Platte, so erhält man unter dem Mikroskop erkennbare, ganz ausgeprägt gerichtete Punktfolgen, deren jede der Bahn einer α-Partikel entspricht; die Länge der

[1]) A. S. Russell und J. Chadwick, Phil. Mag. **27**, 112, 1914.
[2]) Michl, l. c.

Punktreihen ist nach Michl ein Maß für die Reichweite der α-Partikel in der Gelatine der Platte. Da die Abnahme der Energie der H-Teilchen beim Durchsetzen von Materie, wie sich aus den Absorptionskurven von Marsden[1]) ergibt, nach ähnlichen Gesetzen erfolgt wie bei α-Partikeln, so war zu erhoffen, daß die Bahnen von H-Partikeln entsprechend ihrer größeren Reichweite auf der photographischen Platte als Punktfolgen größerer Länge erkennbar sind.

Als H-Strahlenquelle diente in allen Fällen Paraffin, das sich hierzu wegen seines großen Wasserstoffgehaltes besonders eignet. Es wurde in Dünnschnitten von etwa 30 μ Stärke verwendet und unmittelbar über das Präparat gelegt. Außerdem wurden, um auf alle Fälle eine direkte Wirkung der α-Strahlung des Poloniums auszuschalten, Absorptionsfolien aus Glimmer- oder Kupferfolie von einer Gesamtabsorption von mindestens 4 cm Luftäquivalent verwendet. Zunächst wurden durch viele Vorversuche die günstigsten Bedingungen zur Darstellung streifender H-Strahlenbahnen ermittelt und schließlich folgende Anordnung, die im wesentlichen schon von Michl verwendet wurde, am zweckmäßigsten befunden.

Das Präparat, bedeckt mit Paraffin- und Absorptionsfolie, wurde auf einen Karton geheftet und mit einem dünnen Eisenblech [Eisen greift die photographische Platte nicht an][2]), in das ein Spalt von 2,5 mm Länge und 0,5 mm Breite geschnitten war, überdeckt. Senkrecht zum Präparat wurde gerade über dem Spalt und parallel zu diesem die photographische Platte durch einen Eisenblock gestützt aufgestellt. Der Schichtseite der Platte gegenüber lehnte im Abstand eines dünnen Kartonstückes eine Glasplatte, so zwar, daß die Strahlung in den Raum zwischen den beiden Platten eintreten konnte. Diese Anordnung hat den großen Vorteil, daß, bei allerdings sehr schlechter Ausbeute, streifender Einfall aller Strahlen gewährleistet ist.

Eine Reihe von Versuchen ergab, daß Glimmer als Absorptionsmaterial ungeeignet ist. Unter sonst gleichen Bedingungen wurde die Platte bei Verwendung von Glimmer stärker und unregelmäßiger geschwärzt als mit Kupferfolie von gleichem Luftäquivalent. Die Ursache dafür dürfte darin liegen, daß erstens Glimmer, bei gleichem Bremsvermögen für α-Strahlen, β- und γ-Strahlen gegenüber größere Durchlässigkeit zeigt und zweitens scheint eine im Glimmer erregte weiche sekundäre β-Strahlung und schließlich auch direkte Lumineszenz vorzuliegen, da

[1]) E. Marsden, Phil. Mag. **42**, 892, 1921.
[2]) Rumpf, l. c.

der Effekt ein wenig vermindert wurde, wenn der Glimmer mit Aluminium- oder Silberblatt bedeckt war. Es wurde daher im folgenden immer nur Cu-Folie oder Glimmer + Cu-Folie als Absorptionsmaterial gewählt. Unter diesen Bedingungen gelang es tatsächlich, nach geeigneter Wahl der Expositions- und Entwicklungszeit (die Schwärzung darf mit bloßem Auge noch nicht wahrnehmbar sein), auf der sonst klaren photographischen Platte neben vielen kürzeren Punktreihen einige längere, deutlich ausgeprägte Punktfolgen zu erhalten, die durch ihre leichte Neigung in die Tiefe von zufällig vorhandenen oder willkürlich konstruierten Punktreihen unterscheidbar sind. Diese Versuche wurden unter den als günstig erkannten Bedingungen mehrfach wiederholt, doch gelang es mir, im ganzen nur drei klare Aufnahmen zu erhalten, da die photographische Platte gerade am Rande durch Zerkratzung und Druckwirkung häufig beschädigt ist. Allerdings besitzen diese drei Aufnahmen nicht die Schärfe Michlscher α-Strahlaufnahmen, was wohl bei der geringen Ausbeute und der großen Zahl störender Einflüsse auch nicht zu erwarten ist. Aus dem Richtungssinn der einzelnen Punktreihen, die in ihrer Gesamtheit ein Bild des Spaltes ergeben, kann man mit ziemlicher Sicherheit auf die Wirkung einer Korpuskularstrahlung schließen. Es scheint ausgeschlossen, daß diese Punktfolgen der Wirkung einzelner α-Partikeln von Polonium, die die Paraffin- und Kupferfolie durchsetzen, zugeschrieben werden können, da das Luftäquivalent des Paraffindünnschnittes 3,2 cm, das der Kupferfolie 3,9 cm betrug, wie durch Auswägen und Eichung mit Th C-α-Strahlen festgestellt wurde. Die verwendeten Folien wurden unter dem Mikroskop sorgfältig auf Lochfreiheit geprüft und das mit Folien bedeckte Präparat auf α-Szintillationen untersucht, ohne daß solche auch bei langen Beobachtungszeiten gefunden werden konnten. Schließlich wurden auch die einzelnen Folien vor dem Versuch mit photographischer Methode auf α-Verseuchung geprüft, wobei die Expositionszeiten länger gewählt wurden als bei den eigentlichen Versuchen.

Die Länge der Punktreihen kann direkt mit den von Michl für α-Strahlbahnen erhaltenen verglichen werden, da mit gleichem Plattenmaterial gearbeitet wurde. Michl findet für die α-Strahlen von Polonium von 3,9 cm Reichweite Punktfolgen von im Mittel 23 μ Länge[1]), die von 8 bis 10 Punkten gebildet werden. Die hier wirksamen H-Partikeln haben nach Absorption in Paraffin und Cu eine maximale Restreichweite von etwa 9 cm. Wirken sie nach denselben Gesetzen wie α-Strahlen auf

[1]) Mühlestein findet für die Reichweite der α-Strahlen von Polonium in der Gelatine derselben Plattensorte den Wert 27 μ.

19*

die Platte ein, so wären Punktfolgen von etwa 53 μ Länge zu erwarten. Allerdings ist die Ausbeute gerade an schnellsten H-Strahlen außerordentlich klein[1]), so daß bei der geringen Gesamtausbeute, die diese Versuchsanordnung zuließ, Punktfolgen dieser Länge kaum zu erwarten sind. Die längste Punktfolge, die gefunden wurde, hatte 46 μ Länge; sie wurde von elf Punkten gebildet. Außerdem wurde eine Punktreihe von elf Punkten zu 44 μ und etwa fünf Punktreihen länger als 30 μ gefunden. Die meisten bestanden aus vier bis sieben Punkten und hatten eine Länge zwischen 10 und 20 μ. Erwähnenswert ist, daß eine Punktreihe von etwa 30 μ Länge am Ende der Bahn einen deutlichen Knick aufwies.

Leider sind die Versuchsergebnisse zu spärlich, um aus dem Verhältnis — Punktzahl: Länge — der für H- und α-Strahlen gewonnenen Punktfolgen einen Aufschluß über das Verhältnis ihrer Ionisationswirkung zu erhalten; doch scheint es, daß die Schwärzungskörner in α-Strahlenbahnen etwas dichter als in H-Strahlbahnen liegen, was auf ein geringeres Ionisationsvermögen der H-Strahlen schließen ließe.

Um die Ausbeute an H-Strahlbahnen zu verbessern und vor allem, um von dem Verhalten des Plattenrandes unabhängig zu sein, wurde mit folgender Versuchsanordnung gearbeitet, die ähnlich Mühlestein[2]) zur photographischen Darstellung von α-Strahlbahnen benutzt hatte (Fig. 1). *AA* ist eine Messingplatte von 3,6 . 3,6 cm² und 1 mm Stärke, in deren Mitte ein unter 30° geneigter Spalt von 0,75 mm Breite und 6 mm Länge eingeschnitten ist. *BB* sind zwei Löcher, in die die Stifte des Präparatträgers *T* hineinpassen. Er besteht aus einem Messingkeil, auf dessen Hypotenusenfläche, die ebenfalls eine Neigung von 30° hat, zwei Metallplatten P_1 und P_2 aufgeschraubt wurden, zwischen die das streifenförmige Präparat geklemmt werden konnte, so daß der Rand des Präparats gerade über die Spaltöffnung zu liegen kam. An die untere Seite der mit schrägem Spalt versehenen Platte ist ein Eisenblech *E* von 0,4 mm Stärke aufgelötet, welches genau in der Mitte einen quadratischen Ausschnitt von

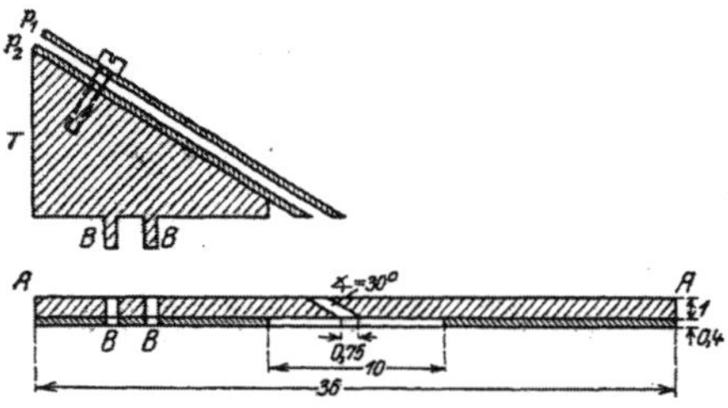

Fig. 1.

[1]) E. Rutherford, Phil. Mag. 37, 547, 1919.
[2]) Mühlestein, l. c.

1 cm Seitenlänge aufweist. Die Neigung des Spaltes wurde zu 30° gewählt, weil α-Strahlenbahnen, die unter diesem Winkel die photographische Platte treffen, unter dem Mikroskop noch gut als Punktfolgen erkannt werden können. Direkt über dem Spalt wurde ein geeichtes lochfreies Kupferblech von 3,9 cm Luftäquivalent und darüber als H-Strahlenquelle ein Paraffindünnschnitt von 3,2 cm Luftäquivalent gelegt. Bei manchen Versuchen wurde zwischen Paraffin- und Cu-Folie noch ein Glimmerblatt von etwa 2 cm Luftäquivalent gebracht, da dann alle α-Strahlen des Poloniums in Paraffin und Glimmer sicher absorbiert werden, so daß eine charakteristische Kupferstrahlung als störende Fehlerquelle ausgeschaltet ist.

Diese Anordnung lieferte ziemlich befriedigende Aufnahmen. Von einem etwas stärker geschwärzten Streifen, der der Wirkung der senkrecht einfallenden Korpuskeln entspricht, gehen strahlenförmig nach vorne Züge kurzer Punktfolgen. Die Punktfolgen selbst sind nur kurz, was durch die stark herabgeminderte Reichweite der das Cu schräg durchsetzenden H-Strahlen erklärt werden kann. Die Punktreihen sind reell, sie lassen sich von Punktfolgen, die zufällig auf der photographischen Platte auch unter Einwirkung von Licht entstehen, sicher dadurch unterscheiden, daß sie Punkt für Punkt in die Tiefe verfolgt werden können. Ein Vorteil dieser Aufnahmen gegenüber den früher erwähnten liegt in der großen Zahl der erhaltenen Punktfolgen. Es muß betont werden, daß auch diese Aufnahmen nicht die Schärfe von α-Strahlbildern erreichen; aber bei den langen Expositionszeiten macht sich eben eine noch so schwache β- und γ-Strahlung störend bemerkbar. Tatsächlich wurden die besten Aufnahmen mit dem auf Palladium niedergeschlagenen Poloniumpräparat erhalten, das, wie eingangs erwähnt, bei größter α-Aktivität die schwächste durchdringende Strahlung zeigt.

Um H-Teilchen mit noch längeren Bahnen photographisch darzustellen, wurden schließlich noch Versuche mit Ra C als Primärstrahlenquelle (in Form von Emanationskapillaren) durchgeführt; denn die durch α-Strahlen von Ra C ausgelösten H-Partikeln haben in Luft eine Reichweite von beinahe 30 cm, während den von Polonium erregten H-Partileln etwa 16 cm Reichweite zukommt. Die photographische Platte wurde bei diesen Versuchen vor direkter β- und γ-Strahlung durch einen massiven Bleibogen von 3 mm Elongation, über den die H-Strahlen im Magnetfeld zur Platte zu abgebogen wurden, ferner durch Bleikeile und die Pole des Magnets selbst geschützt; sekundäre Strahlung wurde durch Bekleiden der Magnetpole mit Karton und der der Platte zugewendeten Bleiteile mit Kupfer + Karton tunlichst vermieden. Trotzdem gelang es mir nicht, entsprechende H-Strahlbahnen zu photographieren, da bei den Expositionszeiten, die notwendig recht lang gewählt werden mußten, um überhaupt eine nennenswerte Ausbeute zu erhalten, der durch die durchdringende Strahlung verursachte Schleier zu groß war, um Punktfolgen sicher erkennen zu lassen. Möglicherweise würden Versuche mit stärker gewölbten Bleibogen, die dann ein entsprechend stärkeres Magnetfeld erforderten, zum Ziele führen.

Vergleichsversuche. Abgesehen von dem letzten ergebnislosen Versuch, sprechen die bisherigen Aufnahmen für eine photographische Wirkung der H-Strahlen. Denn sowohl die beobachteten Punktfolgen als auch das ganze Bild der Aufnahme kann nur durch vorwiegende Wirkung einer Korpuskularstrahlung erklärt werden, die, da α-Strahlung ausgeschlossen scheint, nur durch H-Teilchen hervorgerufen sein kann. Allerdings erschien es notwendig, den eventuellen Einfluß einer β-Strahlung zu untersuchen, da eine Anordnung mit magnetischer Ablenkung der β-Strahlung wegen der geringen Ausbeute an H-Teilchen schwer durchführbar ist. Als β-Strahlung käme in Betracht erstens die primäre β-Strahlung von Ra E, das, wie weiter oben erwähnt, die Präparate spurenweise verunreinigte, ferner sekundäre β-Strahlung, die sowohl von der γ-Strahlung des Poloniums als auch von der in der Präparatunterlage durch α-Wirkung emittierten charakteristischen Au- bzw. Pt- und Pd-Strahlung ausgelöst sein kann. Ein entscheidender Beweis, daß der beobachtete photographische Effekt tatsächlich durch H-Teilchen und nicht durch β-Strahlung hervorgerufen wird, könnte durch einen Versuch erbracht werden, bei welchem unter sonst gleichen Bedingungen das Paraffin durch eine Substanz ersetzt wird, die keine oder jedenfalls weniger H-Strahlen abgibt. Schwermetalle als Vergleichssubstanz scheiden von vornherein aus, da sie, von α-Strahlen getroffen, charakteristische Röntgenstrahlen emittieren, die als Fehlerquelle in Betracht kommen können. Die gleichen Versuchsbedingungen können am besten gewahrt bleiben, wenn als Vergleichssubstanz ein Material gewählt wird, welches ähnlich wie Paraffin nur Kohlenstoff und keinen oder sehr wenig Wasserstoff enthält. Von diesem Gesichtspunkte aus wurde daher Ruß als Vergleichssubstanz gewählt. Auf Glimmer von etwa 2 cm Luftäquivalent wurden mit einer Terpentinflamme Rußschichten, die auf kleinen Flächen von 1 cm² ziemlich homogen hergestellt werden konnten, niedergeschlagen. Die Dicke der Rußschicht wurde durch Auswägen bestimmt und das Gewicht pro Flächeneinheit so gewählt, daß es dem des in der gleichen Fläche Paraffin enthaltenen Kohlenstoffes entsprach, also etwa $^6/_7$ des Paraffingewichtes bezogen auf die Flächeneinheit. Die Versuche wurden mit der in der Fig. 1 beschriebenen Versuchsanordnung und ferner, der besseren Ausbeute wegen, auch mit einer Anordnung, die senkrechten Strahleneintritt gestattete, durchgeführt. Die Expositionszeiten wurden so gewählt (in manchen Fällen 144 Stunden), daß eine auch mit freiem Auge deutlich sichtbare Schwärzung auftrat. Die vollkommene Gleichheit der Versuchsbedingungen war durch die stabilen und gut zentrierten Versuchsanordnungen gewährleistet. Es wurde tatsächlich nur die auf Glimmer niedergeschlagene Rußschicht mit der jeweils an Kohlenstoff äquivalenten Paraffinschicht + gleichstarkem Glimmer (auf 1 mm Luftäquivalent genau) vertauscht. Als besondere Vorsichtsmaßregel wurde auch die Reihenfolge Paraffin–Ruß entsprechend variiert, um eventuellen Einflüssen zu begegnen, und die Vergleichsversuche wurden paarweise auf derselben Platte durchgeführt. Die Zahl der Vergleichsversuche betrug neun, zwei davon mißlangen, da das die Rußschicht tragende Glimmerblättchen beim Einlegen in den Apparat zerriß. Bei den übrigen sieben Aufnahmen ist die weitaus größere Schwärzung unter Parraffin gegenüber Ruß mit bloßem Auge deutlich erkennbar. Die Schwärzung der Rußaufnahme kann durch die β-Strahlung von Ra E, durch γ-Strahlung und sekundäre β-Strahlung hervorgerufen sein. Außerdem scheint, wie Aufnahmen mit der schrägen Spaltanordnung, bei denen einige H-Bahnen ähnliche Punktfolgen gefunden wurden, vermuten lassen, auch eine H-Strahlung wirksam zu sein, die hauptsächlich auf die Verunreinigungen der Rußschicht (Fettgehalt usw.) zurückgeführt werden kann; auch eine bei der Zertrümmerung des Kohlenstoffatoms emittierte H-Strahlung scheint nach den Versuchen von H. Pettersson[1]) nicht ausgeschlossen. Das Plus an Schwärzung bei den Paraffinaufnahmen kann aber nur durch die in Paraffin erregte H-Strahlung erklärt werden, da kein Grund vorliegt, eine stärkere sekundäre β-Strahlung aus Paraffin als aus Ruß anzunehmen, so daß durch diese Versuche der Nachweis der photographischen Wirkung der H-Strahlen erbracht zu sein scheint.

Quantitative Angaben über die Ausbeute an H-Strahlen konnten bei diesen Versuche, bei denen es sich um den rein qualitativen Nachweis der H-Strahlenwirkung handelte, noch nicht gegeben werden. Ebenso ist eine genaue Bestimmung der Reichweite sowie der Distanz der Schwärzungspunkte in einer H-Strahlbahn vorläufig nicht möglich, da

---

1) H. Pettersson, Mitt. a. d. Rad.-Inst. Nr. 168; Wien. Ber. **133** [2 a], 445, 1924.

wegen der Unregelmäßigkeiten in der Emulsionsschicht der Platte solche Angaben nur statistisch ermittelt werden können, wofür aber genügendes Beobachtungsmaterial noch nicht vorliegt.

H-Strahlen aus Aluminium. Schließlich schien es von besonderem Interesse, H-Teilchen photographisch aufzunehmen, die bei der Zertrümmerung der Kerne verschiedener Elemente emittiert werden. Die Zertrümmerbarkeit der meisten Elemente ist jedoch nur für die schnellen α-Partikeln von Ra C als Primärstrahlung experimentell erwiesen; durch die intensive β- und γ-Strahlung von Ra C wird aber der photographische Nachweis der emittierten H-Teilchen wesentlich erschwert oder gar unmöglich gemacht. Nun ist durch die Versuche von E. A. W. Schmidt[1]) erwiesen, daß Aluminiumkerne auch durch α-Strahlen vom Polonium zertrümmerbar sind und deshalb wurde versucht, entsprechende H-Strahlbahnen aus Aluminium zu photographieren. Zu diesem Zwecke wurde bei der in Fig. 1 angegebenen Versuchsanordnung der Paraffindünnschnitt mit einer lochfreien Aluminiumfolie von 2,5 cm Luftäquivalent vertauscht. Um in der Folie adsorbierte Gase, die als H-Strahlenquelle in Betracht kommen können, zu entfernen, wurde diese längere Zeit im Vakuum unter Anwendung von Kokosnußkohle und flüssiger Luft ausgeglüht. Zur Absorption der aus Aluminium austretenden Strahlung wurde Glimmer von 1,6 cm und Kupferfolie von 3,9 cm Luftäquivalent wie bei den früher beschriebenen Versuchen verwendet.

Tatsächlich konnten bei geeigneter Wahl der Expositionszeiten eine große Anzahl kurzer Punktreihen mit der zu erwartenden Richtung und Neigung gefunden werden, die wohl hauptsächlich nur durch aus zertrümmerten Aluminiumkernen emittierte H-Teilchen hervorgerufen sein können. Die längste Punktreihe, die sicher festgestellt wurde, betrug 30 μ; aus ihrer Neigung in der Gelatineschicht sowie auf Grund der gewählten Versuchsanordnung kann geschlossen werden, daß der entsprechende H-Strahl die Glimmer- und Kupferfolie unter einem Winkel von mindestens 60^0 durchsetzt, so daß ihm eine Reichweite von mindestens 15 cm zugeschrieben werden muß. Im allgemeinen sind die Punktreihen etwas länger als bei den entsprechenden Versuchen mit H-Strahlen aus Paraffin.

Auch in diesem Falle handelt es sich um einen rein qualitativen Nachweis. Reichweite und Zahl der H-Partikel können nur an Hand

---

[1]) E. A. W. Schmidt, Mitt. a. d. Rad.-Inst. Nr. 178. Wien. Ber. **134** [2 a], 1925.

von genügend großem Versuchsmaterial ermittelt werden, wobei eine etwas abgeänderte Versuchsanordnung, die eine noch enger begrenzte und genau definierte Strahlrichtung von möglichst streifender Inzidenz liefert, eine exakte Bestimmung erleichtern würde. Jedenfalls scheinen diese Versuche im Einklang mit den von E. A. W. Schmidt[1]) auf Grund der Szintillationsmethode durchgeführten Untersuchungen dafür zu sprechen, daß im Gegensatz zu den Angaben von Rutherford und Chadwick[2]) auch α-Strahlen von einer Reichweite kleiner als 4,9 cm Aluminiumkerne zertrümmern können.

Zusammenfassung.

Im Zusammenhang mit den im Wiener Radiuminstitut durchgeführten Untersuchungen über Atomzertrümmerung wurden Methoden zum photographischen Nachweis von H-Teilchen ausgearbeitet.

Zunächst wurde im Anschluß an die Michlschen Versuche mit α-Strahlen die photographische Wirkung von H-Teilchen aus Paraffin untersucht, welche streifend auf eine photographische Platte treffen. Es ergaben sich, wie bei α-Strahlen, ausgeprägt gerichtete Punktfolgen, deren jede der Wirkung eines H-Teilchens entspricht.

Vergleichsversuche, bei denen die als H-Strahlenquelle verwendete Paraffinschicht mit einer an Kohlenstoff äquivalenten Rußschicht vertauscht wurde, ergaben, daß diese Wirkung nur auf H-Strahlen zurückzuführen ist und nicht durch etwa vorhandene β-Strahlung erklärt werden kann.

Versuche mit von adsorbierten Gasen befreiter Aluminiumfolie ließen ebenfalls auf der Platte Punktfolgen erkennen, die nur durch H-Strahlen hervorgerufen sein können und daher die Zertrümmerbarkeit des Aluminiumkernes durch α-Strahlen von weniger als 4 cm Reichweite bestätigen.

Herrn Prof. St. Meyer, Herrn Dr. H. Pettersson und Herrn Dr. G. Kirsch bin ich für ihr Interesse und Förderung der Arbeit zu großem Danke verpflichtet.

Wien, Institut für Radiumforschung, Juli 1925.

---

[1]) E. A. W. Schmidt, l. c.

[2]) Rutherford und Chadwick, Phil. Mag. **42**, 809, 1921.

about it is the simultaneous emission of so many heavy particles with such long ranges, which excludes any confusion with 'stars' due to radioactive contamination. A similar configuration of tracks by chance is equally out of question. Brode and others[1]

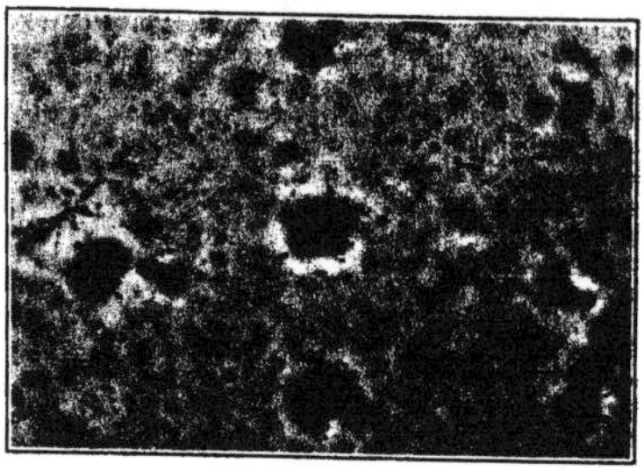

FIG. 1.

observed a single case of a disintegration with three heavy particles in a Wilson cloud chamber. The phenomenon which Wilkins believes was a shower of protons is perhaps a similar process, but he did not observe a centre[2].

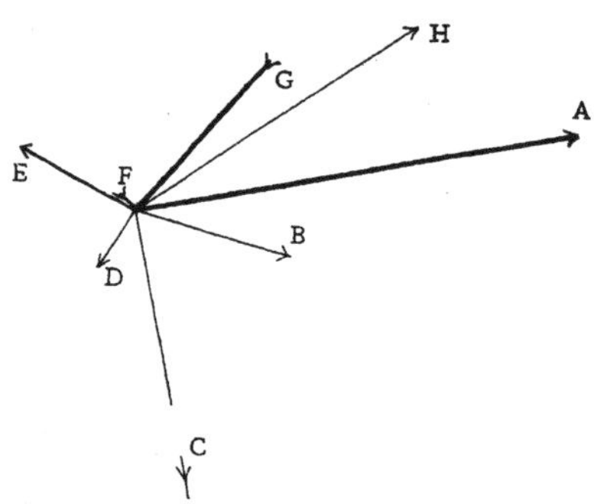

FIG. 2.

THICK LINES INDICATE A COMPARATIVELY LARGE NUMBER OF GRAINS PER UNIT OF LENGTH OF THE TRACK. AN INTERRUPTED LINE MEANS THAT THE TRACK IS TOO LONG TO BE REPRODUCED ON THE SAME SCALE. THE ARROWS INDICATE THE DIRECTION FROM THE SURFACE OF THE EMULSION TO THE GLASS.

The total energy involved in the process cannot as yet be calculated as most of the particles do not end in the emulsion.

We hope to give further details before long in the Wiener Akademie-Berichte.

M. BLAU.
H. WAMBACHER.

Radium Institut
u. 2 Physik. Institut,
Wien.
Aug. 25.

Disintegration Processes by Cosmic Rays with the Simultaneous Emission of Several Heavy Particles

ON photographic plates which had been exposed to cosmic radiation on the Hafelekar (2,300 m. above sea-level) near Innsbruck for five months, we found, apart from the very long tracks (up to 1,200 cm. in length) which have been reported recently in a note in the Wiener Akademie-Berichte, evidence of several processes described below.

From a single point within the emulsion several tracks, some of them having a considerable length, take their departure. We observed four cases with three particles, four with four and 'stars' with six, seven, eight and nine particles, one of each kind.

The longest track corresponded to a range in air (15°, 760 mm. Hg) of 176 cm. The ionization produced by the particles is different in the different cases. Most of the tracks show much larger mean grain-distances than α-particles and slow protons.

In Fig. 1 a 'star' with eight tracks is reproduced. On account of the rather steep angles at which some of the particles cross the emulsion-layer (approximately 70 μ thick) it is not possible to have all the tracks of a 'star' in focus simultaneously. Fig. 2 shows a sketch of the same 'star'. Measurement of the tracks gives the results in the accompanying table.

Track	Length in cm. of air (15°, 760 mm.)	Number of grains	Position of the end of the track
A	30·0 cm.	113	Within the emulsion
B	11·0 ,,	15	,, ,, ,,
C	44·6 ,,	71	Glass
D	6·2 ,,	11	,,
E	7·0 ,,	22	,,
F	1·2 ,,	5	Within the emulsion
G	13·6 ,,	67	Surface of the emulsion
H	23·9 ,,	58	Glass

Centre of the 'star' 25 μ under the surface of the emulsion.

We believe that the process in question is a disintegration of an atom in the emulsion (probably Ag or Br) by a cosmic ray. The striking feature

[1] Brode, R. L., and others, *Phys. Rev.*, **50**, 581 (October, 1936).
[2] Wilkins, *Nat. Geog. Soc.*, Stratosphere Series, No. 2, 37 (1936).

Mitteilungen des Institutes für Radiumforschung
Nr. 409

II. Mitteilung über photographische Untersuchungen der schweren Teilchen in der kosmischen Strahlung

Einzelbahnen und Zertrümmerungssterne

Von

Marietta Blau und Hertha Wambacher

(Mit 10 Textfiguren)

(Vorgelegt in der Sitzung am 16. Dezember 1937)

In einer vorläufigen Mitteilung[1] wurden einige Ergebnisse besprochen, die mit photographischen Spezialplatten — Neue Halftoneplatte von Ilford, 70 μ dick gegossen — bei 4monatiger Exposition auf dem Hafelekar bei Innsbruck (2300 *m*) (Vorstand Prof. V. Hess) erhalten wurden. Im folgenden soll näher auf die bei weiterer Auswertung des Plattenmaterials gefundenen Resultate eingegangen werden. Die Platten waren ohne weitere Bedeckung in ihrer Originalverpackung auf der Längsseite ruhend aufgestellt.

Was zunächst die Ausbeute anbetrifft, so sind große Schwankungen festzustellen, und zwar sowohl auf ein und derselben Platte an verschiedenen Stellen als auch auf den verschiedenen hintereinander aufgestellten Platten, jedoch so, daß kein systematischer Gang erkennbar ist. Die Zahl der Bahnspuren pro Quadratzentimeter schwanken zwischen 120 und 271, was im Mittel einer Ausbeute von 0·064 pro Quadratzentimeter und Stunde entspricht. Hiebei sind nur diejenigen Bahnspuren herangezogen worden, deren Länge in der Emulsion der Platte Reichweiten in Normalluft von mehr als 10 *cm* entspricht. Dieser Umstand muß bei Vergleich der Ausbeute mit den Werten anderer Autoren,[2] die auch kürzere Bahnspuren mit herangezogen haben, berücksichtigt werden. Schopper findet bei einer Exposition auf dem Jungfraujoch (3400 *m*) mit photographischen Platten von 25 μ Emulsionsdicke eine Ausbeute

[1] M. Blau und H. Wambacher, Mitt. d. Ra Inst. Nr. 404; Wien. Ber., IIa, *146*, 1, 1937. Vgl. auch Nature, *140*, 585, 1937.

[2] L. H. Rumbaugh und G. L. Locher, Phys. Rev., *49*, 885, 1936. Schopper, Naturw., *25*, 557, 1937.

Die Ausbeute der genannten Autoren stimmt nur bei ihren Stratosphärenversuchen scheinbar überein: Rumbaugh und Locher: 4·5 pro Quadratzentimeter und Stunde mit 1 *cm* Paraffin, Schopper: 5·1 pro Quadratzentimeter und Stunde 1 *mm* Paraffin; die Werte der Versuche in 3400, respektive 4300 *m* Höhe lassen sich nach unserer Meinung nicht miteinander in Einklang bringen: Rumbaugh: 0·0022 pro Quadratzentimeter und Stunde mit 1 *cm* Paraffin, Schopper: 0·28 pro Quadratzentimeter und Stunde mit 1 *mm* Paraffin.

von 0·06 pro Quadratzentimeter und Stunde. Nach einer nur vorläufigen Durchsicht unserer $3^1/_2$ Monate auf dem Jungfraujoch exponierter Platten ist der Anstieg in der Ausbeute verhältnismäßig gering und beträgt zirka 83%.

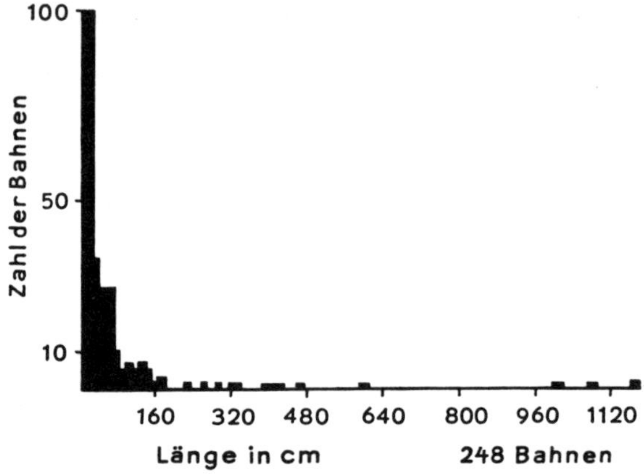

Fig. 1*a*.

Die meisten der von uns beobachteten Bahnen durchsetzen die ganze Emulsionsschichte der Platte und enden also nicht innerhalb der Emulsion. Diese Bahnspuren sind durchschnittlich viel länger als die von anderen Autoren beobachteten, was sowohl mit der größeren Schichtdicke der von uns verwendeten Emulsion als auch mit ihrer größeren Empfindlichkeit gegen Protonenstrahlen zusammenhängt. In Fig. 1 ist die Verteilung der Bahnlängen von 248 Teilchen, deren Reichweiten in Normalluft mehr als 10 *cm* entsprechen, aufgetragen, wobei die längste überhaupt gefundene Bahn zirka 13 *m* Luftäquivalent besitzt. Nach dieser Statistik hat es den Anschein, daß gerade die Teilchen kleiner Reichweite, respektive Geschwindigkeit überwiegend vorkommen, doch muß dabei berücksichtigt werden, daß, wie oben erwähnt, nicht die ganze Teilchenbahn in der Emulsion abgebildet ist, sondern wegen der auch hier noch verhältnismäßig kleinen Schichtdicke nur Bahnausschnitte sichtbar werden. Es kann also in diesen Fällen die Bahn-

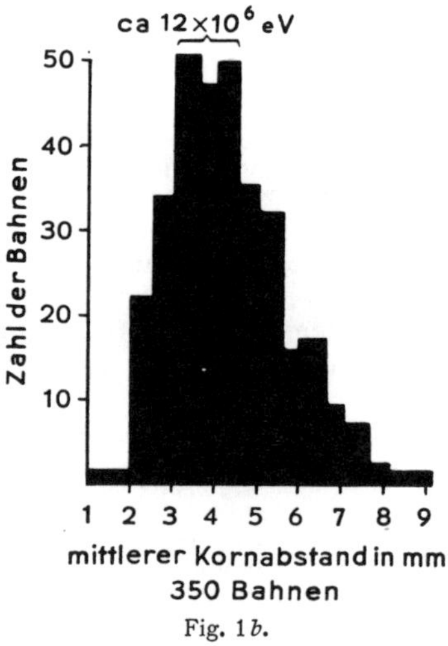

Fig. 1*b*.

länge nicht als Maß für die Reichweite, respektive Energie der Teilchen herangezogen werden, sondern muß aus anderen experimentellen Daten bestimmt werden.

Bei Vergleich der Bahnspuren auf den Hafelekarplatten mit solchen auf Platten, die mit Neutronen aus einer Po-Be-Strahlungsquelle bestrahlt worden waren, fiel sofort die durchschnittlich geringere Korndichte der durch kosmische Strahlen verursachten Bahnspuren auf. In Fig. 1 *b* (350 Bahnen) ist die Anzahl der Bahnen zusammengestellt, die einen bestimmten mittleren Kornabstand aufweisen, der hier in Werten des Luftäquivalentes der Emulsionsschichte ausgedrückt werden soll. Die Kornabstände der meisten Bahnen liegen zwischen 0·3 und 0·45 *cm*, was, wie weiter unten auseinandergesetzt wird, die Bedeutung hat, daß die Mehrzahl der registrierten Teilchen Energien von zirka 12 *MeV* besitzen. (Es wurden für diese Statistik nur Bahnen verwertet, deren Reichweite

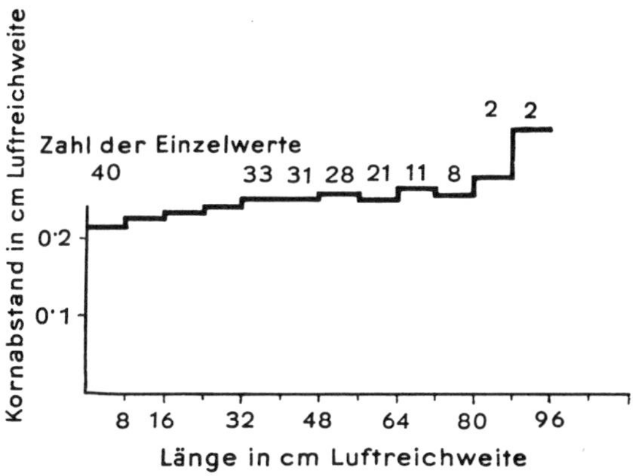

Fig. 2.

in Luft mehr als 10 *cm* betrug, um α-Partikeln, die von einer radioaktiven Verseuchung herrühren, auszuschließen.)

In einer früheren Arbeit war gezeigt worden, daß die Neue Halftoneplatte von Ilford eine so große Empfindlichkeit gegenüber Protonen besitzt, daß trotz der kleineren spezifischen Ionisierungsenergie die Korndichte in Bahnen von Protonen kleiner Geschwindigkeit (bis zu zirka 30 *cm* Reichweite) nahezu gleich der von α-Bahnen ist. Erst bei größeren Protonengeschwindigkeiten bewirkt die verkehrt proportional mit der Geschwindigkeit abnehmende spezifische Ionisierungsenergie eine Zunahme der Kornabstände. In Fig. 2 ist für Rückstoßprotonen von Neutronen (Polonium-Beryllium-Quelle) bis zu zirka 80 *cm* Reichweite die Zunahme der Kornabstände mit der Reichweite in Intervallen von zirka 8 *cm* aufgetragen; die einzelnen Werte sind Mittelwerte von 40 Bahnen.

Man sieht, daß auch in diesem Gebiet die Zunahme der Kornabstände noch sehr gering ist. Selbstverständlich sind, bedingt durch die jeweilige Verteilung der Bromsilberkörner, die Kornabstände ziemlichen Schwankungen unterworfen, doch wurde unter 150 Bahnen von Rückstoßprotonen zwischen 30 *cm* und 1 *m* Reichweite nur eine einzige Bahn gefunden, deren mittlerer Kornabstand größer als 0·3, nämlich 0·32 *cm* betrug, während alle anderen Werte zwischen 0·2 und 0·3 *cm* lagen.

Während man also die den Kornabständen bis zu 0·3 *cm* zugehörigen Teilchenenergien durch Vergleich mit entsprechenden Bahnen von Rückstoßprotonen eichen kann, ist das für größere Kornabstände nicht mehr der Fall.

Um auch über diese großen Kornabstände, die auf den Hafelekar-Platten auftraten, entsprechende Aussagen machen zu können, gingen wir folgendermaßen vor. Zunächst wurde nach

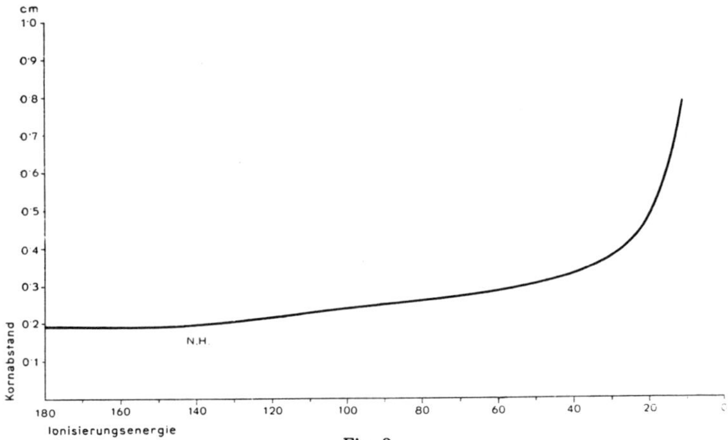

Fig. 3.

solchen langen Punktfolgen gesucht, deren Kornabstand an einem Ende (mindestens in einem 30 *cm* entsprechenden Bahnstück) nicht mehr als 0·3 *cm* betrug, d. h. nach solchen langen Bahnen, die entweder innerhalb der Emulsionsschicht endeten (was aber nur äußerst selten vorkommt) oder aber mindestens weniger als 1 *m* vom Reichweitenende entfernt waren. Die mittleren Kornabstände dieser Bahnen werden in Intervallen, entsprechend zirka 30 *cm* Reichweite, bestimmt; auf diese Weise kann man z. B. eine bestimmte Bahn bis zu Kornabständen von 0·5 *cm*, die sie in den ersten 30 *cm* aufweisen soll, verfolgen und damit allen Kornabständen zwischen 0·3 und 0·5 *cm* entsprechend der Länge der betreffenden Bahn bestimmte Reichweiten, respektive Energiewerte zuordnen. Der Kornabstand 0·3 *cm* wurde dabei einer Protonenenergie von 6·9 *MeV* zugesprochen. Beginnt nun eine zweite Bahn mit einem Kornabstand von z. B. 0·4 *cm* (in den ersten 30 *cm* der Bahn) und endet nach einem bestimmten Wegstück mit einem Kornabstand von 0·7 *cm*, so kann man nach Messung der gesamten Bahnlänge weiters eine Zuordnung zwischen Energie und Kornabstand bis zu dem Wert von 0·7 *cm* vornehmen. Auf diese Weise konnten wir

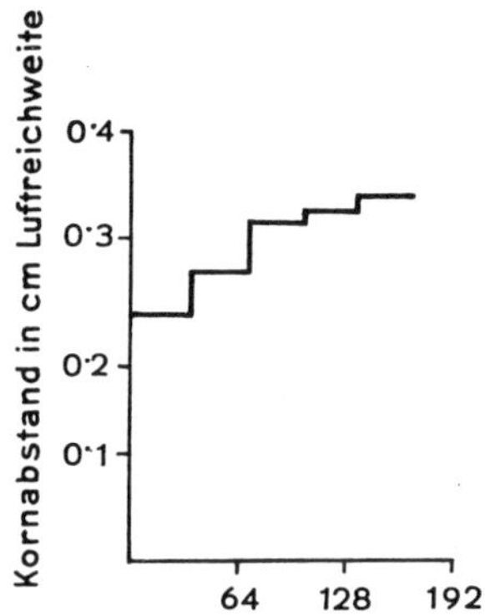

Fig. 4*a*.

die Kurve 3 bis zu Kornabständen von 0·9 *cm* konstruieren; als Abszisse sind in dieser Kurve die Werte der spezifischen Ionisie-

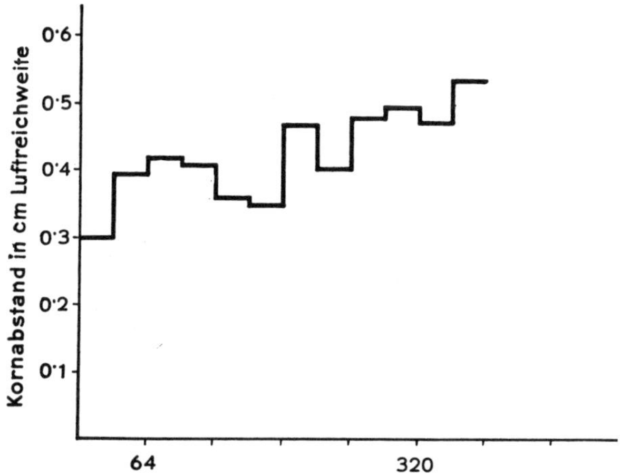

Fig. 4*b*.

rungsenergie in willkürlichen Werten aufgetragen. Bei Aufstellung der Kurve waren wir bemüht, sie so zu legen, daß möglichst viele der gefundenen Punktfolgen in ihr untergebracht werden konnten. Diese

Kurve soll jedoch nicht als endgültig betrachtet, sondern erst an Hand eines größeren Materials überprüft und ergänzt werden.

Fig. 4 gibt Beispiele von Punktfolgen, die zur Berechnung der Kurve 4 verwendet wurden; die Kornabstände dieser Punktfolgen wurden in Intervallen von je 32 *cm* bestimmt. *a)* Ist ein Beispiel für eine in der Schicht endigende, *b)* für eine verhältnismäßig kornreiche und *c)* für eine ziemlich schüttere Bahn. Da wegen der Schwankungen in der Korndichte, die um so stärker in Erscheinung treten, je geringer die spezifische Ionisierungsenergie eines Teilchens ist, d. h. je seltener es ein Bromsilberkorn findet, das es entwickelbar machen kann, eine gewisse Willkür in der Zuordnung von Kornabstand und entsprechender Teilchenreichweite, respektive

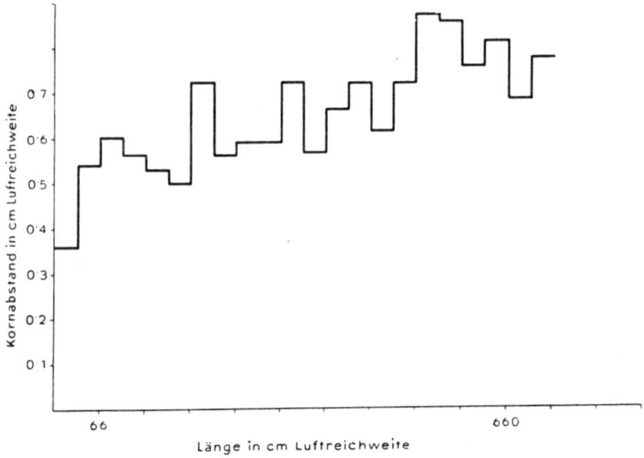

Fig. 4 *c*.

Energie besteht, wurden bestimmten Kornabständen immer möglichst große Werte der spezifischen Ionisierung, respektive kleine Werte der Partikelenergie zugeordnet, so daß unsere Abschätzungen in bezug auf die Energie der Protonen (vgl. Tabelle dieser Arbeit) eher zu niedrig als zu hoch bewertet sind.[1]

Es wurde auch versucht, ein oder die andere kornreiche Punktfolge als Bahn eines α-Teilchens aufzufassen, doch konnten die sich daraus ergebenden Abschätzungen zwischen Korndichte und spezifischer Ionisierungsenergie nicht mit den übrigen Werten in Einklang gebracht werden. Darnach dürfte es sich bei der überwiegenden Mehrheit der Punktfolgen um Protonenbahnen handeln.

Es soll hier noch bemerkt werden, daß einige Bahnen gefunden wurden, bei denen der Abfall der Korndichte längs der Bahn steiler verlief, als in den meisten übrigen Fällen. Ob es sich dabei um

[1] Für bestimmte theoretische Probleme schien uns zunächst die Minimalenergie von Interesse. Wir hoffen, in kurzer Zeit Mittelwerte über ein größeres experimentelles Material angeben zu können.

plötzliche große Energieverluste infolge unelastischer Streuung (entsprechende Richtungsänderungen im Verlauf der Bahn konnten nicht immer beobachtet werden) oder um Teilchen anderer Art handelt, konnte nicht entschieden werden und soll späteren Untersuchungen überlassen werden. Einige wenige Kurven nahmen nach einem normalen Anstieg einen auffallend flachen Verlauf; doch ließ sich der Hauptteil der Bahnen in unserer Kurve unterbringen.

Bei Beurteilung der Korndichten blieb bisher unberücksichtigt, daß wegen der langen Expositionszeiten infolge des Rückganges des latenten Bildes eine eventuelle Abnahme der Korndichte möglich wäre. H. Lauda, Mitt. d. Ra-Inst. Nr. 390, Wien. Ber., IIa, *145*, 1, 1936, hat für α-Bahnen und eine andere Emulsionsart (Agfa Contrast) nach einjähriger Lagerung eine Zunahme der Kornabstände um 20% festgestellt. Entsprechende Untersuchungen von M. Jurka in bezug auf H-Bahnen und die hier verwendete Emulsion sind bereits im Gange.

Was nun die Entstehung der registrierten Protonen betrifft, so dürfte es sich hauptsächlich um Sekundär-, respektive Tertiärteilchen handeln, da keine starke Bevorzugung der Vertikalrichtung zu erkennen ist. Vgl. Fig. 5, in welcher die Anzahl der Bahnspuren eingetragen ist, die mit der Vertikalrichtung Winkel zwischen 0 bis 15, 15 bis 30° usw. einschließen.

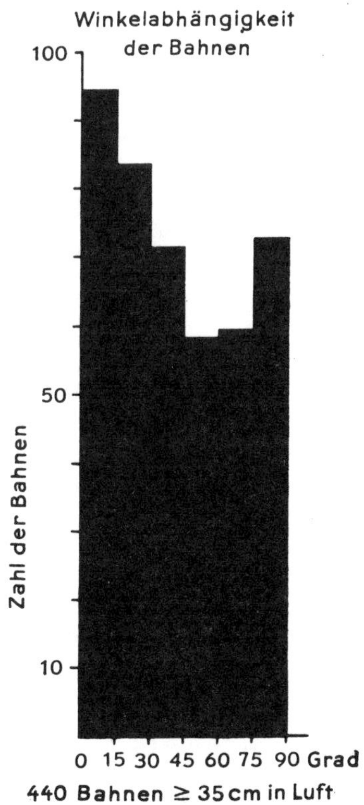

Fig. 5.

Daß ein großer Teil der beobachteten Bahnen als Rückstoßteilchen von Neutronen anzusehen ist, geht aus den Messungen anderer Autoren hervor, die eine Zunahme der registrierten Teilchen bei Bedeckung der Platten oder der gewählten Versuchsapparaturen mit Paraffin beobachteten.[1] Das Auftreten von Neutronen in der kosmischen Strahlung kann beispielsweise durch photoelektrische Prozesse erklärt werden (energiereiche Photonen können beim Auftreffen auf Atom-

[1] Rumbaugh und Locher, loc. cit., p. 623; E. Schopper, loc. cit., p. 623; G. L. Locher, Franklin-Inst., *224*, 555, 1937; B. Arakatsu, K. Kunura und Y. Uemura, Nature, *140*, 227, 1937.

kerne Emission von Neutronen verursachen).[1] Eine weitere Verstärkung der Neutronenkomponente ist ebenfalls nach Laboratoriumsversuchen ohne weiteres verständlich, bei welchen ein Neutron bestimmter Energie nach Durchsetzen eines Atomkernes 1 oder 2 weitere Neutronen herausschleudern kann.[2] Hingegen wurde bisher eine Emission von Protonen, verursacht durch energische Photonen, jedenfalls mit den in Laboratoriumsversuchen zur Verfügung stehenden Energien (17 *MeV*) bisher noch nicht beobachtet.[3]

Daß aber außer den Rückstoßprotonen auch H-Teilchen vorhanden sind, die bei Zertrümmerungsprozessen emittiert werden, geht aus den Ausführungen des nächsten Abschnittes deutlich hervor.

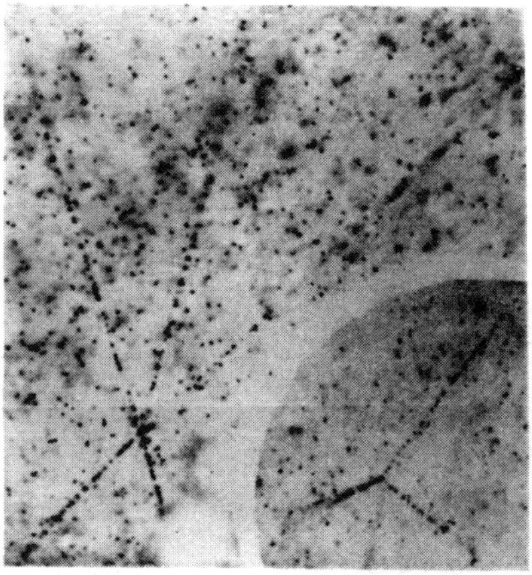

Fig. 6. Vergrößerung beider Sterne 300fach.
Längste Bahn des kleinen Sternes entspricht 8·6 *cm* in Luft.

Bei Durchsicht der photographischen Platten fanden wir neben den früher erwähnten Einzelbahnen zirka 60 Beispiele einer Mehrfachzertrümmerung von Atomen der photographischen Emulsion.

Es handelt sich dabei im Einzelfalle um folgendes: Von einem deutlichen Zentrum aus durchsetzen mehrere Bahnen (bis zu 12) die photographische Emulsion. Die Bahnen sind in den einzelnen Fällen, sowohl was ihre Länge als auch was ihre Korndichte betrifft, voneinander verschieden.[4] Fig. 6 gibt in zirka 300facher Vergrößerung einen Zertrümmerungsstern (Nr. 28 der Tabelle 1) mit

[1] W. Bothe und W. Gentner, Zeitschr. f. Phys., *106*, 236, 1937.

[2] G. G. Heyn, Lab. Philipps, Eindhoven, 1937; M. L. Pool, J. M. Cork, R. L. Thornton, Phys. Rev., 1. July, 1937.

[3] Loc. cit.

[4] Daß hier dicht nebeneinander kornreiche und kornarme Bahnen auftreten, spricht für die Realität einer von der jeweiligen Teilchenenergie abhängigen Korndichte und gegen die Annahme photographisch bedingter Schwankungen.

12 Bahnen wieder; in der Reproduktion sind wegen des verschiedenen Tiefganges der Bahnen nur fünf Bahnen deutlich erkennbar. Die Ausbeute an Zertrümmerungssternen beträgt auf den Hafelekarplatten ungefähr 0·0011 pro Quadratzentimeter und Stunde.

In Tabelle 1 ist eine Liste von 31 solchen Zertrümmerungssternen zusammengestellt; die mit Hafelekar bezeichneten Sterne sind zufällig hintereinander gefunden worden und hier nach steigenden Energien geordnet, während die mit *J* bezeichneten Sterne von auf dem Jungfraujoch exponierten Platten stammen und wegen ihrer großen Energie, respektive großen Anzahl von Bahnen ausgewählt wurden. Der letzte Stern ist schließlich als Vertreter einer häufig vorkommenden Art von Zertrümmerungssternen mit nur verhältnismäßig energiearmen Bahnen gewählt. Selbst die längste Bahn *a* übertrifft die Reichweite eines α-Teilchens von ThC′ nicht um sehr viel. Möglicherweise sind auch viele der von uns und anderen

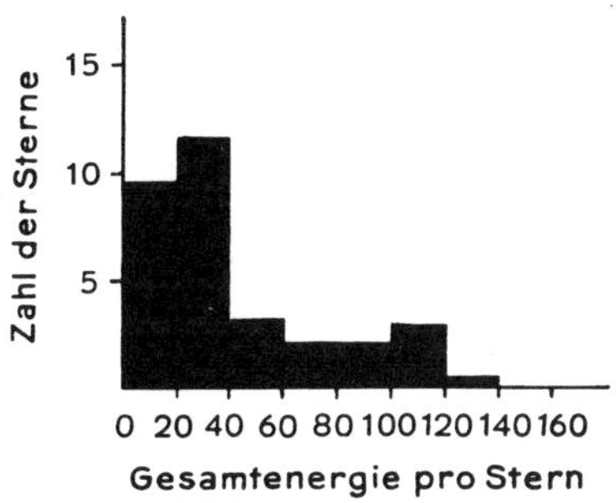

Fig. 7.

Autoren gefundenen Sterne mit nur kurzen Bahnen nicht auf eine Th-, respektive Ra-Verseuchung zurückzuführen, sondern auf einen Zertrümmerungsvorgang durch kosmische Strahlung, bei welchem eine nur verhältnismäßig kleine Energie frei wird.

In der Tabelle sind in der zweiten Kolonne die in Luftreichweiten umgerechneten Bahnlängen der einzelnen emittierten Teilchen und in der 7. Kolonne (*E*) die diesen Reichweiten entsprechenden Energien in energetischen Megavolt angegeben unter der Voraussetzung, daß es sich dabei um Protonen handelt. Die in der 6. Kolonne unter *E* angegebenen Werte sind unter Berücksichtigung der Kornabstände (die Kornzahlen pro Bahn stehen in der 5. Kolonne) nach Kurve 4 errechnet. Die mit einem Kreuz bezeichneten Bahnen sind, obwohl sie nicht in der Emulsion enden und mitunter verhältnismäßig große Kornabstände aufweisen, nur nach den gemessenen Längen und nicht nach ihrer Korndichte umgerechnet, da sie einen im Verhältnis zu ihrer Länge ziemlich starken Tiefgang aufweisen, was eine genaue Beurteilung der wahren Kornabstände erschwert.

Unter den 31 bisher ausgewerteten Sternen ist in vier Fällen nach sehr vorsichtiger Abschätzung die gesamte Energie der pro Stern (nach der Beobachtung) emittierten Teilcher größer als 100 *MeV* (Fig. 7). Dabei ist natürlich die Gesamtenergie, die pro Stern frei wird, bestimmt mehr als doppelt so hoch zu bewerten, da erstens aus geometrischen Gründen[1] nicht alle Bahnspuren emittierter Teil-

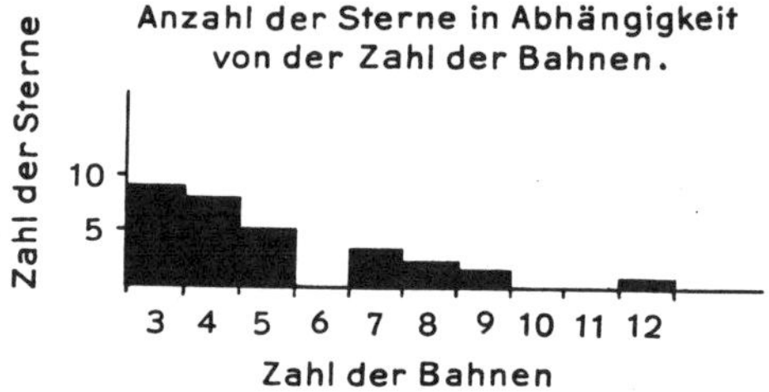

Fig. 8.

chen in der Schicht erscheinen können und zweitens die mindestens in gleicher Anzahl freiwerdenden Neutronen nicht berücksichtigt sind, da sie nicht unmittelbar ionisieren.[2] Möglicherweise rührt ein großer Teil der gefundenen Einzelbahnen von solchen Rückstoß-

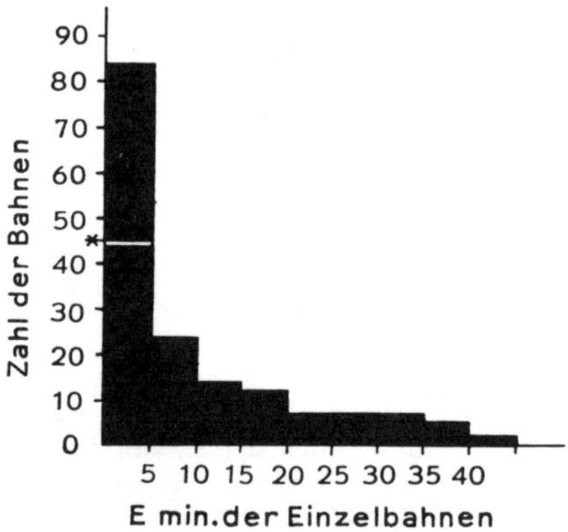

Fig. 9.

protonen her, sowie von Protonen, die ebenfalls Zertrümmerungsprozessen entstammen, deren Zentrum jedoch nicht in der photographischen Emulsion selbst liegt.

---

[1] Namentlich wenn das Zentrum eines Sternes sehr nahe der Oberfläche, respektive der Glasseite der Platte liegt, gehen die nach oben, respektive unten emittierten Bahnen der Beobachtung verloren.

[2] Auch gleichzeitig emittierte leichte Teilchen können nicht beobachtet werden, da sie keine Bahnspuren in der Platte erkennen lassen.

In Fig. 8 ist die Zahl der Sterne eingetragen, bei welchen eine bestimmte Anzahl von Bahnen beobachtbar ist. Unter Berücksichtigung der gleichzeitig emittierten Neutronen und der aus geometrischen Gründen nicht beobachtbaren Protonenbahnen kann man daraus schließen, daß es sich in mindestens drei Fällen nicht um die Zertrümmerung eines Sauerstoff- oder eines noch leichteren Kernes handeln kann.

In Fig. 9 ist die Anzahl aller bei den Sternen vorkommenden Bahnen aufgetragen, die Energien zwischen 5 und 10, 10 und 15 *MeV* usw. besitzen, wobei die Anzahl derjenigen Bahnen, denen auch nach ihrer Korndichte eine Energie kleiner als 5 *MeV* zukommt, mit einem Stern gekennzeichnet wird (vgl. Tabelle 1).

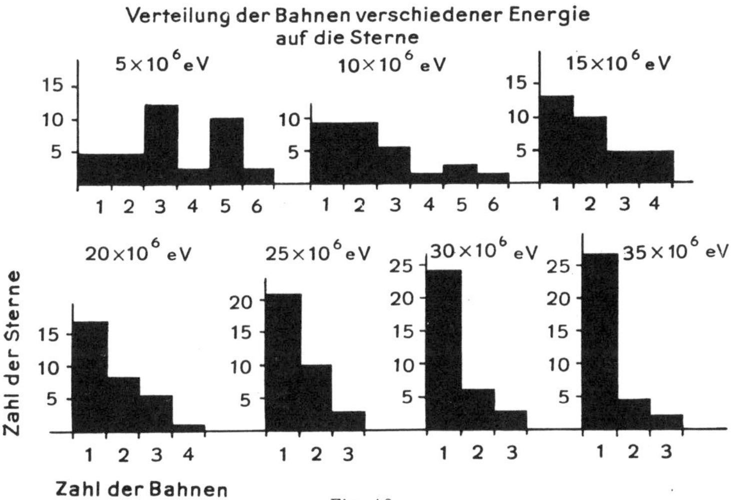

Fig. 10.

Schließlich ist in Fig. 10 die Zahl der Sterne zusammengestellt, in welchen Bahnen einer bestimmten Mindestenergie (z. B. größer als 5·10 *MeV* usw.) 0.1·2mal usw. vorkommen. Es gibt also darnach 5 Sterne mit je 2 und 2 Sterne mit je 3 emittierten Teilchen von einer Energie größer als 30 *MeV*, ferner 4 Sterne, die 2 und einen Stern, der 3 Teilchen von einer Energie größer als 35 *MeV* enthält. Bei Untersuchungen mit der Wilsonkammer[1] wurde bereits einige Male das gleichzeitige Auftreten von 2 bis 3 schweren Teilchen beobachtet, deren Bahnen ebenso wie die in denselben Auf-

[1] P. M. S. Blackett,
G. Herzog und P. Schwer, Journ. d. Ph., *6*, 489, 1935, 1 Stern.
R. L. Brode u. a., Phys. Rev., *50*, 58, 1936, 3 Sterne.
C. D. Anderson und S. H. Neddermeyer, Phys. Rev., *50*, 263, 1936.

nahmen gefundenen Bahnen leichter Teilchen auf ein gemeinsames Zentrum hinweisen, respektive direkt von einem solchen Zentrum ausgehen. Schon auf Grund dieser Aufnahmen ist die Vermutung ausgesprochen worden, daß es sich dabei um Zertrümmerungsprozesse, die durch kosmische Strahlung verursacht werden, handeln könnte.

Durch die große Anzahl nunmehr beobachteter Fälle ist diese Vermutung sichergestellt und der näheren Untersuchung zugänglich gemacht worden.

Die Zertrümmerung selbst könnte entweder durch Neutronen verursacht sein, die aus photoelektrischen Prozessen entstehen, oder durch Protonenstrahlen, deren Zusammenhang mit der kosmischen Strahlung durch entsprechende Expositionen in verschiedenen Höhen- und Breitenlagen ermittelt werden soll. Auch sind Versuche geplant, bei welchen die Platten mit verschiedenen Materialien bedeckt werden, respektive das entsprechende Element in die Emulsion selbst eingeführt werden soll, um die Abhängigkeit der bei der Zertrümmerung freiwerdenden Energie vom zertrümmerten Element festzustellen.

Zusammenfassung.

Es wird das Ergebnis der Auswertung photographischer Platten besprochen, die zwecks Registrierung schwerer Teilchen in der kosmischen Strahlung 4 Monate auf dem Hafelekar bei Innsbruck exponiert worden waren. Dank der gewählten Emulsion — Neue Halftone-Platte von Ilford —, die außerdem in einer Schichtdicke von 70 μ gegossen war, konnten die Bahnen selbst von H-Teilchen sehr großer Geschwindigkeit, also geringem spezifischem Ionisierungsvermögen, registriert werden. Die Ausbeute an solchen H-Bahnen — es wurden Bahnspuren gezählt, deren Länge in Reichweiten (Normalluft) umgerechnet mehr als 10 *cm* betrug — variiert ziemlich stark; sie betrug im Mittel 0·064 pro Quadratzentimeter und Stunde.

Da die meisten Bahnen die ganze Emulsionsschichte durchsetzen, also nicht innerhalb der Emulsion enden, kann ihre Länge nicht als Maß für die Reichweite, respektive Energie der Teilchen herangezogen werden, sondern letztere muß aus den Kornabständen der betreffenden Bahnen ermittelt werden. Der Kornabstand von Protonenbahnen in Abhängigkeit von ihrer Energie kann nur bis zu Teilchen von zirka 100 *cm* Reichweite (Rückstoßprotonen einer Polonium-Beryllium-Quelle) messend verfolgt werden. Da die Kornabstände der meisten Bahnen auf den Hafelekarplatten größere Werte aufweisen, als diesen Reichweiten entspricht, muß es sich in den meisten Fällen um energiereichere Teilchen handeln, für die der Zusammenhang zwischen Energie und Kornabstand erst bestimmt werden muß, und zwar durch geeignete Beziehungen, die aus der Änderung der Korndichte innerhalb entsprechender Bahnspuren dieser Platten gewonnen werden. Danach liegt bei diesen Aufnahmen die mittlere Energie der Teilchen von mindestens 10 *cm* Reichweite in Luft bei ungefähr 12 *MeV*. Die Beziehung zwischen Teilchenenergie und Kornabständen ist noch nicht vollkommen sichergestellt und soll durch weitere Untersuchungen überprüft und ergänzt werden.

Bei den meisten gefundenen Bahnen dürfte es sich um Protonen handeln, und zwar größtenteils nicht um Primärteilchen, da keine starke Bevorzugung der Vertikalrichtung zu erkennen ist, sondern um Rückstoßprotonen aus Neutronen und aus bei Atomzertrümmerungsprozessen emittierten Protonen.

Außer den Einzelbahnen konnten bisher 60 Fälle einer direkten Mehrfachzertrümmerung von Atomen beobachtet werden. Dieser auf Grund von Wilson-Aufnahmen schon vermutete Zertrümmerungsvorgang durch kosmische Strahlung ist nunmehr durch die große beobachtete Anzahl von Fällen sichergestellt und der näheren Untersuchung zugänglich gemacht worden.

Mit entsprechender Vergrößerung sieht man im Mikroskop, wie in jedem Fall von einem deutlich ausgebildeten Zentrum, mehrere Bahnen (bis zu 12) in verschiedenen Richtungen die Emulsion durchsetzen. Die Bahnen sind in den einzelnen Fällen, sowohl was die Korndichte als auch die Länge betrifft, ziemlich verschieden. Zur Berechnung der bei den einzelnen Zertrümmerungen frei werdenden Energien wird die früher erwähnte Korndichte-Energie-Beziehung verwendet, sofern es sich nicht um innerhalb der Emulsion endigende Bahnen handelt.

Unter 31 Sternen, die bisher ausgewertet wurden, ist in 4 Fällen nach sehr vorsichtiger Schätzung die Energie der pro Stern emittierten Teilchen mehr als 100 *MeV*. Dabei ist natürlich die Gesamtenergie, die bei der Zertrümmerung frei wird, mindestens doppelt so hoch zu bewerten, da erstens aus geometrischen Gründen nicht alle Bahnspuren emittierter Teilchen in der Schicht erscheinen können und zweitens die mindestens in gleicher Anzahl freiwerdenden Neutronen nicht berücksichtigt sind, da sie nicht unmittelbar ionisierend wirken.

Möglicherweise stammt ein großer Teil der gefundenen Einzelbahnen von Rückstoßprotonen dieser Neutronen her, sowie von Protonen, die ebenfalls Zertrümmerungsprozessen entstammen, deren Zentrum aber nicht in der photographischen Emulsion selbst liegt.

Tabelle über 31 Zertrümmerungssterne.

$E_{min.}$ = Minimalenergie, berechnet unter Berücksichtigung der Korndichte des in der Emulsion gegebenen Bahnstückes.

(E) = Energie nur aus der Länge der gegebenen Bahnstücke, ohne Rücksicht darauf, daß diese nicht gleich der wahren Bahnlänge sind und ohne Berücksichtigung der verschiedenen Korndichte gerechnet.

Die Pfeile in der Skizze geben die Richtung von der Oberfläche zum Glas.

Skizze des Sternes	Ort der Exposition	Bezeichnung d. Bahn	Reichweite des Bahnstückes in Luft, *cm*	Kornzahl	$E_{min.}$ $10^6 eV$	(E) $10^6 eV$
Nr. 1. 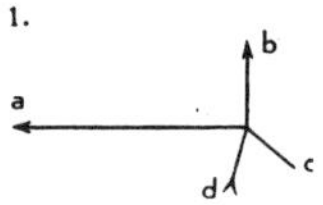	Hafelekar	*a* *b* *c* *d*	15·2 5·8 1·6 1·4	91 24 7 4	3·21 1·7 0·71 *0·66 6·28	$= E_{min.}$
Nr. 2. 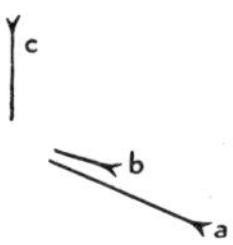	»	*a* *b* *c*	21 5 11	114 27 54	3·9 1·6 2·7 8·2	$= E_{min.}$
Nr. 3. 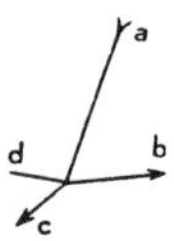	»	*a* *b* (*c* *d*	47 5·8 2·3 0·64	178 16 3)? 4	5·8 1·7 *0·62 *0·37 8·4	$= E_{min.}$
Nr. 4. 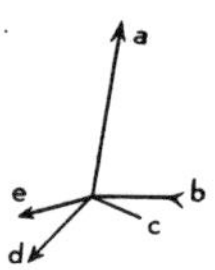	»	*a* *b* *c* *d* *e*	19·3 3·6 1·8 5·3 4·3	160? 17 9 21 11	3·6 1·25 0·78 1·6 *1·38 8·61	$= E_{min.}$
Nr. 5. 	»	*a* *b* *c*	24·8 1·9 1·9	87 8 7	7 0·81 0·81 8·62	4·1 0·81 0·81 5·82

Skizze des Sternes	Ort der Exposition	Bezeichnung d. Bahn	Reichweite des Bahnstückes in Luft, *cm*	Kornzahl	$E_{min.}$ 10^6 *eV*	(E) 10^6 *eV*
Nr. 6. 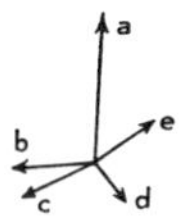	Wien	*a* *b* *c* *d* *e*	15 6 4·5 2·4 6·7	53 21 27 22 35	3·25 1·75 1·42 0·96 1·88 9·26	$= E_{min.}$
Nr. 7. 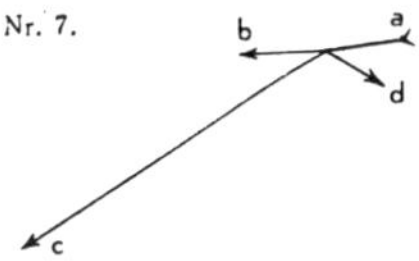	Hafelekar	*a* *b* *c* *d*	5·7 7·6 55·5 1·8	11 36 186 11	*1·67 2·03 6·54 0·78 11·02	$= E_{min.}$
Nr. 8. 	»	*a* *b* *c*	92 4·8 21·3	246 24 92	12·6 1·52 3·6 17·7	8·4 1·52 3·6 13·52
Nr. 9. 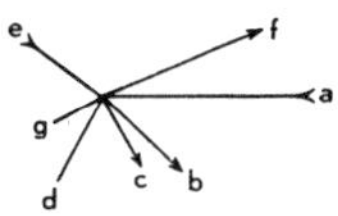	»	*a* *b* *c* *d* *e* *f* *g*	18·8 6·3 7·6 6·4 7·7 19·2 0·5	73 38 44 25 24 31 4	3·52 1·8 2 1·83 5·2 7·8 0·43 22·58	3·52 1·8 2 1·83 2·2 2·63 0·43 14·23
Nr. 10. 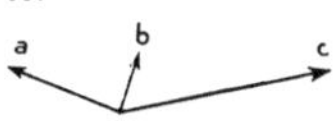	»	*a* *b* *c*	16·9 4 23·6	44 16 68	11 1·33 11 23·33	3·48 1·33 4·1 8·91
Nr. 11. 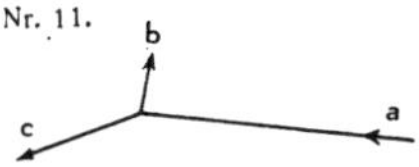	»	*a* *b* *c*	99 3·4 55·7	331 8 143	8·6 1·2 16 25·8	8·6 1·2 6·5 16·8
Nr. 12. 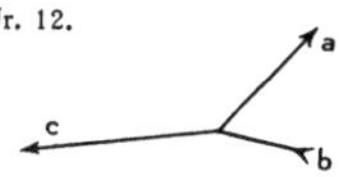	»	*a* *b* *c*	35 13 52	132 35 152	5·5 10·8 12 28·3	5·5 2·86 6·4 14·76

Skizze des Sternes	Ort der Expo-sition	Be-zeich-nung d. Bahn	Reichweite des Bahn-stückes in Luft, *cm*	Korn-zahl	$E_{min.}$ $10^6\ eV$	(E) $10^6\ eV$
Nr. 13. 	Hafele-kar	*a*	6·4	15	9·9	1·8
		b	56	132	18	6·5
		c	21	111	3·6	3·6
					31·5	11·9
Nr. 14. 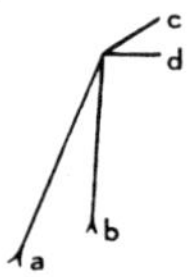	»	*a*	48	134	12·6	1·8
		b	37	81	17	6·5
		c	7	24	1·9	3·6
		(*d*	ganz kurz	—)?		
					31·5	11·9
Nr. 15. 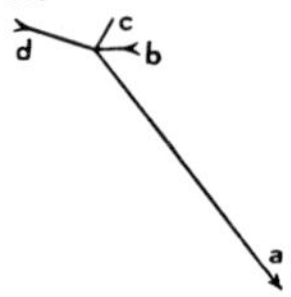	»	*a*	124	412	9·8	9·8
		b	2·9	15	1·09	1·09
		c	2·65	7	*1·03	1·03
		d	11·1	22	23·4	2·6
					35·32	14·52
Nr. 16. 	»	*a*	535·8	1009	31	26
		b	5·2	19	1·58	1·58
		c	4	14	1·33	1·33
		d	5·8	16	*1·77	1·77
					35·68	30·68
Nr. 17. 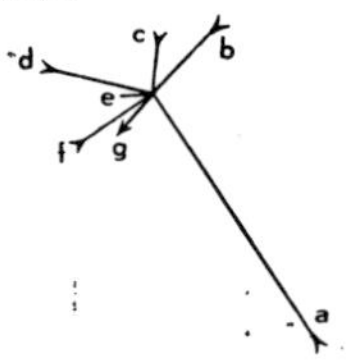	»	*a*	192	615	10·8	10·3
		b	7·4	15	5	2
		c	7·2	20	7·3	1·97
		d	8·3	21	9	2·13
		e	0·9	8	0·5	0·5
		f	9·4	31	4·5	2·3
		g	2	9	0·85	0·85
					37·95	19·75
Nr. 18. 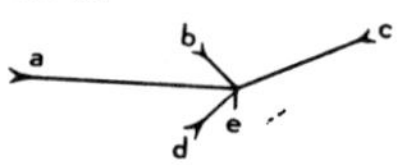	»	*a*	20·5	62	10·8	3·8
		b	6	26	1·75	1·75
		c	23	25	23	2·74
		d	7	14	1·95	1·95
		e	3·2	14	1·95	1·95
					38·65	11·39

Skizze des Sternes	Ort der Exposition	Bezeichnung d. Bahn	Reichweite des Bahnstückes in Luft, *cm*	Kornzahl	$E_{min.}$ $10^6\,eV$	(E) $10^6\,eV$
Nr. 19. 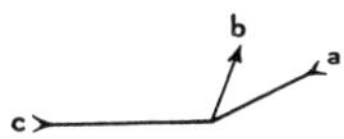	Hafelekar	*a*	15·8	70	3·4	3·4
		b	11·5	23	27	2·65
		c	14·4	47	8·8	3·1
					39·2	9·15
Nr. 20. 	»	*a*	42·5	135	8	5·8
		b	1·1	5	0·61	0·61
		c	4·7	15	5	1·92
		d	36·5	63	27	5·5
					40·61	13·83
Nr. 21. 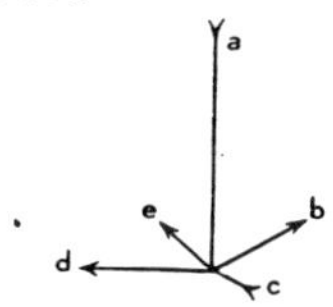	»	*a*	85	182	21·5	7·86
		b	16·3	45	13	3·45
		c	0·9	7	0·48	0·48
		d	27	202	4·5	4·5
		e	6	22	3·85	1·75
					43·33	18·03
Nr. 22. 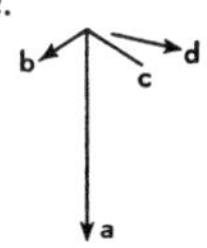	Jungfraujoch	*a*	462	397	23·5	22·4
		b	11	37	9·5	2·34
		c	12·5	41	9·5	2·79
		d ?	16	55	3·3	3·3
					45·8	27·53
Nr. 23. 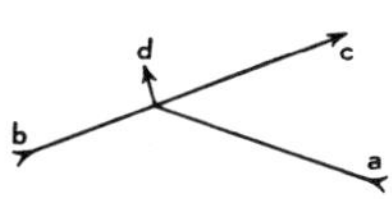	Hafelekar	*a*	52	108	22	6·4
		b	18	67	3·5	3·5
		c	43	66	35	5·9
		d	3·6	7	*1·25	1·25
					61·75	17·05
Nr. 24. 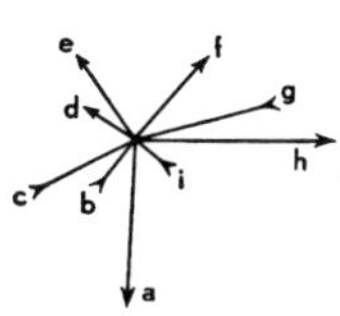	»	*a*	34·5	149	5·1	5·1
		b	2·4	10	0·96	0·95
		c	4·1	21	1·35	1·35
		d	11·6	18	*2·67	2·67
		e	13·2	40	11	2·91
		f	16·1	68	3·45	3·45
		g	11·9	23	28	2·7
		h	38	92	18	5·55
		i	1·3	6	0·69	0·65
					71·18	25·34

Skizze des Sternes	Ort der Exposition	Bezeichnung d. Bahn	Reichweite des Bahnstückes in Luft, *cm*	Kornzahl	$E_{min.}$ $10^6\,eV$	(E) $10^6\,eV$
Nr. 25. 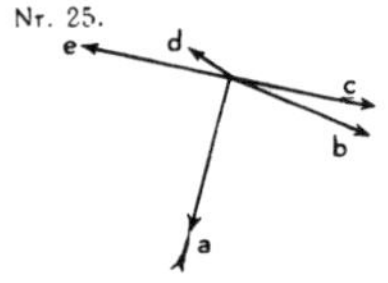	Jungfraujoch	*a*	248	571	23	17·4
		b	52	137	14	6·2
		c	78	115	35	7·8
		d	7	27	1·95	1·95
		e	14	34	18	3·05
					91·95	36·4
Nr. 26. 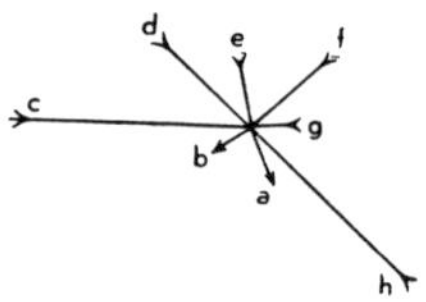	Hafelekar	*a*	8·46	29	6·9	2·14
		b	2·8	5	*1·07	1·67
		c	62	148	18	7
		d	13·8	29	13·5	3
		e	7·5	12	35	2
		f	6·4	?	1·82	1·82
		g	2	?	0·85	0·85
		h	58·8	137	16	0·3
					93·14	24·18
Nr. 27. 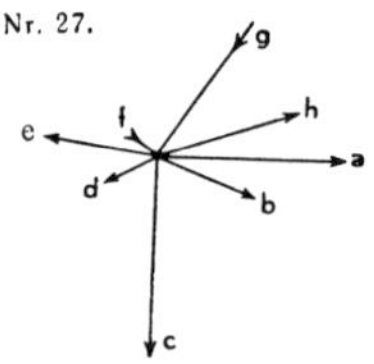	»	*a*	30	113	4·7	7·7
		b	11	15	37	2·6
		c	44·6	71	33	6
		d	6·2	11	*1·8	1·8
		e	7	22	*1·95	1·95
		f	1·2	5	*0·6	0·6
		g	13·3	67	3	3
		h	23·9	58	18	3·3
					104·1	23·95
Nr. 28. 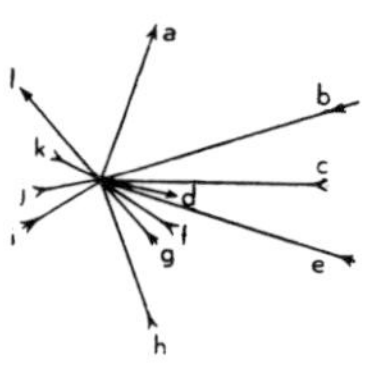	Jungfraujoch	*a*	17·4	35	22·5	3·54
		b	18	49	12·6	3·6
		c	21	64	11	3·9
		d	1·5	8	0·68	0·68
		e	25	87	4·2	4·2
		f	3	8	*1·12	1·12
		g	3	7	*1·12	1·12
		h	16	30	30	3·4
		i	16·5	43	16	3·5
		j	3·6	22	2·25	2·25
		k	3	5	*1·12	1·12
		l	8·3	39	2·13	2·13
					105·72	30·56
Nr. 29. 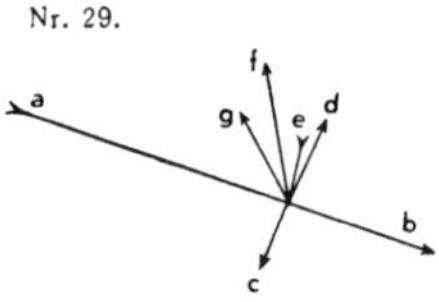	Hafelekar	*a*	104·5	284	12·6	8·8
		b	23	100	4·2	4·3
		c	9	45	2·24	2·24
		d	8·4	13	32	2·13
		e	6·5	22	1·86	1·86
		f	54·9	85	34	6·4
		g	9·9	21	21·5	2·4
					108·4	28·03

Skizze des Sternes	Ort der Exposition	Bezeichnung d. Bahn	Reichweite des Bahnstückes in Luft, *cm*	Kornzahl	$E_{\text{min.}}$ $10^6\,eV$	(E) $10^6\,eV$
Nr. 30. 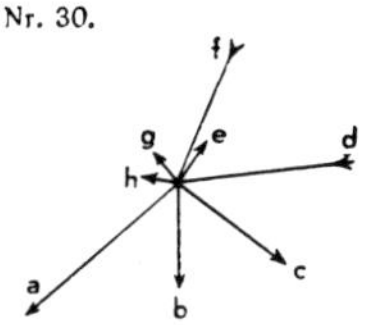	Jungfraujoch	*a*	226	484	26·6	14·8
		b	20·6	28	40	3·9
		c	36·6	154	5·3	5·3
		d	84	190	19	8
		e	5·3	35	1·59	1·59
		f	30·5	49	35	4·7
		g	4·95	29	1·99	1·49
		h	6·6	25	1·86	1·86
					130·64	4·64
Nr. 31. 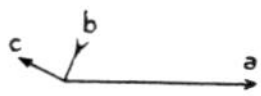	»	*a*	15·7	73	3·3	$= E_{\text{min.}}$
		b	3·6	25	1·25	
		c	3·1	19	1·13	
					5·68	

Verzeichnis der wissenschaftlichen Schriften Marietta Blaus

Verwendete Abkürzungen:
Sitzungsber. ... Sitzungsber. Akad. Wiss. Wien, Math. Naturwiss. Kl. IIA
MIR ... Mitteilungen des Instituts für Radiumforschung, Wien

B1 M. Blau, Über die Absorption divergenter γ-Strahlung, Sitzungsber. **127**, 1253–1279 (1918); MIR 110 (1918).

B2 M. Blau und K. Altenburger, Über einige Wirkungen von Strahlen II, Z. Phys. **12**, 315–329 (1922).

B3 M. Blau und K. Altenburger, Über eine Methode zur Bestimmung des Streukoeffizienten und des reinen Absorptionskoeffizienten von Röntgenstrahlen, Z. Phys. **25**, 200–214 (1924).

B4 M. Blau, Über die Zerfallskonstante von RaA, Sitzungsber. **133**, 17–22 (1924); MIR 161 (1924).

B5 M. Blau, Über die photographische Wirkung natürlicher H-Strahlen, Sitzungsber. **134**, 427–436 (1925); MIR 179 (1925).

B6 M. Blau, Die photographische Wirkung von H-Strahlen aus Paraffin und Aluminium, Z. Phys. **34**, 285–295 (1925).

B7 M. Blau und E. Rona, Ionisation durch H-Strahlen, Sitzungsber. **135**, 573–585 (1927); MIR 190 (1926).

B8 M. Blau, Über die photographische Wirkung von H-Strahlen II, Sitzungsber. **136**, 469–480 (1928); MIR 208 (1927).

B9 M. Blau, Über die photographische Wirkung von H-Strahlen aus Paraffin und Atomfragmenten, Z. Phys. **48**, 751–764 (1928).

B10 M. Blau, Über photographische Intensitätsmessungen von Poloniumpräparaten, Sitzungsber. **137**, 259–268 (1928); MIR 220 (1928).

B11 M. Blau und E. Rona, Weitere Beiträge zur Ionisation durch H-Partikeln, Sitzungsber. **138**, 717–731 (1929); MIR 241 (1929).

B12 M. Blau und E. Rona, Anwendung der Chamié'schen photographischen Methode zur Prüfung des chemischen Verhaltens von Polonium, Sitzungsber. **139**, 275–279 (1930); MIR 257 (1930).

B13 M. Blau, Quantitative Untersuchung der photographischen Wirkung von α- und H-Partikeln, Sitzungsber. **139**, 327–347 (1930); MIR 259 (1930).

B14 M. Blau und E. Kara-Michailova, Über die durchdringende Strahlung des Poloniums, Sitzungsber. **140**, 615–622 (1931); MIR 283 (1931).

B15 M. Blau, Über photographische Untersuchungen mit radioaktiven Strahlungen, in: „Zehn Jahre Forschung auf dem physikalisch-medizinischen

Grenzgebiet“, F. Dessauer (Hrsg.), Georg Thieme Verlag, Leipzig 1931, S. 390–398.

B16 M. Blau, Über das Abklingen des latenten Bildes bei Exposition mit α-Partikeln, Sitzungsber. **140**, 623–628 (1931); MIR 284 (1931).

B17 M. Blau und H. Wambacher, Über das Verhalten einer kornlosen Emulsion gegenüber α-Partikeln, Sitzungsber. Akad. Wiss. Wien, Math. Naturwiss. Kl. IIB **141**, 467–474 (1932); MIR 291 B (1932); auch Monatsh. Chem. **61**, 99–106 (1932).

B18 M. Blau und H. Wambacher, Über Versuche, durch Neutronen ausgelöste Protonen photographisch nachzuweisen, Anz. Akad. Wiss. Wien **69**, 180–181 (1932); MIR 296 a (1932).

B19 M. Blau und H. Wambacher, Über Versuche, durch Neutronen ausgelöste Protonen photographisch nachzuweisen II, Sitzungsber. **141**, 617–620 (1932); MIR 299 (1932).

B20 M. Blau, Eine neue Fremdabsorption in Alkalihalogenidkristallen, Nachr. Ges. Wiss. Göttingen II **51**, 401–405 (1933).

B21 M. Blau und H. Wambacher, Über den Einfluss des Kornzustands auf die Schwärzungsempfindlichkeit bei Exposition mit α-Partikeln, Z. Wiss. Photogr. Photophys. Photochem. **31**, 243–250 (1933).

B22 M. Blau, La méthode photographique et les problèmes de désintégration artificielle des atomes, J. Phys. Radium (Serie 7) **5**, 61–66 (1934).

B23 M. Blau und H. Wambacher, Physikalische und chemische Untersuchungen zur Methode des photographischen Nachweises von H-Strahlen, Sitzungsber. **143**, 285–301 (1934); MIR 339 (1934).

B24 M. Blau und H. Wambacher, Versuche nach der photographischen Methode über die Zertrümmerung des Aluminiumkernes, Sitzungsber. **143**, 401–410 (1934); MIR 344 (1934).

B25 M. Blau und H. Wambacher, Zum Mechanismus der Desensibilisierung photographischer Platten, Z. Wiss. Photogr. Photophys. Photochem. **33**, 191–197 (1934).

B26 M. Blau und H. Wambacher, Die photographische Methode in der Atomforschung, Photogr. Korresp. **5**, 31–40 (1934).

B27 M. Blau and H. Wambacher, Photographic desensitisers and oxygen, Nature (London) **134**, 538 (1934).

B28 M. Blau und H. Wambacher, Über die Empfindlichkeit desensibilisierter photographischer Schichten in Abhängigkeit vom Luftsauerstoff und von der Konzentration der Desensibilatoren, Sitzungsber. **144**, 403–408 (1935); MIR 367 (1935).

B29 M. Blau und H. Wambacher, Zum Mechanismus der Desensibilisierung photographischer Platten II, Z. Wiss. Photogr. Photophys. Photochem. **34**, 253–266 (1935).

B30 M. Blau, Über den Einfluß des Luftsauerstoffes auf den photographischen Prozeß der Ausbleichung, Photogr. Korresp. **71**, Beilage 3, 21–28 (1935).

B31 M. Blau und H. Wambacher, Zur Frage der Verteilung der α-Bahnen der Radiumzerfallsreihe, Sitzungsber. **145**, 605–609 (1936); MIR 387 (1936).

B32 M. Blau und H. Wambacher, Über den desensibilisierenden Einfluss von Chlor- und Bromsalzlösungen auf mit Farbstoffen imprägnierte photographische Schichten, Photogr. Korresp. **72**, 108–109 (1936).

B33 M. Blau und H. Wambacher, Bemerkungen zur Desensibilisierungstheorie von K. Weber, Z. Wiss. Photogr. Photophys. Photochem. **35**, 211–215 (1936).

B34 M. Blau und H. Wambacher, Längenmessung von H-Strahlbahnen mit der photographischen Methode, Sitzungsber. **146**, 259–272 (1937); MIR 397 (1937).

B35 M. Blau und H. Wambacher, Vorläufiger Bericht über photographische Ultrastrahlenuntersuchungen nebst einigen Versuchen über die „spontane Neutronenemission". Auftreten von H-Strahlen ähnlichen Bahnen entsprechend mehreren Metern Reichweite in Luft, Sitzungsber. **146**, 469–477 (1937); MIR 404 (1937).

B36 M. Blau and H. Wambacher, Disintegration processes by cosmic rays with the simultaneous emission of several heavy particles, Nature (London) **140**, 585 (1937).

B37 M. Blau (nach gemeinsamen Versuchen mit H. Wambacher), Über die schweren Teilchen in der Ultrastrahlung (Kurzfassung eines Vortrags), Verh. der Deutschen Phys. Ges. **18**, 123 (1937).

B38 M. Blau und H. Wambacher, II. Mitteilung über photographische Untersuchungen der schweren Teilchen in der kosmischen Strahlung. Einzelbahnen und Zertrümmerungssterne, Sitzungsber. **146**, 623–641 (1937); MIR 409 (1937).

B39 M. Blau, Photographic tracks from cosmic rays, Nature (London) **142**, 613 (1938).

B40 M. Blau und H. Wambacher, Die photographische Methode in der Atomforschung. II. Bericht, Photogr. Korresp. **74**, 2–6 und 23–29 (1938).

B41 M. Blau, Über das Vorkommen von Alpha-Teilchen mit Reichweiten zwischen 1.2 und 2 cm in einer Samariumlösung, Arch. Math. Naturvidensk. **B 42** (4), 1–10 (1939).

B42 M. Blau, Sobre la existencia de una radiación α cuyo origen hasta ahora se desconoce, Ingeniería (Mexico) **14**, 50–56 (1940).
B43 M. Blau, El helio. Su origen y su localización, Ciencia (Mexico) **1**, 265–270 (1940).
B44 M. Blau, Investigation of the radioactivity of rocks and thermal springs in Mexico, Yearbook Am. Phil. Soc. **1943**, 134–13.
B45 M. Blau, Algunas investigaciones sobre radiactividad llevadas a cabo en México, Ciencia (Mexico) **5**, 12–17 (1944).
B46 M. Blau, Notas para la medición de peqeñas corrientes de ionización, Rev. Mex. Electr., Abril 1944, 5–7.
B47 M. Blau, La radiactividad y el estado térmico de la tierra, Ciencia (Mexico) **5**, 97–103 (1944).
B48 M. Blau and B. Dreyfus, The multiplier photo-tube in radioactive measurements, Rev. Sci. Instrum. **16**, 245–248 (1945).
B49 M. Blau and I. Feuer, Radioactive light sources, J. Opt. Soc. Am. **36**, 576–580 (1946).
B50 M. Blau, H. Sinason and O. Baudisch, Radioactivation of colloidal gamma ferric oxide, Science **103**, 744–748 (1946).
B51 M. Blau and J. Carlin, Ionization currents from extended alpha-sources, Rev. Sci. Instrum. **18**, 715–721 (1947).
B52 M. Blau and H. Sinason, Routine analysis of the alpha activity of protactinium samples, Science **106**, 400–401 (1947).
B53 M. Blau and J. R. Carlin, Industrial applications of radioactivity, Electronics **21**, 78–82 (1948).
B54 M. Blau and J. E. Smith, Beta-ray measurements and units, Nucleonics **2** (6), 67–74 (1948).
B55 M. Blau and J. A. De Felice, Development of thick emulsions by a two-bath method, Phys. Rev. **74**, 1198 (1948).
B56 M. Blau, Grain density in photographic tracks of heavy particles, Phys. Rev. **75**, 279–282 (1949).
B57 M. Blau, Grain density in nuclear tracks (Abstract of lecture), Phys. Rev. **75**, 1327 (1949).
B58 M. Blau, M. M. Block and J. E. Nafe, Heavy particles in cosmic-ray stars, Phys. Rev. **76**, 860–861 (1949).
B59 M. Blau, I. W. Ruderman and J. Czechowski, Photographic methods of measuring slow neutron intensities, Rev. Sci. Instrum. **21**, 232–236 (1950).
B60 M. Blau, Bericht über die Entdeckung der durch kosmische Strahlung erzeugten „Sterne“ in photographischen Emulsionen, Sitzungsber. **159**, 53–57 (1950).

B61 R. Rudin, M. Blau and S. Lindenbaum, Semi-automatic device for analyzing events in nuclear emulsions (Abstract of lecture), Phys. Rev. **78**, 319–320 (1950).

B62 M. Blau, J. Nafe and H. Bramson, The dependance of high altitude star and meson production rates on absorbers (Abstract of lecture), Phys. Rev. **78**, 320 (1950).

B63 M. Blau, Möglichkeiten und Grenzen der photographischen Methode in Kernphysik und kosmischer Strahlung, Acta Phys. Austriaca **3**, 384–395 (1950).

B64 M. Blau, R. Rudin and S. Lindenbaum, A semi-automatic device for analyzing events in nuclear emulsions, Rev. Sci. Instrum. **21**, 978–985 (1950).

B65 M. Blau and A. R. Oliver, Stars induced by high energy neutrons in the light elements of the photographic emulsion (Abstract of lecture), Phys. Rev. **87**, 182 (1952).

B66 M. Blau and E. O. Salant, T-Tracks in nuclear emulsions, Phys. Rev. **88**, 954–955 (1952).

B67 M. Blau, A. R. Oliver and J. E. Smith, Neutron and meson stars induced in the light elements of the emulsion, Phys. Rev. **91**, 949–957 (1953).

B68 M. Blau, M. Caulton and J. E. Smith, Meson production by 500-MeV negative pions, Phys. Rev. **92**, 516–517 (1953).

B69 M. Caulton, M. Blau and J. E. Smith, Interactions of 500-MeV negative pions with emulsion nuclei (Abstract of lecture), Phys. Rev. **93**, 919 (1954).

B70 M. Blau and M. Caulton, Inelastic scattering of 500-MeV negative pions in emulsion nuclei, Phys. Rev. **96**, 150–160 (1954).

B71 M. Blau and A. R. Oliver, Interaction of 750-MeV π^- mesons with emulsion nuclei, Phys. Rev. **102**, 489–494 (1956).

B72 M. Blau, Hyperfragments and slow K-mesons in stars produced by 3-BeV protons, Phys. Rev. **102**, 495–501 (1956).

B73 M. Blau, Ionisationsmessungen in photographischen Emulsionen, Acta Phys. Austriaca **12** (4), 336–355 (1959).

B74 M. Blau, C. F. Carter and A. Perlmutter, Negative pion interactions at 1.3 GeV/c, Nuovo Cimento **14**, 704–721 (1959); also PB Report 145040. US-DCTS (1959); also Department of Defense Report AFOSR-TN-59-788 (1959).

B75 M. Blau, S. C. Bloch, C. F. Carter and A. Perlmutter, Studies of ionization parameters in nuclear emulsions, Rev. Sci. Instrum. **31**, 289–297 (1960); also Department of Defense Report AFOSR-TN-59-229 (1959).

B76 M. Blau, C. F. Carter and A. Perlmutter, Study of antiproton interactions, Department of Defense Report AFOSR-TN-60-461 (1960).

B77 M. Blau, C. F. Carter and A. Perlmutter, Interaction and decays of hyperons produced in K-capture stars at rest, PB Report 149322, USDCTS (1960); also Department of Defense Report AFOSR-TN-60-745 (1960).

B78 M. Blau, in: Methods of Experimental Physics – Vol 5: Nuclear Physics, edited by L. C. L. Yuan and C.-S. Wu, Academic Press, New York and London 1961, 1963.

(1) Section 1.7. Photographic emulsions, Vol. 5A, 208–264.

(2) Section 2.1.1.3. Charge determination of particles in photographic emulsions, Vol. 5A, 298–307.

(3) Section 2.2.1.1.5. Momentum measurement in nuclear emulsions, Vol. 5A, 388–408.

(4) Section 2.2.3.8. Detection and measurement of gamma-rays in photographic emulsions, Vol. 5A, 676–682.

(5) Section 2.3.5. Determination of mass of nucleons in emulsions, Vol. 5B, 37–44.

B79 M. Blau, C. F. Carter and A. Perlmutter, An example of hyperfragment decay in the π^+ mode and other interactions of K^- mesons and hyperons in emulsion, Nuovo Cimento **27**, 774–785 (1963).

B80 M. Blau, Fotografitseckie emulsii, in: „Principy i metody registracii elementarnich tschastits“, Moskau 1963 (teilweise Übersetzung der Beiträge in Methods of Experimental Physics – Vol. 5: Nuclear Physics).

Autoren

Arnold Perlmutter, geb. 1928 in Brooklyn, New York, USA, 1949–1955 Studium der Physik an der New York University, Ph. D., 1956–1968 Tätigkeit als Universitätsassistent bzw. -dozent (Elementarteilchenphysik) an der University Miami, Florida, USA, seit 1968 „Professor of Physics" ebendort, ab 1965 Generalsekretär des „Center for Theoretical Studies"; Department of Physics, University of Miami, Coral Gables, FL 33124, USA; Perlmutter@phyvax.physics.miami.edu.

Robert Rosner, geb. 1924 in Wien, 1939 Emigration mit einem Kindertransport nach England, während des Krieges Metallarbeiter, daneben Abendkurse, 1942 Matura, 1946 Rückkehr nach Österreich, 1947–1955 Studium der Chemie an der Universität Wien, Dr. phil., 1956–1990 Chemiker und Chemiekaufmann, 1991–1997 Studium der Politologie und Wissenschaftsgeschichte, Mag. phil.; Paul-Heyse-Gasse 32, A–1110 Wien; Robert.Rosner@netway.at.

Reinhard Schlögl, geb. 1945 in Wien, Studium der Physik, Wissenschaftstheorie und Philosophie an der Universität Wien, Dr. phil., seit 1976 Wissenschaftsredakteur des ORF, seit 1996 Generalsekretär der Gesellschaft für Wissenschafts- und Technikdokumentation; Mariahilfer Straße 35, A–1060 Wien; R.Schloegl@nextra.at.

Thomas Schönfeld, geb. 1923 in Wien, Schulbildung in Wien, Großbritannien und USA, 1940–1944 Studium der Chemie in den USA, 1947–1950 Studium der Chemie an der Universität Wien, Dr. phil., 1963 Habilitation für Anorganische Chemie und Radiochemie, 1972 o. Univ.-Prof. am Institut für Anorganische Chemie der Universität Wien, 1993 Emeritierung; Währingerstraße 42, A–1090 Wien; Thomas.Schoenfeld@univie.ac.at.

Brigitte Strohmaier, geb. 1948 in Wien, 1967–1974 Studium der Physik an der Universität Wien, Promotion sub ausp. praes. zum Dr. phil., 1988 Habilitation für Kernphysik, a. o. Univ.-Prof. am Institut für Isotopenforschung und Kernphysik der Universität Wien (vormals Institut für Radiumforschung der Österreichischen Akademie der Wissenschaften); Boltzmanngasse 3, A–1090 Wien; Brigitte.Strohmaier@univie.ac.at.

Personenregister

Sachregister

Werkregister

Beiträge zur Wissenschaftsgeschichte und Wissenschaftsforschung

Band 1
Brigitte Zimmel/Gabriele Kerber (Hg.)
Hans Thirring
Ein Leben für Physik und Frieden
1992. 219 Seiten. 41 schw.-w. Abb. Br.
ISBN 3-205-05495-4

Band 2
Dieter Flamm (Hg.)
Hochgeehrter Herr Professor. Innig geliebter Louis
Ludwig Boltzmann – Henriette von Aigentler. Briefwechsel
1995. 340 Seiten. 16 S. schw.-w. Abb. Gb.
ISBN 3-205-98266-5